銀河にひそむモンスター

福江　純

知恵の森文庫

光文社

はじめに

分刻みでやってくる電車に、それでも乗り遅れまいと足を急がせる。都会の喧騒の中で、時間に追いまくられた生活をしている人は多いだろう。そんなめまぐるしい日常を離れて、たまに緑に囲まれた静かな田舎に行くことがあるとなんとなくホッとする。それがたとえ仕事でも。

そんなときは新聞は読まない。テレビもまず見ない。お腹がすいたらご飯にする。まるで別天地である。そして夜。満天の星空。そこには静謐《せいひつ》で悠久不変の宇宙《そら》が広がっている。無限の彼方まで。

感性はそう訴えている。しかし事実は。

宇宙は静かでも不変でもなく、しばしば激しく変化し活動している。たとえば太陽表面の大爆発**フレア**。こいつは地球の磁場にゆさぶりをかけ通信障害をもたらす。あるいは中性子星の表面へ溜ったガスが、核融合を起こし一瞬のうちに燃え尽きる**X線バースト**。一〇〇〇分の一秒もの速さで点滅を繰り返す**パルサー**。いや、このように華々しく活動しているのは星だけではない。星の巨大な集団、銀河でさえも、その中心核はものすごい活動を示すことがある。

たとえば広がった周辺部を持ち、しばしば中心には複数個の核がある**巨大楕円銀河**。きわめて明るいコンパクトな中心核を持つ**Ｎ銀河**。他の波長に比べ青色から紫外線領域で非常に強い放射をしている**マルカリアン銀河**。中心核に輝線《きせん》放射領域を持つ低電離中心核放射銀河**ライナー**。中心領域で最近爆発的に星が形成された**スターバースト銀河**。そして見かけは渦状銀河だが幅の広い輝線スペクトルを持つ**セイファート銀河**。

まだある。強い電波を放射している**電波銀河**。大きく赤方偏移《せきほうへんい》した輝線スペクトルを持つ謎の恒星状天体**クェーサー**（核生銀河・核赤銀河）。明るさが数日とか数十日といった短期間で変化し、しかも強い偏光を示す**光学的激変クェーサーＯＶＶ**。またＯＶＶとよく似ているが、スペクトルがのっぺりしていて、クェーサーのような強い輝線を持たない**とかげ座ＢＬ型銀河**。とかげ座ＢＬ型銀河とＯＶＶが似ているのなら、いっそ一緒にしちゃえというので、きわめて明るくしかも光の強さが短時間で変化しさらに偏光も強い**激光銀河ブレーザー**。

百鬼夜行《ひゃっきやこう》ではないが、このような活動的な銀河の種類は枚挙にいとまがない。まるで宇宙の怪獣動物園である。これらのさまざまな姿をした銀河たちは、人間と猫のように種そのものが違うのだろうか？　それとも同じ人間なのだが、肌の色とか瞳の色が少し違うだけなのだろうか？　男と女のように、性別が異なるのだろうか？　あるいは大人と子供のように成長過程が違うのだろうか？　帽子や服のように着ているものの違いかも知れない。いや場合によっては、同じ人間でも前から見るのと後ろ姿では違って見えるではないか。

本書では、活動的な天体現象のうち、とくに銀河活動に焦点をあてながら、現代天文学が到達した最先端の天体像を眺めてみよう。そしてさまざまな活動現象の影に隠された真の姿、活動銀河の中心核にひそむ謎の巨大エネルギー源の正体へ迫ってみたい。

目次

本文イラスト・図表（〜P.163）／浅村彰二

1 プロローグ—活動銀河

早すぎた発見

今世紀初頭、リック天文台のH・D・カーティスは、渦巻き〝星雲〟の精力的な研究をしていた。カーティスは弱冠二二歳でラテン語の教授となった英才だが、数年後に突然天文学の教授になるという離れ技をやってのけた。現代社会ではとても考えられない芸当である。

それはさておき、彼はある夜、リック天文台の大望遠鏡で、おとめ座にある〝星雲〟M八七（メシエ八七）の写真を撮影した（図1）。とぎすまされたプロの眼は、この〝星雲〟の中心から星間空間へ延びた、微かな光芒を見逃さなかった。この光の矢は何だろう？一九一八年のことである。

この光の矢こそ、銀河の中心が活きているというはじめての証拠、はじめての手がかりだったのだが。

図１　楕円銀河M87の光の矢（©那賀川町科学センター）

何しろ当時といえば、そもそもこのような〝星雲〟自体がわれわれの銀河系の中にある天体か外にある遠方の天体かわからずに、天文学者の集団がまっ二つにわかれて大論争していたころである。カーティス自身もその論争に加わり、〝星雲〟が遠い天体であるという島宇宙説へ傾きつつあったところだ。

〝星雲〟がわれわれの銀河系内の天体ならばそれは小さいシステムである。一方、銀河系外の天体ならそれは非常に巨大なシステムになる。相手の正体を議論している段階で、活きている証しがどうのこうのまで手が回らなかったのはしかたないだろう。本体が何でできているのかわからないのに、ましてや本体からちょっと出たひげなど。

矢が光っている理由をシュクロフスキーが説明したのも、ずっと後のことである。カーティスの発見は、あまりにも時代に早すぎたものだったといえよう。

星雲と銀河

さて当時、〝星雲〟と呼ばれていた天体の中には、確かに本当の星雲も含まれていた。本当の星雲とか嘘の星雲というのもおかしいが、ここで本当の星雲というのは、今の時代に活きた言葉として使っているいわゆる星雲のことで、その実体は、太陽からさほど遠くないわれわれの銀河系内部にあるガスの雲である。一方、当時〝星雲〟と呼ばれていたものの多くは、その正体は星雲とは似ても似つかない、まあいわば嘘の星雲で、実は銀河系の外にある、われわれの銀河系自身と同じくらいの大きさの巨大な星の大集団なのである。こいつを銀河と呼んでいる（英語ではギャラクシー、中国では星系と呼ぶらしい）。当時の望遠鏡の性能が悪く微細な構造がわからなかったため星雲と銀河の判別がつかなかった上に、距離測定法が確立していなかったため、大いなる混乱が起こったのである。エドウィン・ハッブルが、一九二五年、アンドロメダ〝星雲〟がわれわれの銀河系の外にあることを突き止めて、ようやく混乱は収拾した。

その後、銀河に関する研究が進んでいくと、銀河にもさまざまなタイプの銀河があるこ

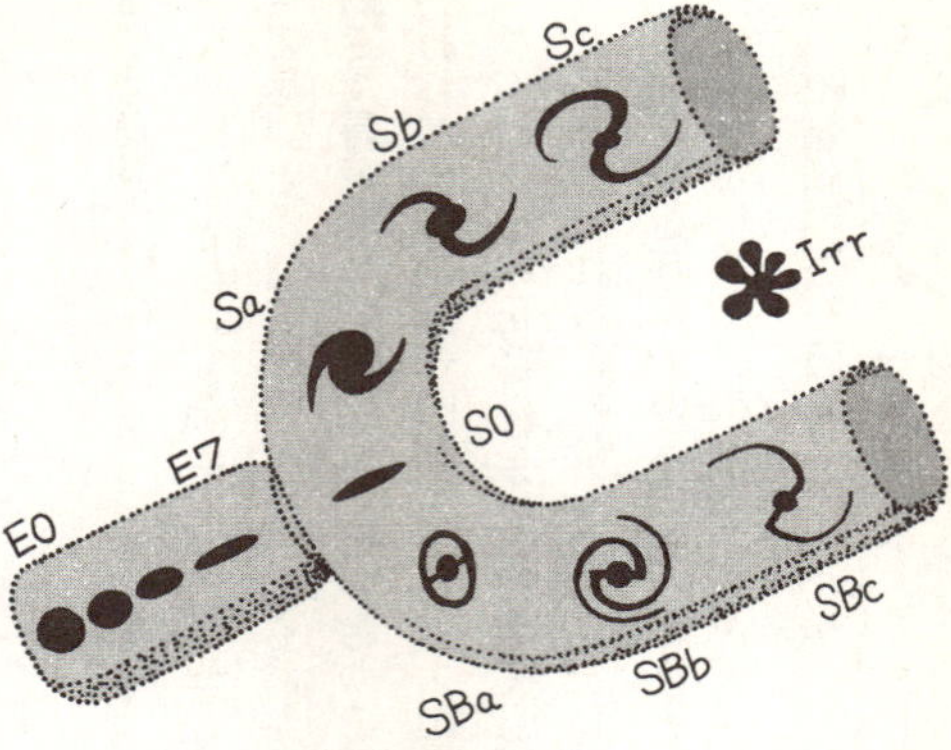

図2　銀河のハッブル分類

とが次第にわかってきた。たとえば、渦巻き状の腕をもった渦状銀河やラグビーボールのような楕円銀河、不規則な形をした不規則銀河などがある。また同じ渦巻き状でもきつく巻いたものやゆるく巻いたものなど千差万別である。そこでこのような形状による銀河の分類を示すために、しばしば音叉型に銀河を並べたハッブル分類が用いられるようになった（図2）。図の左側の音叉の軸が楕円銀河（E）の系列で、左のもっとも丸いE0型から音叉の中央のかなりひらべったいE7型まで細分類される。銀河の系列は、そのとなりの円盤状のS0型を経て、右上側の渦状銀河（S）の系列と右下側の棒渦状銀河（SB）の系列に枝わかれする。渦状銀河は、よく知られた渦巻き状の構造を持つ、もっとも銀河らしい（？）銀河で、腕の巻き方がきついＳａ型から巻き方のゆるいＳｃ型に細分類される。また棒渦状銀河は、中心部分に棒を一本くわえこんだような構造を持っており、やはりＳＢａ型からＳＢｃ型まで細分類される。これら以外に、不規則銀河（Ｉｒｒ）がある。

渦状銀河や棒渦状銀河の写真を見ると、まるで渦巻き状の模様の部分だけにしか星がないような感じがするが、星は銀河全体に円盤状にあまねく分布している。ただ渦巻きの腕の部分に明るい星が集中しているため、腕がものすごく目だっているだけで、腕の間にもたくさんの星があるのだ。

少しずつ形の違ったものが整然と並べられると、それが何かの進化を表しているのではないかと思いたくなるのは人の常。ハッブル分類の場合も、最初は銀河がハッブル分類の系列に沿って左側から右側へ（あるいは右側から左側へ）進化するのではないかと考えられた。が、それはまったくの間違いで、おそらく宇宙空間のガス雲から銀河が形成されたときの質量とか回転とかの違い、すなわち銀河が生まれ落ちたときの状況の違いによって、楕円銀河とか渦状銀河になったのだ、と今では考えられている。

ここでは主に形による銀河の分類を述べたが、質量による違いも大きい。すなわちわれわれの銀河系をはじめとして典型的な銀河は約一〇〇〇億個の星からできており、（したがって）太陽の約一〇〇〇億倍の質量を持っているが、中にはもっと質量の小さな矮小銀河や質量の大きな巨大銀河もある。先に出てきたおとめ座のM八七などは典型的な巨大楕円銀河で、普通の銀河の一〇倍くらいの質量を持っているのだ。

銀河は見かけによらない

さまざまな銀河のこのような分類学的研究と並行して、銀河の構造もだんだんわかってきた。まずわれわれの銀河系のような渦状銀河の場合、大きくわけて、円盤状をした銀河本体と、中心部の核恒星系（膨らみという意味でバルジと呼ばれる）、そしてハローと呼ばれる銀河全体を覆う周辺領域からなっている（図3）。円盤部の半径は三万光年から五万光年もあるが、その厚みはわずか数百光年しかない。銀河の星の大部分は円盤部にあるが、球状星団などの形でハロー領域にも少しはいる。もちろん星がもっとも密集しているのはバルジから中心領域にかけてである。

円盤部の中の星々は、銀河中心のまわりを何億年もかけて回転しているが、一周する周期は中心からの距離によって異なる。たとえば太陽は約二億年かかって一周している。ハローの中の球状星団もじっとしているわけではなく、長円軌道に沿って銀河のまわりをめぐっているのだ。

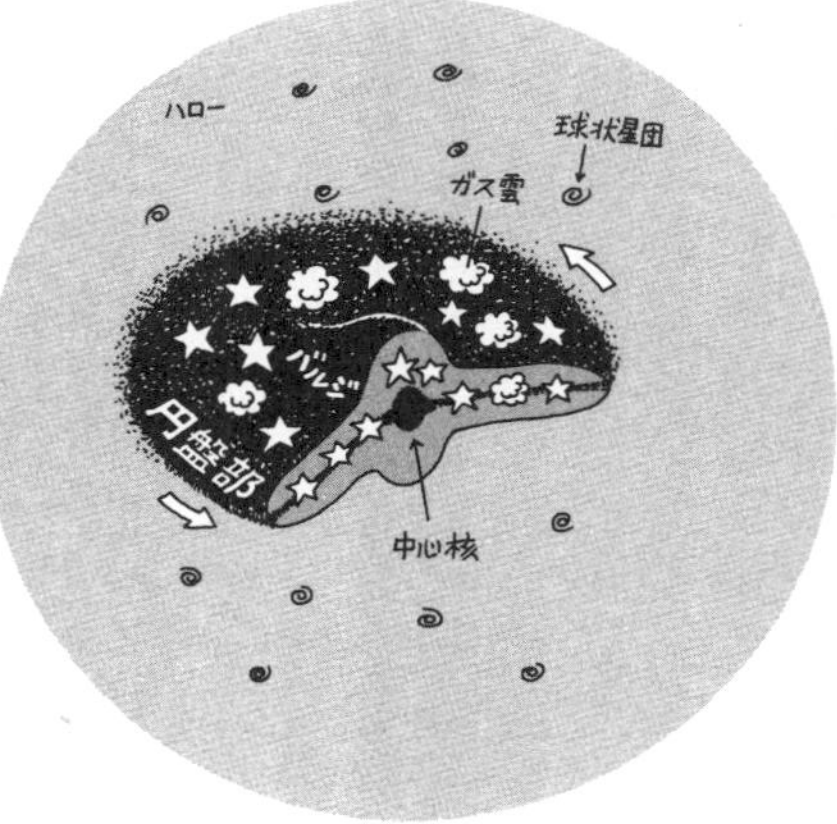

図3　渦状銀河の構造

一方、楕円銀河の場合、銀河本体が丸い形をしているために、本体と中心部のバルジとの区別は（バルジのようなものがあったとしても）あまりはっきりしない。また銀河本体と周辺部のハローとの境も明確ではない。さらに渦状銀河と違い、それほど大きな回転運動は見られない。

こうしてみると、渦状銀河は綺麗な渦巻き構造を持っていたり、いろいろな内部構造を持っていたり、なかなか複雑そうなのに比べ、楕円銀河は光で見る限りあまり面白そうではない。ところがこれがなかなかのくわせもので、楕円銀河の中にもただものじゃないやつも結構いる。銀河は見かけによらない。

かつての銀河の研究は、いろいろな銀河

について、それらを分類し違う形態が生まれる理由を突き止め、また個々の銀河の構造を調べあるいは銀河の進化や起源を探ることが中心だった。ただものじゃあない銀河の、とくに銀河活動という現象には目が向いていなかった。

まあ人間を識るために、ごく平均的な人々をたくさん集めて、一人一人の体の構造を調べたり、いろいろな人の写真から人の一生を推定したり人種を分類するのと、似たようなことをしていたわけである。

ごく平均的な人間を研究することはもちろん重要なことだが、一方で、天才科学者だとか世紀の犯罪者のような変わりだねの人間の研究も興味深いものだ。

銀河の場合でも、ただものじゃあない銀河の研究が始められるようになった。そしてそれが、平均的な銀河から受ける平穏無事な宇宙のイメージを大きく変えてしまったのも、歴史の必定だったのかも知れない。

最初にそれを指摘したのは、ウィルソン山天文台の少壮天文学者である。

セイファート銀河

三〇代前半の若手研究者としてウィルソン山天文台で銀河の観測をしていたカール・K・セイファートは、一九四三年、一二個の変わった銀河を報告した。それらはどれも渦状銀河だが、小さく異常に明るい中心核を持っており、しかも輝線スペクトル[1]を示す（輝線については第3章参照）。しかしセイファートのこの先駆的な研究も長い間注目されなかった。彼の研究が大きく評価され、セイファートの指摘したタイプの銀河をセイファート銀河と呼ぶようになったのは、電波銀河やクェーサー[2]が見つかってから後のことである。

活動銀河

セイファート銀河は、その後、怒濤のように現れてくる奇妙きてれつな仲間たちの先駆けにすぎなかった。かつて、重力的に結び付いたごく普通の星からできていると信じられていた単純な銀河像からは、まるっきり想像もできなかったようなエキセントリックで活動的な銀河が、電波で、光で、X線でぞくぞくと発見されたのだ。

このようなただものではない銀河に共通しているのは、その中心核が何らかの活発な振舞いを示すという点である（ただものの銀河の中心核は、星の数こそ多いものの、見かけ上は静かな場所である）。そこでこれらの銀河を称して活動銀河と呼んでいる。また活動銀河に対し、大部分の少なくとも見かけ上はただもので、楕円型、渦状型、不規則型のどれかに分類される従来の銀河を通常銀河などと呼ぶこともある。

ここではまずただものではない度合、銀河活動の目安として、五つの特徴を挙げてみよう。

元気さ指数

(一) 活動銀河は明るい。

とにかく異常に明るい。どれくらい明るいかというと、通常銀河の一〇〇倍から中には一万倍も明るいのもある。したがって当然目だつ。しかもよく調べてみると、明るいのは銀河全体ではなく、銀河の中心核なのだ。

そもそも典型的な銀河は星が一〇〇〇億個ぐらい集まってできているので、その明るさは、太陽のおよそ一〇〇〇億倍くらいと思えばよい。じゃあ、通常銀河の一〇〇倍も明るい活動銀河は、その中心核に通常銀河の一〇〇倍の星、一〇兆個もの星を含んでいるのだろうか? いや、つぎに述べるように、活動銀河の光は、星以外のものから生じていることがわかっている。

(二) 活動銀河は電波やX線領域で「非」星起源の放射を出している。

光あるいはもっと一般的に電磁波は、その波長(振動数)によって、電波、赤外線、可視光、紫外線、X線、ガンマ線などとわけられ、それを光のスペクトルと呼ぶ。天体からやってくる光のスペクトルは、それぞれの天体に特徴的な容貌を持っている。たとえば太陽光のスペクトルは、温度約六〇〇〇の黒体輻射スペクトル[3]と呼ばれるものに近く、すべての波長の電磁波が放射されているが、もっとも強いのは可視光領域の光である。すなわち横軸に光の振動数の対数、縦軸に光の強さの対数をとったグラフ上に太陽光のスペクトルをプロット[4]すると、可視光領域でピークを持つスペクトル図が描かれる（図4）。可視光より波長の長い赤外線や、波長の短い紫外線も結構強いが、可視光から離れるにつれて光の強さは極端に小さくなり、波長のずっと長い電波や波長のずっと短いX線は、可視光に比べ、ごくわずかしか放射しない。だから太陽のようなごく平均的な星を主体とする通常の銀河からは、そんなに強い電波やX線は出るはずがないのである。

　が、銀河の中には、きわめて強い電波やX線を放射しているものがある。極端な場合には、可視光の領域より電波やX線の領域から放射されるエネルギーの方が大きなものさえある。そのため活動銀河のスペクトルは、星のスペクトルのようにピークを持ったものではなく、図4のようなスペク

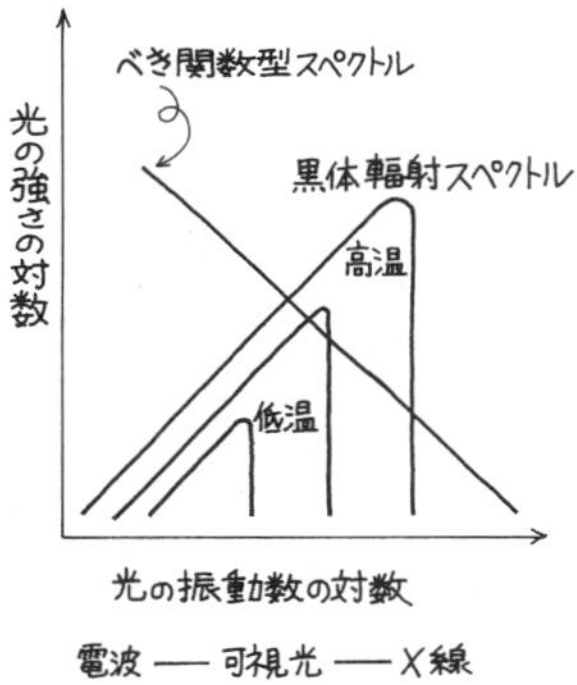

図4　黒体輻射スペクトルとべき関数型スペクトル。黒体輻射のスペクトルのピークは、温度が高くなるにつれて、赤外→可視光→紫外へと移っていく

トル図の上で右下がりの直線的なものになることが多い。この種のスペクトルは、その形から、⑤べき関数型スペクトルと呼ばれている。

活動銀河のスペクトルが星のスペクトルとは似ても似つかない容貌をしているということは、活動銀河の中心で光を放射している高温のガスが、星を作っているガスとはいちじるしく異なった状態に置かれていることを意味しているのだ。

(三) 活動銀河は急激な変光をする。

数十日とか数百日で明るさを変える星は結構あり、変光星と呼ばれているが、明るさを変える銀河、変光銀河などというのは聞いたことがない。通常の銀河が数十日とか数百日のタイムスケールで変光しないのは、銀河の大きさがあまりにも巨大であるためだ。もし銀河全体が明るさを変えたいと思ったとしても、変光するぞという合図は光速を超えることはできない。光より速いものは存在しないからである。そして銀河は一〇万光年ぐらいの広がりを持っているから、大男総身に知恵がまわりかねというやつで、銀河全体に変光するという合図が伝わるだけで一〇万年かそれ以上はかかるのである。したがって一〇万年とか一〇〇万年という非常に長いタイムスケールで見れば銀河の明るさも変動しているかも知れないが、数十日とか数百日では明るさは変化しない、はずである。

また、一個一個の変光星がかりに数十日とか数百日のタイムスケールで変光したとしても、銀河全体に分布する変光星は、明るくなるやつとか暗くなるやつとか、それぞれ、てんでばらばらに変光するから、それらが打ち消しあって、全体としての明るさは変わらない。

ところが活動銀河と呼ばれるものの中には、数百日とか数十日、さらには数日という短いタイムスケールで大きく変光するものがある。すなわち活動銀河の変光すなわち活動は、銀河全体のものではなく、その中心核のきわめて小さい領域で生じていることがわかる。しかもたとえば数日というタイムスケールで変光する（という信号が伝わる）ためには、変光する領域の広がりはせいぜい数光日、太陽系の広がり程度でないといけない。

(四) 活動銀河はしばしば特異な形状をしている。

先にも述べたように、通常銀河は楕円型や渦状型などいろいろあるものの、まあおおむね綺麗でシンプルな形状をしている。一方、活動銀河と呼ばれるものの中には、まるで銀河全体が爆発しているかのような形状をしているやつとか、中心部からガスが噴き出ているように見えるものなどがある（図1）。活動銀河の活動性の中枢はその中心核かも知れないが、活動の影響は中心核に限定されずに銀河全体に及んでいるようだ。

(五) 活動銀河はときとして相対論的現象を示す。

銀河というのは、少なくとも通常銀河は、ニュートン力学の支配する天体である。しかし活動銀河では、高エネルギーの電子や強い磁場中の電子からの放射が観測されたり、電子と陽電子が衝突してガンマ線光子になってしまう電子・陽電子対消滅[6]が起こっているなど、きわめてエネルギーの高い現象が見られる。中性子星やブラックホールなど相対論的天体は昨今珍しくないが、活動銀河の中心核も相対論の支配的な領域になっているのは確からしい。

これらの五つの指標はおおざっぱな目安で、すべての活動銀河がこれらの性質を示すわけではない。とくに多種多様な活動銀河の分類は、あくまでもスペクトルの特徴をもとにした現象論的な分類にすぎず、その区別は非常に曖昧模糊《あいまいもこ》としている。しかも最近ではさまざまな亜種や中間的なものが見つかってきて、ますます錯綜してきた観がある。

またただものの銀河（通常銀河）とただものではない銀河（活動銀河）の間にも、はっきりとした境界があるわけではない。〝あの人は変わっている〟というような評価は、人によっても異なるように、ある種の銀河を活動銀河に含める場合もあれば含めない場合もある（もちろん誰から見ても変わり者で、本人もそのことを自覚しているような場合は別だが）。

重要なのは、銀河活動の背後にある実体である。活動銀河の見せるあまたの顔の背後にひそんでいるものは何か？

以下の章でそれを少しずつ解きほぐしていこう。
最初は電波で起こった。

①スペクトル

プリズムなどで分解された光は、紫から赤まで色が順番に並ぶ。このように色（波長）に分解された光をスペクトルと呼んでいる。さらに、可視光だけでなく、電波からガンマ線まで電磁波全体にわたって分解したものを電磁波スペクトルと呼んでいる。

天体からやってくる光は、その色（波長）ごとにさまざまな情報を含んでいる。そして、天体の光をスペクトルに分解することによって、天体を構成している元素の組成、天体の温度や密度などの物理状態、回転や膨張などの運動状態、天体と地球との間の相対速度、天体のまわりの時空の性質など、実にさまざまな情報が得られるのだ。

天体のスペクトルは、天体ごとに異なっており、人間でいえば指紋に相当するもので、いわば天体の光紋（声に出して読まないこと）といえる。

また、白熱電球や太陽の光などはさまざまな波長の光を含んでおり、光を波長にわけたときになめらかなスペクトルになる。そのような連続的で滑らかなスペクトルを連続スペクトルという。

星のスペクトルやクェーサーのスペクトルもおおざっぱには滑らかな連続スペクトルだが、細かくみると、ある特定の波長近傍でとくに光が強かったりあるいは弱かったりする。その部分は、スペクトル画像の上で線のように見えることから線スペクトルという。線スペクトルの中で、特定の波長で光の強度が強い場合を輝線（スペクトル）、弱い場合を吸収線（スペクトル）とか暗線という。

②クェーサー

光で見るとまるで星のような点に見えるが、ふつうの星に比べると非常に強い紫外線を出していたり、しばしば数日とか数十日のタイムスケールで変光し、しかも強くて幅の広い輝線スペクトルをもち、さらに輝線が非常に大きな赤方偏移を示す天体。発見当初は、星のような見かけから準恒星状天体ＱＳＯ（quasi-stellar object）と呼ばれたこともあるが、星とは似ても似つかぬ実体から、一九六四年に中国系アメリカ人のチューが、quasi-stellar object（準恒星状天体）を約《つづ》めてquasarとした。

残念ながらクェーサーの適訳は生まれなかった。明治時代の漢語造語能力は高かったが、現代人は造語能力が落ちている。

③黒体輻射スペクトル
　太陽の深部のように、高温で密度が高いガス体では、その内部で放出された光と周囲の物質との衝突が頻繁に起こり、物質（ガス）と輻射は熱力学的平衡状態といわれる平衡状態となっている。このような場合に放射される光が「黒体輻射」で、その光の強度分布が「黒体輻射スペクトル」だ。

④プロット
　グラフに描くこと。カタカナにするとやさしい平易な言葉になったような気がするが、たんに読める（発音できる）ようになっただけで、意味がわかるようになるわけではない。そういう意味で、カタカナ英語の氾濫は、まったくナンセンス。ここも、たんに、〝グラフ上に太陽の光のスペクトルを描くと〟とすればよかったところだ（笑）。

⑤べき関数型スペクトル
　太陽からやって来る光は、スペクトルに分解すると、黄色の光がもっとも強く、黄色より

波長の短い青色や、逆に波長の長い赤色では弱くなっている。星など、高温の天体から放射される光のスペクトルは、このようなある色（波長）でピークをもったスペクトルになっていることが多い。一方、クェーサーのスペクトルは、特定の波長でのピークがなく、全体として電波からX線までだらだらと伸びたスペクトルになっており、波長（振動数）のべき関数（累乗）で表されるために、べき関数型スペクトルと呼ばれる。

⑥電子・陽電子対消滅

電子とその反粒子である陽電子が出会うと、二つの粒子は消滅して、完全にエネルギー（光）に変化する。これを電子・陽電子対消滅と呼んでいる。もっとも、物質としての形態ではなくなるが、エネルギーとしては存続するので、〝消滅〟というのはやや語弊がある言い方ではある。昔（少し前に再放送もしていた）、『不思議の海のナディア』というアニメで、対消滅エンジン、というのがあったが、関係あるかどうかはよくしらない。

2　天空から見おろす二つ目玉―電波でみる宇宙

太古より人々は宇宙を見続けてきた。天空の周期的な変化は人々に刻《とき》や季節を知らせ、また一方、突然生じる天空の異変はしばしば凶兆として人々を不安にさせた。やがて天空の変化や異変を記録したり、さらにはそれらを予想することを職業とするものも出てきた。こうしてもっとも古い学問である天文学が生まれてきたのである（大まかにはこれでいいと思うけど）。

しかし人間の眼の細胞が、波長およそ〇・三八ミクロンから〇・七七ミクロンあたりの電磁波にしか感じないという、生物学的な制限のために、人間の歴史の大部分において、人々は眼で見ることのできる波長領域すなわち可視光でのみ宇宙を見てきた。この光の天文学は、一六〇八年にガリレオが望遠鏡を発明して大変革を遂げ、それ以前に比べて光の宇宙ははるかに微細になりまた奥行きも深まった。ただし、相変わらず可視光に制限されていた。おそらく近年になるまで、可視光以外の波長で見た宇宙の姿など想像できなかっただろうし、またすることもなかっただろう。

今世紀に入って科学技術が飛躍的に進歩すると共に、そのような、光に拘束された伝統的な観測天文学の研究スタイルも急激に変化していく。可視光以外の他の波長、電波や赤外線、X線で宇宙を見ることができるようになってきたからだ。そこには先人の思いもよらない宇宙があった。もはや宇宙が以前と同じ姿に戻ることはない（図5）。

望遠鏡の発明以来四〇〇年、観測天文学はふたたび大変革の時代に入ったのである。

電波天文学の曙

さて光以外の天文学の中では、電波天文学の歴史は比較的長い方だ。そもそも天文学とは無縁の若き（二〇代半ば）無線技術者としてベル電話会社に勤めていたカール・ジャンスキーが、無線通信を妨げる空電現象を研究中に銀河電波を偶然とらえたのは、一九三一年のことである。残念なことに、当時の天文学者の眼が光にしか向いていなかったこと、ジャンスキーが天文学者でなかったこと、彼の研究が天文学者がまず見ないような雑誌に報告されたことなどから、彼の発見はしばらく顧みられなかった。

しかしやがて、戦時中にレーダーなどの電子技術が開発されたことやそれらの技術を持った天文学者が現れたために、第二次世界大戦後、電波天文学は大きく開花するのである。

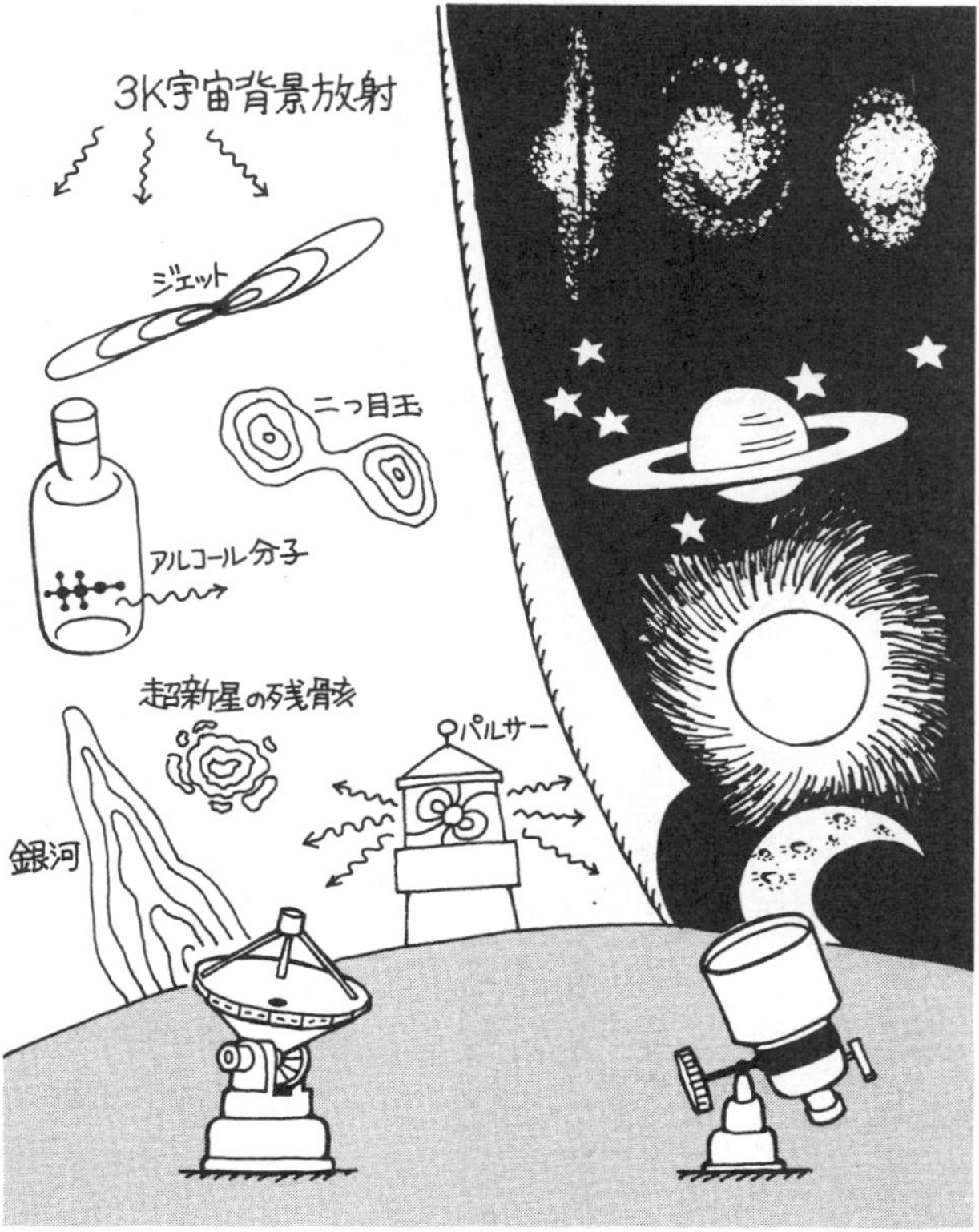

図5　電波の眼で見た〈宇宙《そら》〉

そして電波天文学は、ごく短期間の間に宇宙の新しい地平線を切り拓き、可視光の波長で何百年もかけて出来上がってきた宇宙像を一変させてしまった（図5）。今日では、電波天文学に対するジャンスキーの貢献を称えて、天体電波などの電波放射の強さの単位としてジャンスキー（Jy）という単位が用いられている。

この新しい電波天文学がもたらした目ざましい成果の一つが、それも誰一人として予想だにしなかったものが、電波銀河（通常の銀河に比べて、非常に強い電波を放射している銀河）の発見である。

「電波星」の正体

ジャンスキーが発見したのは、われわれの銀河系自身が発する電波、いわゆる銀河電波と呼ばれるもので、天の川の方向で強くそれ以外の方向で弱いが、天の川の中でも、とくに、いて座にある銀河系の中心方向でもっとも強い。

彼の発見から十数年経って第二次世界大戦も末期となった一九四四年、アメリカ最初の、いや世界最初の電波天文学者グロート・リーバーは、この銀河系の中心方向以外にも、はくちょう座の方向とカシオペア座の方向からも強い電波がやってきていることを発見し、それぞれはくちょう座Aおよびカシオペア座Aと名づけた。はくちょう座Aというのは、はくちょう座の中でもっとも強い電波源という意味で、二番目に強いのははくちょう座Bとなる。電波源の数が少ないうちはこのような悠長な命名法が使われていた。もちろん電波源の数が増えるとすぐにそんな名前の付け方では足りなくなり、カタログ番号や赤経赤緯（地球上の経度緯度に相当する天空の座標）の数値を用いた名前が使われるようになる。

リーバーの発見に引き続き、地球の電離層内で生じるシンチレーションと呼ばれるゆらぎの結果から、電波源はくちょう座Aの見かけの大きさは角度にして二度を超えない小さなものであることがわかった。しかし電波で見える天体が具体的に光で見えるどんな天体であるのかを確認する作業、すなわち「同定」はなかなかできなかった。〝電波星〟などというわけのわからない呼び名が用いられたのもこの頃である。太陽のようなごく普通の星も電波を出しているが（図4）、あまりに微弱すぎて、数光年も離れてしまうと検出することはできないはずだった。にもかかわらず、とりあえずは〝何とか星〟といってしまうのは、天体とくれば〝星〟だという固定観念から脱しきれないためだろうか？

ま、それはともかく、これら電波源の正体を探る観測と並行して、その後数年の間、オーストラリアのJ・ボルトンらやイギリスのマーチン・ライル卿の率いるグループは、おうし座Aやおとめ座A、ケンタウルス座Aなど、次々と強い電波源を発見していく。そして一九四九年になってボルトンらはついに、電波源おうし座Aが、かに星雲と呼ばれる有名な超新星残骸であることを突き止め、さらに電波源おとめ座Aを楕円銀河M八七と、そして電波源ケンタウルス座Aを楕円銀河NGC五一二八と同定したのである。

地球から約五九〇〇万光年離れたところにあるM八七は、第1章でも出てきたが（図1）、おとめ座の方向にある比較的大きな銀河の集団、おとめ座銀河団の中心に位置する巨大な楕円銀河であり、それだけでも異常な上に、光の矢、ジェットを持っているという、活動銀河の条件をありあまるほど抱えた銀河だ。一方のケンタウルス座のNGC五一二八は、距離およそ一四〇〇万光年という比較的近い銀河なので、その構造がよく見える（図6）。こいつも楕円銀河だが、その中央に銀河本体の光を吸収する塵の暗黒帯を持った、不思議な銀河である。

しかしもっとも強い電波源である、はくちょう座Aとカシオペア座Aについては相変わらず謎のまま、さらに数年間経ち、その間にも、正体は不明なまま電波源の数のみ増えていった。この間が、〝電波星〟についても真剣に議論された時期かも知れない。どうもM八七とかNGC五一二八なんてのは、むしろ例外的な存在だと思われていたようだ。電波銀河というまったく新しいタイプの天体の認識は目前にあった。

そして一九五四年、ウォルター・バーデとルドルフ・ミンコフスキーは、最初に発見されたカシオペア座Aもやはり超新星残骸であることを示し、一方のはくちょう座Aは二つ

図6　電波銀河ケンタウルス座A（＝楕円銀河NGC5128）

に分裂したように見える非常に暗い銀河であることを突き止めたのである（後出の図8）。とくに彼らは、はくちょう座Aの中心に位置する銀河の赤方偏移がかなり大きな値（〇・〇六）であることを示した。赤方偏移というのは、天体から飛来する光が宇宙膨張のために赤い方に偏移している割合を示す量だが、赤方偏移が〇・〇六ということは、そこまでの距離がざっと七億光年程度であることを意味する。したがってはくちょう座Aは非常に遠方の天体であるわけだ。ここにいたり、〝電波星〟という概念そのものが消滅する。

なお余談だが、バーデとミンコフスキーは、共にドイツ生まれの天文学者で、歳もあまり違わない友人同士であり、一九三〇年代に相次いでアメリカに移住し、それぞれ多大な業績を残した。はくちょう座Aの同定は、当時バーデのいたパロマー山天文台の、完成間もない五メートル反射望遠鏡を使ってなされた仕事である。

こうして結局、同定された電波源の多くは、われわれの銀河系内の電離ガス雲や超新星爆発を起こした星のガスが周辺に広がってできた超新星残骸、そして遠方の銀河とくに何らかの特異性を持つ銀河であることがわかった。通常の銀河は、電波をほとんど出していないか、出していても非常に弱い電波しか出さないのである（……というより、見かけ上特異な構造を持たず、しかも電波などをほとんど出さない銀河を通常銀河とすべきなのだろうが。少なくともはじめに通常銀河ありきではない）。

衝突する銀河か？　はくちょう座A論争

光で見た電波銀河はくちょう座Aの姿は、一時、大きな論議を呼んだ。というのは、当時の分解能[1]の悪い写真では、はくちょう座Aは、まるで二つの銀河が衝突しているかのように見えたからだ。そこでこの電波源では、今まさに二つの銀河が衝突している真最中であり、それぞれの銀河の星同士が激しく衝突しているために、非常に強い電波が出ているのではないかと想像されたのである。これは非常にセンセーショナルな意見で、しかもそれなりに説得力もあったので、昔の本では、はくちょう座Aは衝突している銀河として紹介されたものだ（まさか今時そんな本はないと思うけど）。

しかし現実には、二つの銀河が衝突したとしても、星同士が直接ぶつかることはまずありえない。なぜなら星と星の間の距離はたとえば太陽の近くでは一光年ぐらいあるが、これは太陽の半径より一〇〇〇万倍も大きい。体長一ミリメートルの蟻が一キロメートル離れているようなものだ。星々の間はまるでスカスカなのである。しかも詳しい観測がなされると、はくちょう座Aは二つの銀河ではなく、実は一つの銀河で、図6のケンタウルス座Aのように、赤道部分に塵の多い暗黒帯があるために、まるで二つにわかれているかのように見えているのだということがわかった。ここにいたり、銀河電波放射の原因としての銀河の衝突説は姿を消す。いや、一時的に表舞台から降りたといった方がいいかもしれない。というのは、銀河衝突という考え方は、ずっと後になって、別な形で復活するからだ（第9章）。

望遠鏡の分解能

電波天文学の短い歴史の中で、ジャンスキーやリーバーによる創始以外にもっとも大きな出来事は、電波干渉計の発明である。

天体について詳しく知るための方法としては主に、①できるだけ細部まで構造を見極める（空間分解能）、②光（や電波）の強さの時間的な変化の仕方を詳しく調べる（時間分解能）、そして③電磁波の各波長での強さを、できるだけ細かい波長刻みで調べる（波長分解能またはスペクトル分解能）がある。

これらのうちもっともわかりやすいのは、空間分解能を上げて、できるだけ天体の細部まで見ることだ。ここで空間分解能というのは、見かけ上の角度がどれだけ離れた点まで、異なる点として識別できるかという能力である。対象までの距離がわかれば実距離に直せるが、あくまでも見かけ上の角度が測られるので、その意味で空間分解能というよりは角分解能といった方がいい。

たとえば肉眼の角分解能はおおむね一分角程度、すなわち角度にして一分程度離れたものが識別できる。月の見かけの直径は〇・五度（三〇分角）程度なので、肉眼で月を眺めたときには、月の直径の三〇分の一くらいの大きさのもの、実距離にして一〇〇キロメートルぐらいのものまで見える。すなわち月の山地や海のような模様がわかるのである。一方、ガリレオの作った最初の望遠鏡は肉眼の二〇倍の角分解能があり、彼はそのおかげで、太陽の黒点、木星のガリレオ衛星、土星の環などを発見したのである。月の場合は五キロメートルぐらいのものまでわかる。すなわち大きなクレーターが見えるわけだ。で、問題は、電波望遠鏡の空間分解能がきわめて悪いことにあった。

光で見る普通の望遠鏡でも、電波望遠鏡でも、さらにはX線望遠鏡でも、電磁波で観測する限りどれでも原理的には同じだが、望遠鏡の分解能は、観測波長に比例し望遠鏡の口径に反比例する。つまり角分解能をθとし、その単位として角度のラジアン（一八〇度がπラジアン）を用いれば、分解能は観測波長λを口径Dで割ったもの程度になる（$\theta=\lambda/D$）。たとえばガリレオの望遠鏡は口径二・五センチメートルだったので、光の波長を〇・六ミクロン（一〇万分の六センチメートル）とすると、その角分解能は約五秒角程度になる。口径一〇センチメートルの小型の望遠鏡で、約一秒角程度になる。月の上に置いた物体の例でいえば、一キロメートルぐらいのものがわかることになる。人類の持った最大の望遠鏡の一つであるパロマー山天文台の口径五メートルの大望遠鏡では、角分解能は原理的には〇・〇二秒角にもなる（もっとも実際には、地球大気のゆらぎによって天体の像が乱れるため、角分解能は一秒角からせいぜい〇・一秒角どまりである）。

一方、電波領域の場合、観測波長が長いため分解能は極端に悪くなる。たとえば観測波長を一センチメートルとすると、可動型の単一鏡としては世界でもっとも大きな、西ドイツのエッフェルズベルグにある口径一〇〇メートルの大電波望遠鏡をもってしても、角分解能はせいぜい二〇秒角にしかならない。肉眼の分解能とどっこいどっこいである。逆に、もし光の望遠鏡と同じくらいの一秒角程度の分解能を得ようとすれば、口径数十キロメートルもの巨大なパラボラアンテナが必要になるだろう。これはとても無理な相談だ。パラボラ型の単一電波望遠鏡は、本来ピンボケなのである。

この悲惨なピンボケ状態を打開したのが、一九四六年頃、イギリスのマーチン・ライルらによって開発された電波干渉計である。

電波干渉計の威力

電波干渉計は、二基以上の電波望遠鏡を数百メートルから数キロメートルも離して設置し、それぞれのアンテナをケーブルなどで結んで、出力を合成するシステムである（図7）。設置した電波望遠鏡の間隔を基線と呼ぶが、重要なのは、電波干渉計システムの分解能が、その基線に比例することだ（個々の電波望遠鏡の口径ではなく！）。

こう考えればいいだろう。電波干渉計システムというのは、基線と同じ口径を持った超巨大なパラボラアンテナの一部なのだと。数十キロメートルもの口径を持った一個の巨大なアンテナを建設する代わりに、そのアンテナの一部分すなわち小さい口径のパラボラを数十キロメートルの間隔をとって複数個置いたものなのである。

この結果、電波干渉計の分解能は、観測波長や基線の長さにもよるが、光学望遠鏡の分

図７　電波干渉計。２基以上の電波望遠鏡を巧みに組み合わせることによって、超巨大な電波望遠鏡に相当する能力を得ることができる

解能かそれ以上の分解能が得られるようになった。まさに画期的な発明である。電波干渉計については、もう一度大きな進展があるのだが、それについては第6章でふたたび触れることにして、まずは電波銀河に戻ろう。

二つ目玉電波源

とにかく初期の電波干渉計の一つは、当然といえば当然ながら、はくちょう座Aに向けられた（ジェニスンとグプタ、一九五三年）。それ以前にも、電波源はくちょう座Aは、超新星残骸と同定されたカシオペア座Aのように丸くはなく、横に伸びた構造をしていることは指摘されていた。しかし悲しいかな、単一パラボラではピンボケの像しか得られないため、詳しい構造はよくわからなかったのである。やはり干渉計は絶大な威力を発揮した。すなわち、はくちょう座Aでは、電波の大部分は銀河本体からではなく、銀河を挟んでその両側に対称に位置する二つの場所からきているのだ（図8）。図は電波の強さを地図のように等高線で表したもので、電波輪郭図とか電波等高線図と呼ばれる。等高線の密な場所が電波の強いところだと考えればよい。また電波地図と光でとった写真とが重ねてあり、中心にははくちょう座Aの銀河が写っている。

電波で光っている二つの場所には、少なくとも光で見る限り何もない。そんなどう見て

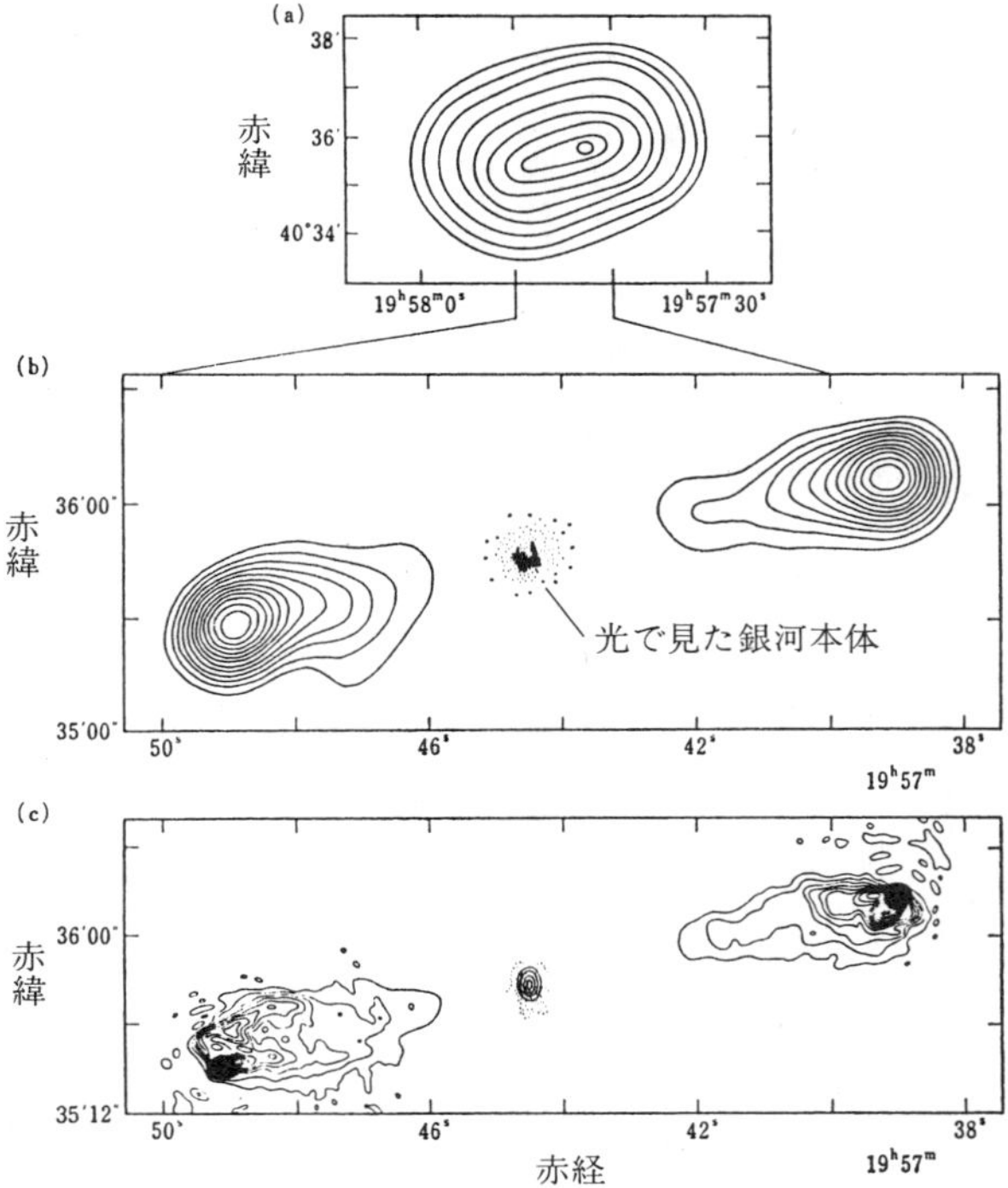

図８　二つ目玉電波源、電波銀河はくちょう座Ａ。（ａ）初期の電波望遠鏡のピンボケ像。（ｂ）初期の電波干渉計の像。（ｃ）高分解能像（赤羽、海部、田原〔1988〕：宇宙電波天文学、共立出版、p. 218による）

も空虚な場所から、もっとも強い電波がやってきているのである。まるで何物かが電波という絵の具で天空に描いた二つの目玉のように。ここに最初の二つ目玉電波源が確定した。

二つ目玉電波源は双対電波源とも呼ばれるが、はくちょう座Aだけではなく、非常に多くの電波銀河がこのような二つ目玉構造を持っている。たとえば先に述べたケンタウルス座Aも典型的な二つ目玉電波源で、しかもその差渡しは、約一〇度、満月二〇個分にもなるという代物である。また中心の銀河が強い電波を出している場合には、二つ目ではなく三つ目になる。受信感度が上がったためにはくちょう座Aも今では三つ目になった。おそらく電波銀河の半数以上は、二つ目か三つ目だろう。残りのものは、いびつな二つ目とか、大きな頭部と吹き流されたような尾部からなるヘッド・テイル型電波銀河（後の図19）や、それ以外の複雑な構造のものなどである。

二つ目玉電波源は、まあ常識的に考えれば、中心の銀河と無関係とは思えないが、どうして電波で光っている場所に何も見えないのか、中心の電波銀河とどういう関係なのか、そもそも電波はどういうメカニズムで出ているのか。謎は増えるばかりだった。銀河本体との関係は後にまわして、以下では、最後の問い、電波発生のメカニズムについて、少し述べておこう。

シンクロトロン放射

磁場の中に高速で運動する電子が飛び込んだ状況を考えてみよう（図9）。電子は電荷を持っているので、電子が運動するというのは電流が流れるのと同じである。したがって磁場の中で電子が運動すると、電子は磁場から力を受け、それも磁力線と垂直な方向に力を受け（ファラデーの法則！）、その結果、電子は磁力線のまわりを螺旋を描くように運動するようになる。

さらにこのとき、電子のまわりの電場の変化が光速で周囲の空間に伝わっていく。すなわち電磁波が放射される。これをシンクロトロン放射[2]とか磁気制動放射と呼んでいる。シンクロトロンというのは人の名前ではなく、磁場を使って荷電粒子を非常に高速にまで加速する粒子加速器の名前である。また宇宙電波の発生機構としてシンクロトロン放射を提案したのは、I・S・シュクロフスキーら旧ソ連のグループだ（一九五三年頃）。

さてシンクロトロン放射で重要なのは、一個の電子から放射されるシンクロトロン放射のスペクトルがべき関数型（図4参照）でないにもかかわらず、磁場中の多数の電子集団から放射されるシンクロトロン放射のスペクトルがべき関数型になることだ。

一個一個の電子は、シンクロトロン放射によって、ある振動数でピークを持った連続的なスペクトルを放射する（黒体輻射スペクトルとはまた違った形だが）。このとき、磁場

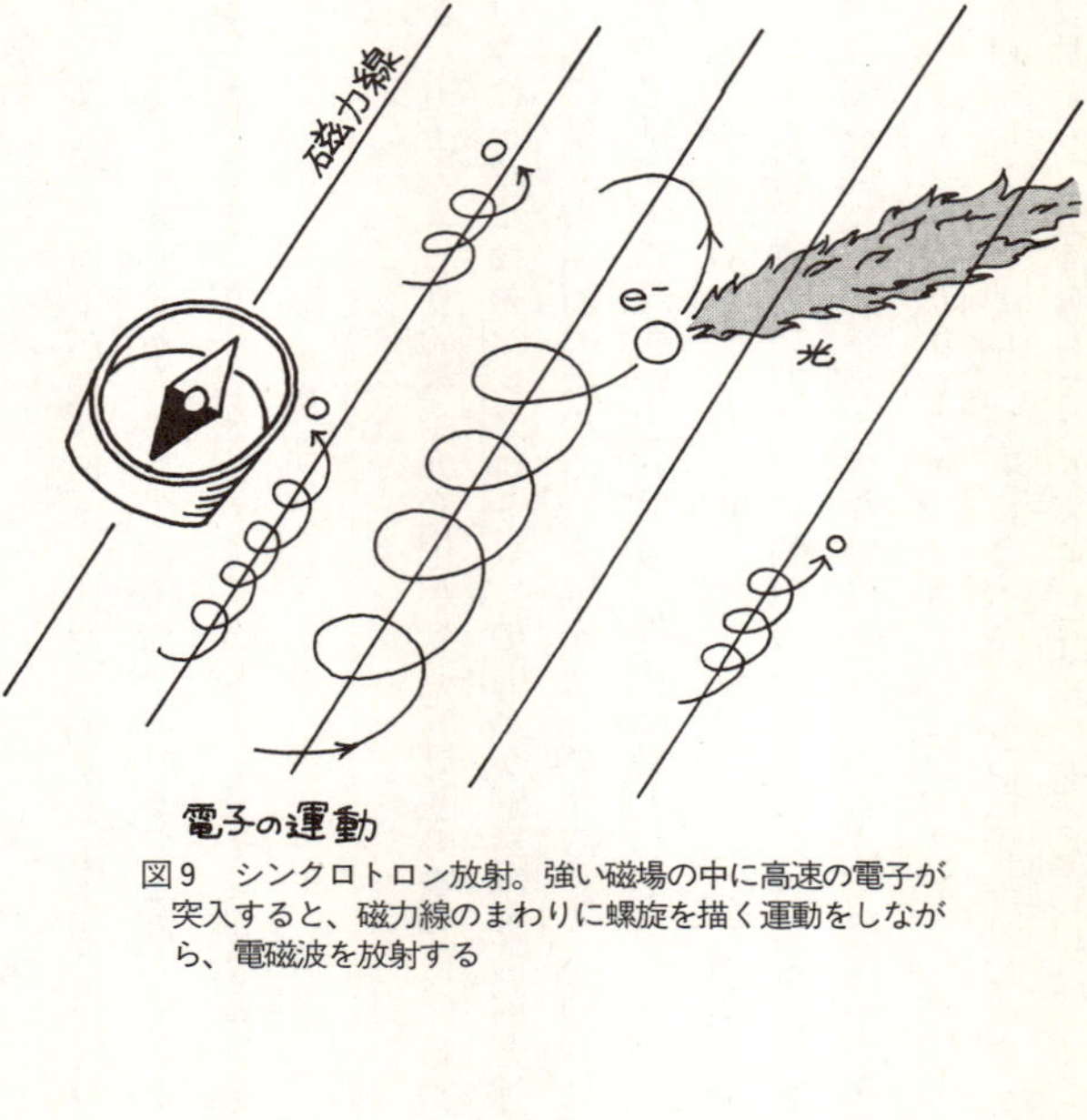

図9　シンクロトロン放射。強い磁場の中に高速の電子が突入すると、磁力線のまわりに螺旋を描く運動をしながら、電磁波を放射する

の強さが強いほどまた電子の運動エネルギーが大きいほど、振動数の大きな領域で強い電磁波が放射される。磁場の中にいろいろな速度の電子が無数にあるとき、それぞれの電子からシンクロトロン放射が出てくる。そして普通は、速度の大きなしたがってエネルギーの高い電子ほど、その個数は少ない。しかも一〇倍高いエネルギーを持った電子の個数は一〇分の一、というように対数的に減少しているものだ。

そのためそれらの電子集団から放射されるシンクロトロン放射のスペクトルも、全体としては、エネルギーが高いほど強さが対数的に減少するという、べき関数型のスペクトルになるのである。

このようなスペクトル的特徴とか、さらには偏波といった放射の特徴によって、電波銀河から放射されている電波は、まず間違いなくシンクロトロン放射だと考えられている。

ところでシンクロトロン放射が起こるためには、先に述べたことから、十分な磁場と光速近い速度にまで加速された高エネルギーの電子が必要である。二つ目玉電波源の位置には、光でこそ見えないが、銀河間空間には似合わないほどの強い磁場と高エネルギーの電子が渦巻いているはずだ。それらはいったいどこからきたのだろうか？

①分解能

見分ける能力のことで、空間分解能、時間分解能、波長分解能などがある。空間的に異なる二点が、どれぐらい離れたところまで異なる点として識別できるかという能力が空間分解能。時間的に変化する明るさなどが、どれくらいの時間間隔で識別できるかという能力が時間分解能。光をスペクトルに分解したとき、どれくらいの波長間隔で違いを識別できるかという能力が波長分解能。

②シンクロトロン放射

磁力線のまわりを高速で運動する電子などが放射する光（電磁波）のこと。磁石の力によって荷電粒子を円軌道を描かせて加速する粒子加速装置であるシンクロトロン加速器から転用した。磁場を利用した放射機構の一種なので磁気制動放射と呼ぶこともある。漢字にすると硬くなるが、シンクロトロン放射よりは意味は何となくわかる。

3 クェーサーの正体―発見・解明・そして新たな謎

電波銀河やさらにはその周辺の二つ目玉電波源について、原因や実体に関する糸口もつかめぬまま、時代は一九六〇年代に入った。そう、「発見の六〇年代」である。

一九六〇年代は、天文学史上、少なくとも現代天文学史上、もっとも大きな三つの発見がなされた年代である。それは、中性子星の実在を証明し相対論的天体物理学の興隆を促した一九六七年のパルサー[1]の発見（ジョスリン・ベルとアンソニー・ヒューイッシュ）、現代ビッグバン宇宙論を決定づけた一九六五年の3K宇宙背景放射の発見（アーノ・ペンジアスとロバート・ウィルスン）、そして遠い宇宙の姿を明らかにし活動する銀河中心核というまったく新しい宇宙像への扉を開いた一九六三年のクェーサーの発見（マーチン・シュミット）だ。もちろんどんな場合でもそうだろうが、発見にいたるまでの道筋は一直線ではなく、紆余曲折や行きつ戻りつの多い道だった。

クェーサーは今日では非常に遠方にある活動銀河（の中心核）だということがわかって

いるのだが、発見当初はきわめて謎の天体だった。クェーサーの観測的というか現象論的な定義は、①光で見ると、星のような点状の天体として観測され、より微細な構造に分解できない。②ごく普通の星に比べて、紫外線の領域で明るいという紫外超過を示す。③しばしば数日とか数十日の時間で光や電波の強度が変動し、また場合によっては偏光も示す。④強い輝線スペクトルを持ち、しかもその幅が非常に広い。電離ガスのドップラー運動によるものとして速度に換算すれば、毎秒数千キロメートルから一万キロメートルにもなる。⑤しかもスペクトル輝線が非常に大きな赤方偏移を示す。といったところだ。なおクェーサーの中には、強い電波を出すものと出さないものがあり、前者をＱＳＳ、後者をＱＳＯと呼ぶこともある。

ところでクェーサーという名前自体は、一九六四年にホンイー・チューが提唱したもので、直訳すれば準恒星状電波源という英語を縮めて作った造語である。強いて日本語に訳せば、核生銀河とか核赤銀河という感じだろう。

そもそもの始まりはクェーサーの場合も電波だった。

クェーサー発見前夜

一九五〇年代、数多くの電波源が発見され、そのうちのいくつかは銀河と同定された。

またケンブリッジ大学やその他の研究機関では、天空を組織的に探査し電波源のカタログを作成していった。たとえばケンブリッジ大学で最初に作成され一九五〇年に公表された第一ケンブリッジ（1C）カタログには、五〇個の電波源の位置が記されている（もっともこの頃の電波望遠鏡は先に述べたようにピンボケなので、位置の精度も一度かそれ以上の誤差があるが）。ケンブリッジ大学の電波源調査は、2Cカタログ、3Cカタログ、3CRカタログ（改訂版3Cカタログ）、4Cカタログと引き継がれていく。もちろん他にも数多くのカタログが作成されているが、よく引合いに出されるのは、3Cカタログだろう。観測家はこれらのカタログを用いて、光学天体との同定作業を進めるのである。

そして一九六〇年、アメリカのトーマス・マシューズとアラン・サンデージも3Cカタログに記載された電波源の位置を、当時世界最大の望遠鏡だったパロマー山天文台の五メートル望遠鏡で見て、そこにどんな銀河が見つかるのかを調べていたのである。電波源3C四八（3Cカタログの第四八番電波源）の位置を調べたとき、彼らがそこに見つけたのは銀河ではなく、一六等級の〝星〟だった（マシューズとサンデージ、一九六三年）。

ただしこの〝星〟、見かけ上は星なのだが、ただものではなかった（図10）。まず点状にしか見えないが、周囲にほんのりと雲状の広がりを持っているようだし、普通の星に比べると、紫外域での光が強い（紫外超過）。さらに一年程度の間に〇・四等級すなわち一・

四倍くらいも明るさを変える。そしてスペクトルをとってみると、幅の広い輝線スペクトルを示すのだが、この輝線がいったいどんな元素に起因するのかまったく見当がつかないときた。

マシューズとサンデージは続けて、電波源3C一九六と3C二八六をやはり暗い点状の天体に同定した。これらの天体の色も3C四八のように青かった。また3C二八六のスペクトルにはやはり幅広い輝線スペクトルが存在したのだが、波長は3C四八の同じような輝線スペクトルの波長とは違っていた。別の電波源3C一四七も点状の天体と同定され、やはりいくつかの輝線スペクトルを持つことがわかったが、その波長はまたまた違っていた。こうしてますます謎は深まるばかりだった。

輝線スペクトル

ここで少しスペクトル線について説明しておこう。

天体からやってくる光は、さまざまな波長の電磁波からなっている。そこで天体からの光を分光器という装置に通すと、光はスペクトルに分解される。先にも述べたように、天体のスペクトルはそれぞれの天体で異なった容貌をしており、スペクトルを詳しく調べれば、天体の温度やガスの密度、運動状態、天体に含まれている物質の種類や割合など、実にさまざまな情報が得られる。

純粋に黒体輻射の場合やべき関数型の場合は別として、実際に得られるスペクトルは特定の波長で光が強かったり弱かったりするのが普通である。したがって横軸を波長、縦軸を光の強さにとったスペクトル図を描いてみると、結構でこぼこがある。このとき、でこぼこをならした成分を連続スペクトル（連続成分）、連続成分より上に飛び出ている部分を輝線スペクトル、下に引っ込んだ部分を吸収線スペクトルと呼ぶ。実際のスペクトル上では、輝線はもちろん明るい線として見え、吸収線は暗線として見える。

これらの輝線や吸収線は、普通は天体を作っているガス原子内の電子の状態遷移《せんい》で生じる。原子核のまわりの電子は、量子力学的な理由から、跳び跳びのエネルギー状態しかとれない。そして電子があるエネルギー状態から別のエネルギー状態に遷移する際に、二つの状態のエネルギー差に応じて、特定の波長の光を放出したり吸収したりする。

黒体輻射スペクトルとかべき関数型スペクトルのような連続光を放射している光源を観測しているとしよう（図10）。もし光源と観測者の間にガス雲がある場合には、ガス中の原子内の電子は光源からの連続光をある特定の波長で吸収して、その結果、光源からの連続スペクトルに吸収線が生じる。一方、高いエネルギー状態に遷移した電子はすぐに低いエネルギー状態に落ちるが、その際に吸収したのと同じ波長の光を放出する。したがって光源に照らされたガス雲を横の方から見れば、(場合によっては光源の連続スペクトルに重なって)輝線が見えるのである。

地球上でこそ珍しいが、宇宙でもっとも豊富な元素は水素である。そのためスペクトル線も水素が起源のものが一番目だつし、よく調べられている。水素原子内の電子のエネルギー状態は、一番エネルギーの低いものから、基底状態、第一励起状態[4]、第二励起状態……と呼ばれているが、これらの状態の間のエネルギー差は決まっており、また規則性があるため、スペクトル線の波長やその現れ方から、水素原子のものだと特定できるのである。さらに水素原子のスペクトル線については、基底状態とたくさんある励起状態との間を電子が遷移する際に生じる輝線や吸収線をライマン系列、第一励起状態とそれよりエネルギーの高い状態(たくさんある)間の場合をバルマー系列、第二励起状態の場合をパッシェン系列などと呼んでいる。とくにバルマー系列は、可視光の赤い領域にスペクトル線を生じるため、重点的に観測されることが多い。

電波源3C二七三

さて話を戻そう。マシューズとサンデージによって、いくつかの電波源の位置に光で見るとまるで星のように見える天体が発見され、しかもスペクトル解析からそれらの天体が

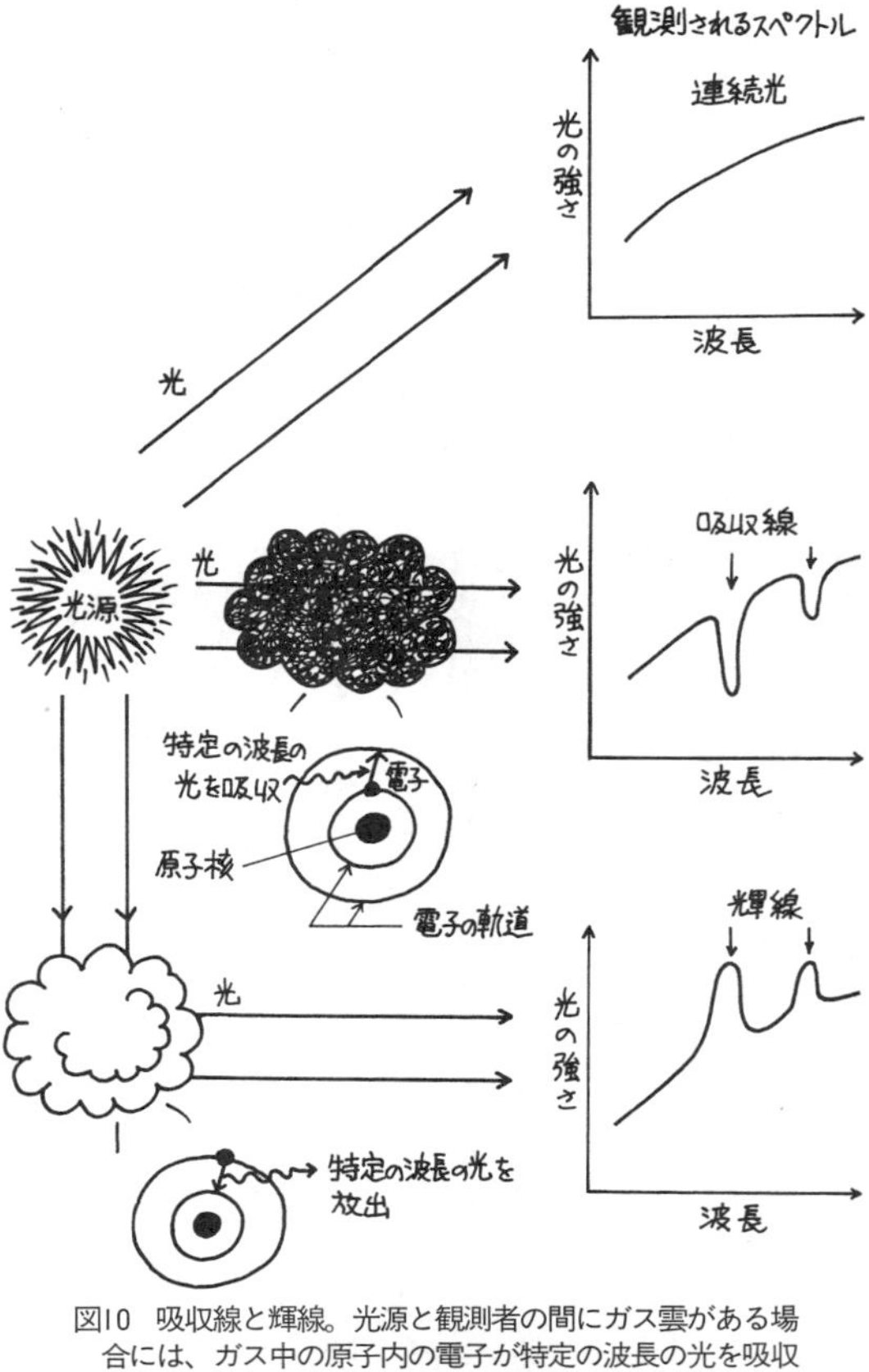

図10　吸収線と輝線。光源と観測者の間にガス雲がある場合には、ガス中の原子内の電子が特定の波長の光を吸収するために、スペクトルに吸収線が生じる。一方、光源に照らされたガス雲は原子内の電子が特定の波長の光を放出するために、スペクトルに輝線が生じる

幅広い輝線スペクトルを持っていることが明らかにされたのだが、それらの輝線スペクトルがどんな原子から発しているか皆目わからなかったのである。しかし輝線スペクトルの謎を解明する糸口は、強い電波源3C二七三にあった。

一九六二年に月が3C二七三を隠す現象を利用して、電波源3C二七三の精密な位置が測定された（ハザードら一九六三年）。電波源3C二七三は天球上で月の軌道（白道）付近にあるので、月の運動に伴ってときどき月の背後に隠される（掩蔽《えんぺい》現象）。月の縁は非常に鋭い上に、3C二七三の見かけの大きさが小さいので、この掩蔽は一瞬の内に生じる。ま、一瞬というのはいい過ぎかも知れない。月の縁の回折などもあるので一分ぐらいはかかるだろう。とにかくきわめて短時間で起こることは確かである。しかも月の軌道は非常に正確にわかっているので、掩蔽の起こった時刻を測定すれば、3C二七三の位置がかなりの精度で確定できるのである。

ハザードらはこの方法で、3C二七三の正確な位置を決定したのである。また同時に、電波源3C二七三が約二〇秒角離れた二つの成分A、Bからなることを発見した。パロマーの写真乾板を調べると、3C二七三の位置には（予想していた）銀河ではなく、淡いジェット状の構造がくっついた一三等級の〝星〟が存在していた（図11）。さらに〝星〟本体が電波の成分Bに、ジェットの先端が成分Aにピッタリと一致した。

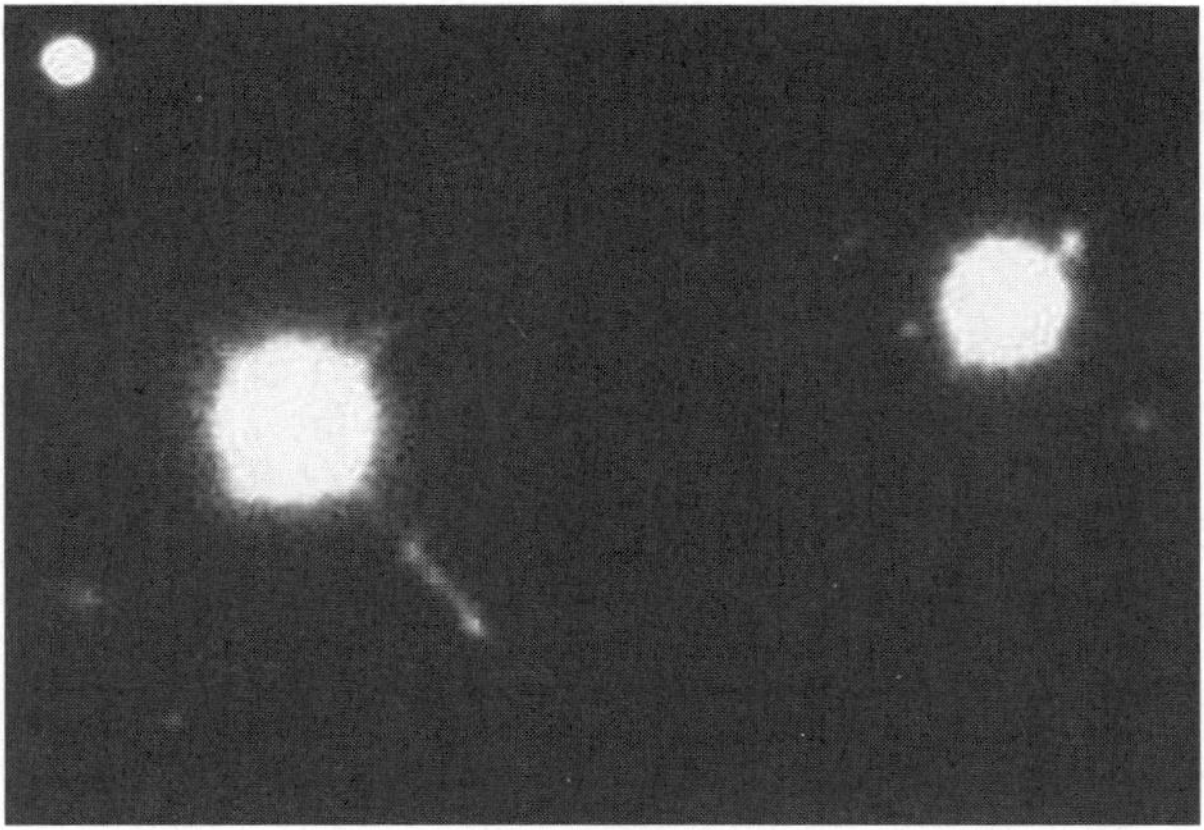

図11　クェーサー3C273。右下に光の矢が見える（キットピーク天文台）

そしてここで、パロマー山天文台のマーチン・シュミットが、この一三等級の〝星〟のスペクトルを撮影するのである。スペクトルには六本の幅広い輝線が見つかった。一九六二年も押し詰まった一二月のことである。

翌一九六三年の二月になって、彼は3C二七三の輝線スペクトルの特徴が、水素バルマー系列のスペクトル線の配列とそっくりなことに気づいた。ただし、スペクトル線の波長を通常の位置から赤い方に大きくずらせば、の話である。たとえばバルマー系列の中でHベータ線と呼ばれるスペクトル線の波長は、実験室で測定すると四八六一オングストローム[5]なのだが、3C二七三では五六三〇オングストロームだったのである。3C二七三の場合、ずれの割合を示す赤方偏移は、(5630-4861)/4861=0.158となる。

天文学史上、〇・一五八という大きな赤方偏移を持った天体ははじめてだった。まさに大発見である。この大きな赤方偏移は大論争を引き起こすのだが、それは後日のこと。とにかく一つの解法が見つかれば他の場合にも適用するのは容易だった。たとえば3C四八では〇・三六七の割合で赤方偏移していると考えれば、輝線がやはり水素のバルマー線(水素原子のスペクトル中の、スペクトル線のひとつ)と同定できた。

こうして、まったく新しいタイプの天体、大きな赤方偏移を持つ謎の天体クェーサーが、天文学に登場したのである。

ところで、このシュミットという人、三〇年も前に大発見をした人だからもうおじいさんで引退したかと思っていたら、とんでもない。大柄で紳士的なおじさんでまだまだバリバリの現役である。好感度ナンバー1、といった感じで、時の人としてアメリカの雑誌タイムの表紙を飾ったこともある。

赤方偏移論争とその決着

電波銀河の赤方偏移の大きさは、比較的近いケンタウルス座Aの〇・〇〇三からヘラクレス座Aの〇・一五四程度である（近くの銀河の赤方偏移はきわめて小さい）。またセイファート銀河でも、せいぜい〇・一までだ。これらに対して、クェーサーの赤方偏移は、〇・一ぐらいから大きいものでは四を超える。

このようにクェーサーが非常に大きな赤方偏移を示すことから、赤方偏移の原因に関して、かつて天文学者の間で大論争が起こった。有名な話なのでここでは詳しく述べないが、ポイントはこうである。まず矛盾にいたる図式は、

クェーサーの赤方偏移は大きい
←
（赤方偏移が膨張宇宙論的なものだとしたら）
クェーサーは遠い天体である
←
クェーサーの見かけの明るさからすると、
クェーサーは莫大なエネルギーを出していなければならない
←
そんなエネルギー源は存在しない

困った←

この構図に対して、クェーサーの赤方偏移があくまでも宇宙論的なものだと信じる研究者（宇宙論派、遠方説）は、エネルギー源の問題を現代物理学の枠内で何とか解明しようとし、一方そんなエネルギー源など存在しないと思う研究者（非宇宙論派、局所説）は、クェーサーは実はわれわれの銀河系近傍の天体だとし、むしろ赤方偏移の原因を運動学的なドップラー効果とか重力赤方偏移に帰したのである。

最初のうちは観測的な手がかりも少なく、どちらの説が正しいのかなかなか決着がつかなかったが、やがてクェーサーが遠方の天体であるという観測的な証拠がいろいろと出てきて、最終的には軍配はクェーサー遠方説に上がった。

ハッブルの法則

観測的な証拠の一例は、クェーサーのデータに対するハッブルの法則である。ハッブルの法則というのは、銀河の赤方偏移を調べていたエドウィン・ハッブルが一九二九年に発見した法則で、見かけの明るさが暗い銀河ほど大きな赤方偏移を示すという経験的法則である（図12）。もし銀河の真の明るさが一つ一つの銀河であまり変わらなければ、見かけ

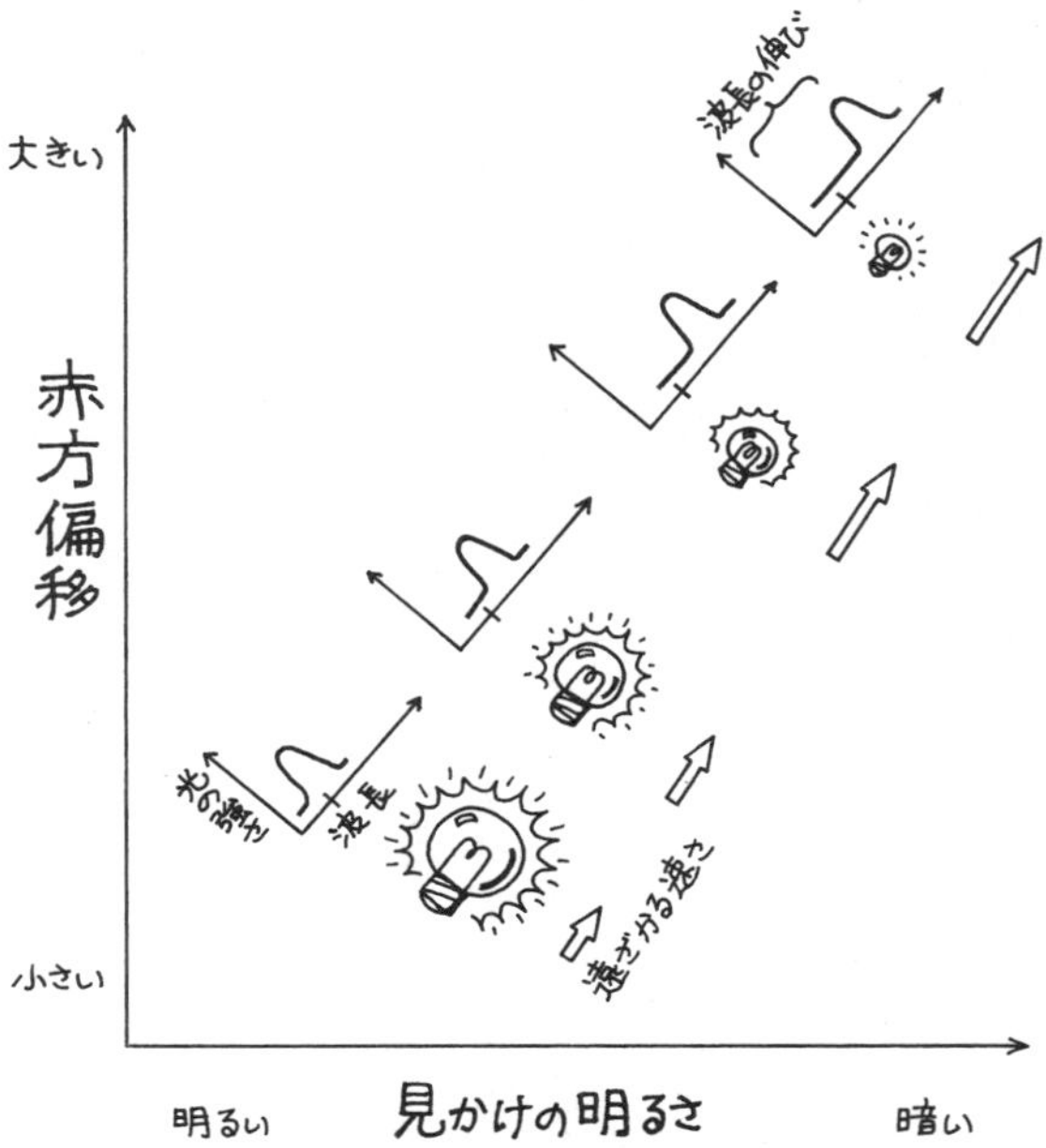

図12　ハッブルの法則。見かけの明るさが暗い銀河ほど赤方偏多が大きい

の明るさが暗いほど遠方の銀河だということになる。また赤方偏移が大きいほどその赤方偏移に対応する〝後退速度〟も大きいことを意味する。したがってハッブルの法則は、しばしば、遠方の銀河ほど大きな速度で遠ざかっているというように言い表されている。このハッブルの法則という観測事実が、われわれの宇宙が膨張しているという考えの、最初の観測的証拠となったのだ。

さてもちろんクェーサーの観測データに対してもハッブルの法則は調べられた。ところが初期のデータではクェーサーの見かけの明るさと赤方偏移の間に比例関係が成り立たなかったため、これが混乱に拍車をかけたようだ。ハッブルの法則が成り立たなかった理由は、銀河と異なって、クェーサーの真の明るさが大きくばらついていたためである。そのため、見かけの明るさと赤方偏移のデータをそのままプロットしても、グラフ上でぶわっと広がり、それらの間に相関関係は出てこないのだ。そこで真の明るさのバラツキを揃えるために、バーコールとターナーは、赤方偏移がだいたい同じクェーサーの中で見かけの明るさがもっとも明るいものだけを選んでみた。その結果、もっとも明るいクェーサーの間には、ハッブルの法則が見事に成り立ったのである。すなわちクェーサーも銀河と同様に宇宙の膨張と共に遠ざかる天体であったのだ。

吸収線

また別の証拠として、クェーサーのスペクトル中に見られる吸収線もある。何度も述べたように、クェーサーは幅の広い輝線スペクトルを示す。ヘリウムやその他の原子によって作られた輝線もあるが、もっとも強いのは、水素ガスから発したライマン系列やバルマー系列と呼ばれる輝線である。ただしそれらの輝線は実験室で測定される波長の位置にはなく、大きく赤方偏移している。

さて天体からの光をスペクトルにわけると、乾板上の単位長さに入射する光の量はわける前より当然減る。さらに光のわけかたの度合が小さいもの（低分散）よりはわけかたの度合が大きいもの（高分散）の方が光は薄まる。もちろん高分散スペクトルの方が波長分解能はいいので、それだけ詳しい情報が得られるのだが、検出も困難になっていく。だんだん観測精度がよくなって高分散スペクトルが得られるようになると、すなわち波長分解能が上がると、クェーサーの輝線スペクトルの近傍に吸収線が存在することがわかってきた。しかもそれらの吸収線は、輝線のピーク波長より〝青い側〟にのみ存在するのである。

輝線がクェーサー本体でどのようにできているかは別にして、吸収線もクェーサーに関係したものなら、輝線のピークの青い側にも赤い側にもあっていいはずである。ところで青い側というのは宇宙論的にはクェーサーより近い距離ということを意味する。したがって吸収線が青い側にしかないということは、クェーサーから放射された（大きく赤方偏移している）輝線の光が、クェーサーより手前に存在する（クェーサーよりは小さな赤方偏移を持つ）銀河間のガス雲によってできた吸収されたものだろうと考えられる。すなわちやはりクェーサーを遠方の天体と考える方がつじつまが合うのである。むしろ最近では〝森〟と呼ばれるくらい多数の吸収線が発見されてきており、それらの吸収線がクェーサーとわれわれの間の銀河間空間を探査する道具に使われているくらいだ。

しかしやはり何といっても決定的な証拠は、最近になって、ついにクェーサーの周囲に広がる銀河（母銀河）が見えてきたことである。クェーサーが星のような点状の天体であるという定義はもはや過去のものになった。

クェーサーの衣

クェーサーを光で見たとき星のような点状の像しか見えなかった理由は二つある。一つはクェーサーが非常に遠方の天体であるためだ。遠いものほど見かけの大きさが小さいというのは道理である。たとえば二〇〇万光年の彼方にあるアンドロメダ銀河は、見かけの角度にして約三度の広がりを持っている。しかしもし、アンドロメダ銀河を四〇億光年（赤方偏移では〇・二ぐらいに相当する）もの遠方に持っていけば、その見かけの大きさは二〇〇〇分の一、五秒角程度になってしまうだろう。すなわちクェーサーがきわめて遠方の銀河の中心核だとして、クェーサーの母銀河の見かけの大きさは、せいぜい数秒角がいいとこなのである。これは地上から望遠鏡で分解できる限界に近い。

さらにコントラストの問題もある。すなわちクェーサーがあまりにも明るいため、母銀河からの光はかすんでしまって検出が非常に難しいのである。これは逆光で写した写真やビデオの像などを思い浮かべればよくわかるだろう（もちろん逆光補正はしない場合）。

一九七〇年代に入って、何人かの観測家がこの困難な作業、すなわちクェーサーの周囲に広がった母銀河の像いわばクェーサーの衣を暴く努力をはじめた。まず最初はパロマー山天文台のJ・クリスチャンが、そこの五メートル望遠鏡を使って赤方偏移の小さい三〇個ほどのクェーサーの写真を撮影し、いくつかクェーサーの周辺にぼんやりと広がった霞のようなものがあることを見いだした（一九七三年）。続いて、同じくパロマー山天文台のJ・ガンや彼と独立にリック天文台の三メートル望遠鏡を使ったE・J・ワンプラーたちが、最初に発見された赤方偏移〇・四のクェーサー3C四八のスペクトル観測を行い、3C四八が銀河の中心核だということを確立した（一九七五年）。同じ頃、ハワイ大学のA・ストックトンもそこの二・二メートル反射望遠鏡を使って、やはり赤方偏移が〇・四のクェーサー4C三七・四三の写真を撮り、そいつが銀河の中心にあることを示した。

こうしていくつかのクェーサーが衣を持つことは次第に明らかになっていったのだが、写真を解析する従来の方法を用いていた七〇年代にはどうしても観測例は限られたものだった。それを打開したのが、近年のコンピュータを用いた画像解析技術の開発や、さらにはCCDなど固体画像素子による天体撮像である（第7章）。

クェーサー3C二七三の衣

その例が、何度も出てきた3C二七三というクェーサーである。3C二七三はクェーサーの中では比較的近い方（赤方偏移〇・一五八）なのだが、何しろ非常に明るいために、コントラストが強すぎて母銀河など見えそうにもなかった。が、ヨーロッパ南天文台の三・六メートル望遠鏡で3C二七三の写真を撮ったS・ワイスコッフらは、撮影した写真に画像処理を行い、周辺部の非常に暗い像を浮き上がらせて（ようするに逆光補正して）、3C二七三の周囲に、もわっとした母銀河があることを示したのである（一九八〇年、図13）。

彼らの解析結果によると、3C二七三の母銀河は見かけの明るさが約一六等級で二〇秒角程度の広がりを持っており、少し楕円っぽい形をしている。3C二七三の見かけの明るさは約一二・八等級だから、母銀河と中心核（3C二七三）の明るさは三等級以上すなわ

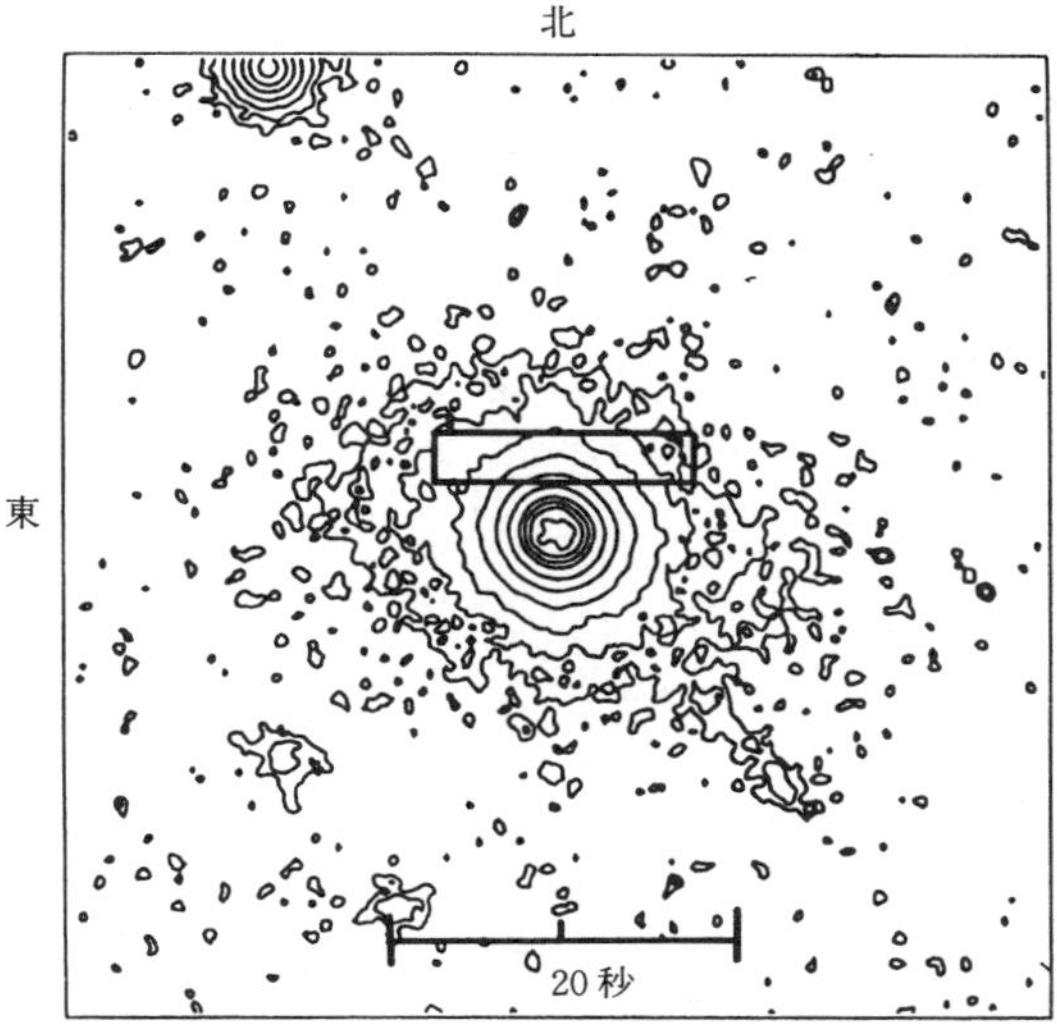

図13　クェーサー3C273の衣（母銀河)。右下にジェットが延びている（S. Wyckoff et al.〔1980〕: *The Astrophysical Journal Letters*, 242, L59)

ち二〇倍くらいも違うわけで、3C二七三の輝きに隠されて母銀河が見えなかったのも頷ける。さらに3C二七三までの距離を考えると、3C二七三の母銀河は、通常の銀河に比べてかなり明るい（数倍から一〇数倍）こともわかった。また母銀河の空間的な広がりはおよそ三〇万光年ぐらいになり、やはり典型的な銀河よりは数倍大きいようだ。

こうして、クェーサーが遠方の銀河の中心核だという観測例はどんどん増えてきている。そうなるとクェーサーの赤方偏移の起源に関して残った問題は、数千個にものぼるクェーサーがすべて銀河の中心核なのか、ということである。実際にすべてのクェーサーを観測してこの命題を立証することは不可能に近いので、通常は一部分については確かにそうなのだから全体でもそうだろう、というように演繹《えんえき》して考えている。

異端者アープ

ところがホールトン・C・アープらによって得られた観測例を突きつけられると考え込んでしまう。たとえば彼らは、NGC三三八四というごく近傍の通常銀河の周辺に、六つのクェーサーが存在することを発表している（一九七九年）。六つのクェーサーの赤方偏移はそれぞれ異なっているのだが、注目すべきは、まず一つの銀河の近傍にそんなに沢山のクェーサーがあることと、さらにそれらのクェーサーが銀河の短軸方向に並んでいるように見えることだ。だから、NGC三三八四のまわりのクェーサーはNGC三三八四の中心から飛び出してきたんだ、などと言われると、筆者のような無節操な人間はなんとなく納得してしまいそうになる。アープはこのような観測例を数多く発表してきている。

アープは、〝アープのアトラス〟[6]といえば知らない人のいないくらい有名な特異銀河に関する重要なアトラスをまとめた人だが、長年、こういった現在の天文学では異端といえる主張を続けているために、最近ではアメリカの天文学界からホサれてしまって、西ドイツあたりで流浪の身らしい。

一つのパラダイム（この場合は〝すべての〟クェーサーが遠方の天体であるという主張）が学説として定着してしまうと、その主張に対する異説はなかなか受け入れられなくなるのが常ではある。異端の説を切り捨ててしまうのは簡単だが、それが科学的な態度かと問われると返答に窮するだろう。

筆者自身、基本的にはクェーサーは遠方の天体だと思っているが、まあここはアープにも花を持たせて、こう結論したい。

「現在までに得られた観測事実から判断する限り、クェーサーの〝大部分〟は、その赤方偏移の示す通り、きわめて遠方にある銀河の輝く中心核である。」

①パルサー

超強力な磁場をもち高速で自転する中性子星で、中性子星の自転軸に対して磁場の軸が傾いているために、中性子星が自転するにつれて磁場が振り回されて、灯台のように電磁パルスを放射している。そこでパルサーという名前がついた。一九六七年に最初に発見されたときは、電波パルスの周期があまりにも規則正しいことから、最初は宇宙人の信号かと思われ、LGM（Little Green Men; 緑色の矮人すなわち宇宙人）という暗号名までついたぐらいだ。

②電離ガス

原子や分子の間の結合が強くて原子や分子の位置がほとんど動かない固体や、結合がゆるくて形状が自由に変化流動する液体に対し、原子や分子の間の結合がまったくなくなり自由に飛び回っている状態が気体（ガス）である。ガスという言葉は、ギリシャ語のカオスと同じで、形が定まっていない意味。

また空気の中の酸素分子や窒素分子は中性状態だが、高温の星など天体のガス（多くは水素ガス）は、しばしば電子が離れた状態——電離状態——になっている。これを電離ガスというが、しばしばプラズマとも呼ばれる。

③ドップラー運動（ドップラー効果）

音源と観測者が相対的に静止しているときは、音源から発した音の高さと観測者が受け取る音の高さは同じである。しかし音源と観測者が近づいているときは音の高さは高くなり（振動数は高くなり）、音源と観測者が遠ざかっているときは音の高さは低くなる（振動数は低くなる）。この現象を、一八四二年に最初に研究したオーストリアの物理学者C・J・ドップラーにちなんで、ドップラー効果と呼んでいる。

天体からやってくる光も波の一種なので、音のドップラー効果と同じ現象が起こる。すなわち、光を出す天体（星やガス）が観測者（地球）から遠ざかるように運動しているときには、観測される波長がもとの波長より長くなり（赤方偏移）、逆に、地球に近づくように運動しているときには、もとの波長より短くなる（青方偏移）。光源と観測者の間の相対的な運動によって、観測される光の波長（振動数）が実験室で測定されるものとずれる現象を光のドップラー効果と呼ぶ。

④基底状態・励起状態

原子核と電子の結合した原子は、量子力学的な性質によって、とびとびのエネルギー状態——エネルギー準位しか許されない。エネルギー準位の中で最もエネルギーの低い状態を基底状態、それ以外の状態を励起状態という。また電子が原子核と結合していない状態を電離状態という。

⑤オングストローム

一〇〇億分の一メートルのこと。いまはほとんど死語。現在では、これぐらいの小さい長さでは、ふつうはナノメートル（nm;一〇億分の一メートル）を使う。たとえば、四八六一オングストロームは、四八六・一ナノメートルになる。え、どっちでも似たようなもんだって。

⑥アープのアトラス

ここでは〝アープさんが作った特異銀河の事典〟ぐらいの意味。アトラスの本来の意味は、事典というよりは、〝地図〟のこと。もっと遡れば、アトラスは、ギリシャ神話に出てくる巨人の名前。たしか、中世時代に描かれた地図では、しばしば巨人アトラスが地図のアチコチに意匠として描かれていて、地図のことをアトラスと呼ぶようになったんじゃなかったかなぁ。どっかでそんな話を読んだ覚えがある。

4 すべての道はブラックホールへいたる——銀河重力発電所

クェーサー遠方説を採用した場合、前章で述べたように、困るのはクェーサーの放出している膨大なエネルギーである。クェーサーだけではない、電波銀河にせよセイファート銀河にせよ、活動銀河はそれなりに明るいのである。クェーサーやその他の活動銀河が認識されはじめたときに、理論家に与えられた最初の課題は、エネルギー源の解明だった。

エネルギーの大きさ

赤方偏移が〇・一五八の3C二七三の場合、宇宙モデルのパラメータ[①]によっても少し上下はするが、3C二七三までの距離は二五億光年ほどである。3C二七三の見かけの明るさは一二・八等級なので、絶対等級すなわち3C二七三が一〇パーセク（約三二・六光年）の距離にあるとした場合の等級は、マイナス二六・六等級になる。といってもピンと来ないかも知れないが、たとえば太陽の見かけの明るさは、マイナス二六・七等級ぐらいだ。すなわち、クェーサー3C二七三を一〇パーセクの近くまで引き寄せることができたとしたら、何と太陽と同じくらいの明るさで輝いて見えるのである！

クェーサーの放出しているエネルギーを、対数的な量である、星の明るさを表す等級で説明したが、つぎにエネルギーの単位を使って考えてみよう。3C二七三の放出しているエネルギーは、3C二七三までの距離から見積ると、毎秒一〇の四〇乗ジュールにもなる。それに対して、二〇〇〇億個の星からなる典型的な銀河からでさえ、毎秒放出されているエネルギーは一〇の三八乗ジュール程度にすぎない。すなわち3C二七三は典型的な銀河より一〇〇倍は明るいことになる。

あるいは別の比較として、クェーサーからその全生涯の間に放出される全エネルギーを考えてみよう。いろいろな理由から、クェーサーの年齢（活動期間）は一〇〇万年かそれ以上と推定されている。毎秒一〇の四〇乗ジュールのエネルギーを一〇〇万年間放出し続ければ、クェーサーが一生の間に放出する全エネルギーは、およそ一〇の五四乗ジュールにもなる。一方、一〇〇億年の間輝いている太陽でさえ、一生の間に出すエネルギーは、せいぜい一〇の四四乗ジュール程度にすぎない。これからもクェーサーの出すエネルギーがいかに大きなものであるかがわかる。

さらに重要な点は、クェーサーがこのような莫大なエネルギーを一光年程度のきわめて狭い領域から放出していることだ。第1章でも述べたように、クェーサーなど活動銀河の明るさは一定ではなく、しばしば数百日から数十日さらには数日の間に変化する。たとえば一年で明るさが変化するとしたら、明るくなれという指令が一年以内に伝わるために、活動領域の広がりも一光年を超えることはできないのである。

クェーサーの発見直後から、その巨大なエネルギーの源は大きな謎だった。クェーサーをはじめとして、活動銀河の中心核では一体どんなエンジンが動いているのだろうか？

さまざまな説が飛び交ったが、現代の物理的な常識の範囲内で、最終的には三種類のモデルに絞られた。コンパクト星の稠密《ちゅうみつ》な集団、超巨大な星、そして超巨大なブラックホールである。

中性子星団

何人かの研究者は、活動銀河の中心核には、一光年ぐらいの空間に一〇〇〇万個から一億個もの中性子星が集中した非常に高密な恒星系があって、それが銀河活動のエンジンなのだと考えた（図14上）。

これはそれほど突拍子もないことではない。銀河の写真を見てもわかるように、銀河の中の星の密度は中心部ほど高い。銀河の中心核はさらに密度が高い。その理由は、一つに

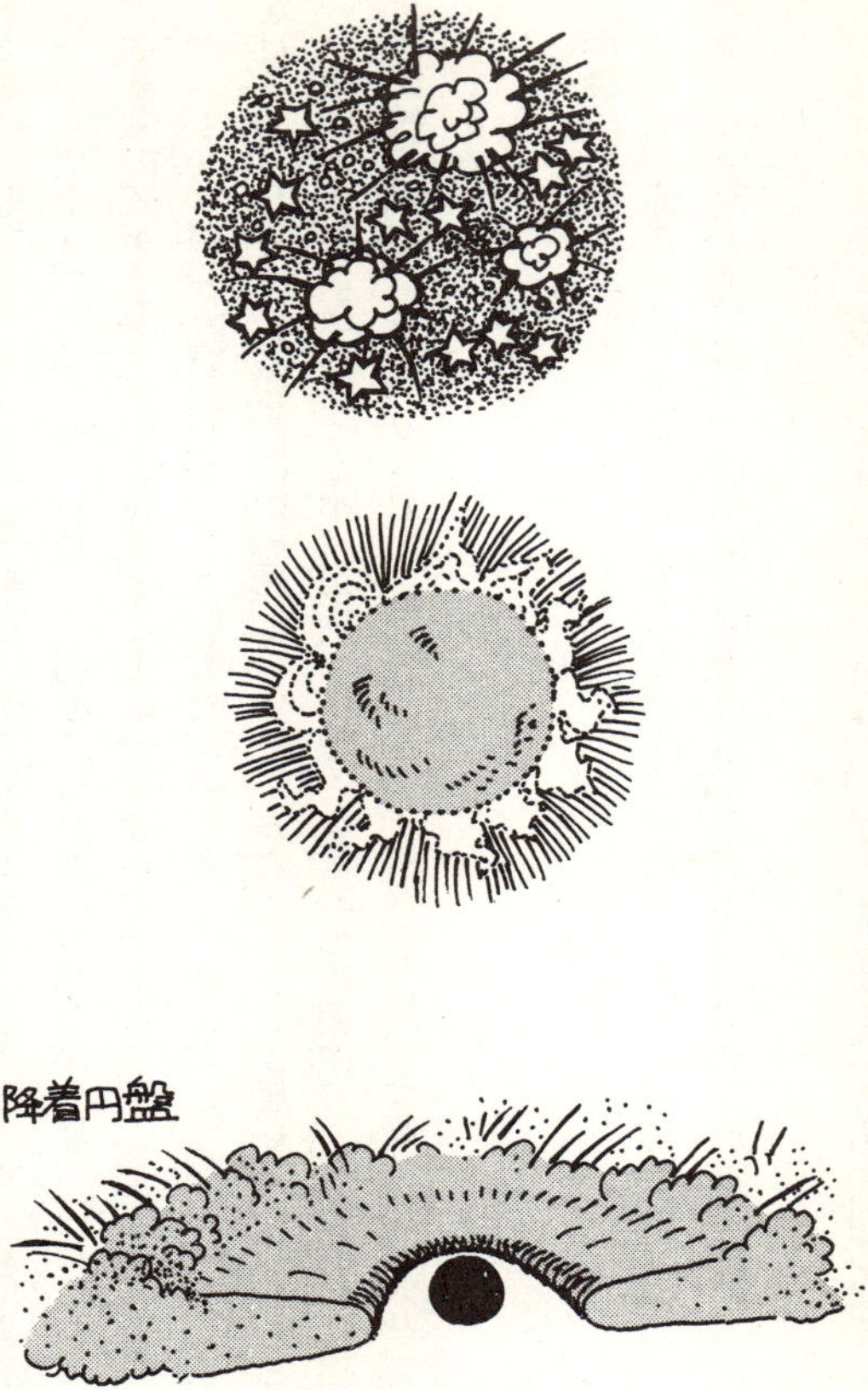

図14　クェーサーのエネルギー源について
の三つのモデル。(上)中性子星団、
(中)超星、(下)超巨大ブラックホール

は、銀河がもともと生まれたときにすでに銀河中心には多量のガスがあったためだし、また一つには、銀河が今日まで進化する間に星から放出されたガスや星間のガスが次第に中心部に降り積り蓄積したためもあるだろう。いずれにせよ銀河の中心核では星の材料がたくさんあるので、星もたくさんある。

星の密度がある程度高くなってくると、まず星同士の重力的な衝突が頻繁に起こり始める。ここで重力的な衝突というのは、直接的な衝突ではなく、二つの星がお互いの重力の影響を受け合うぐらいの距離まで近づくことである。そのような接近遭遇の繰り返しによって、ある星は次第にエネルギーを得て中心核から飛び出していき、ある星は中心に向かって落ち込んでいく。その結果、小さくなって星の密度も高くなった中心部と、広がった周辺部という二重構造が形成される。さらに極端な場合には、星同士が直接衝突して、その際に放出されたガスが中心へ落下し、さらにそれから新しい星が生まれることもあるだろう。いずれにせよ、このようなステップを繰り返すことにより、中心の半径一光年程度の空間に、太陽と同じくらいの質量の星が一億個ほども詰まった、きわめて高密度な恒星系を作るのは無理な相談ではないのだ。

さてそのような稠密な恒星系で何が起こるのだろうか？

起こるのは、超新星の爆発である。それもひっきりなしの。

星は中心で水素をヘリウムに変換する核融合反応を起こしているために、あのように輝き続けているのだが、燃料を燃え尽くすとやがては死を迎える。太陽のような星では、水素の〝灰〟であるヘリウムはさらに核融合反応で燃えて炭素や酸素になるが、ヘリウムがなくなってくると、そのまま静かに燃え尽きる。しかし太陽より質量の大きな星の場合、中心の温度が高いため、ヘリウムの燃えかすである炭素や酸素がさらに燃える。しかも炭素や酸素の核融合反応は爆発的に起こり、〇・一秒以下であっという間に燃え尽きてしまう。その結果が、星全体を吹き飛ばす壮絶な星の死、超新星爆発なのである。一九八七年にマゼラン雲で発見された超新星爆発一九八七Aは記憶に新しい。

超新星爆発を起こしたとき、星全体が飛散して何も残らないこともあるが、星の質量によっては、中性子星やブラックホールが残されることもある。中性子星というのは、太陽と同じくらいの質量でありながら、半径がほんの一〇キロメートルぐらいしかない、きわめて高密度の星で、平均密度は一立方センチメートルあたり五億トンにもなる。一九六七年に、きわめて正確な周期で電波を出している天体「パルサー」が発見されたが、これがまさに中性子星であることがわかった。しかも灯台のようにパルスを放出しながら非常に高速で自転しているためにパルサーとして発見されたのである。

少し話がそれたが、稠密な恒星系の場合に戻ると、先ほどは、太陽と同じくらいの質量の星といった。しかしもともとガスの量が多いのだから、できる星の質量は太陽より大きい場合も少なくない。質量が大きいほど星の寿命は短く、数百万年で超新星爆発を起こす。ドカン！　また星の密度が一光年立方に一億個ともなれば、星同士の直接衝突も結構起こりはじめる。衝突の相対速度が大きければ二つの星は砕け散ってガスは飛散するが、相対速度が小さければ二つの星は融合して質量の大きな星になる場合もあるだろう。もし最初の星の質量が小さくて寿命が長かったとしても、融合した星の寿命は短くなる。したがって数百万年で超新星になる。ドカン！　これはもう宇宙の大花火大会である。

もし一年に一個から一〇〇個ぐらいの割合で超新星爆発が起これば、このモデルでクェーサーの放出するエネルギーを説明することができる。そして宇宙の大花火大会の後に残されたもの、それが一〇〇〇万個ものパルサーからなる中性子星団である。

このような多重超新星爆発やその後に残される中性子星団という描像《イメージ》は、一九六三年頃から、アメリカのS・A・コルゲートらや旧ソ連のN・S・カルダシェフらによって作られていった。

超星

超新星もその結果できるパルサーも実在するもので、中性子星団はそのようなありあわせの材料を使ってエネルギー源を説明しようとしたものである。一方クェーサーが発見された直後に、イギリスの有名な天文学者で当時アメリカに長期滞在していたフレッド・ホイルとアメリカの天体核物理学の権威ウィリアム・ファウラーが提唱したのは、もう少しエキゾチックなもの、超星だった（一九六三年、図14中）。

この超星、一種の星だが、その質量がきわめて大きく、太陽の一億倍もある星なのだ。ただしその構造は基本的には太陽と同じで、水素がヘリウムに変換する核反応によって生じる熱や光で支えられたガスの塊である。しかもこれだけ質量が大きければ、中心部で起こる核反応のエネルギーだけでクェーサーの明るさを説明することができるのである。

超星の泣きどころは短命な点で、水素をどんどん消費しなければならないため、質量の割に寿命は短く、せいぜい一〇〇万年がいいところだとされた。おまけにこのような巨大な星は、磁場もない、回転もない、思いっきり単純な場合には、きわめて不安定なことが、数年後に提唱者の一人であるファウラー自身の手によって示された。不安定性は一般相対論的なもので、その結果、超星はその寿命一〇〇万年程度でブラックホールになってしまうのである。

一般相対論による超星の崩壊を避けるために、旧ソ連レベデフ物理学研究所のL・M・オゼルノイは、超星に回転と磁場を追加した（一九六六年）。ぐるぐる回っていれば落ち込みにくいし、また磁石を考えればわかるが磁場も反発する力を持っている。このような、強い磁場を持ちぐるぐる自転する巨大な星は、超巨大磁気回転星マグネトイドと呼ばれた。オゼルノイの提案したモデルの一つでは、3C二七三の中心には、太陽の一億倍の質量を持つマグネトイドがあるとする。このマグネトイドの半径は一〇〇天文単位すなわち地球と太陽の距離の一〇〇倍もあるのだが、たった一年ぐらいで自転している。太陽から四〇天文単位にある冥王星の公転周期が二五〇年であることを考えると、マグネトイドの自転はきわめて高速である。マグネトイドの寿命は、超星よりは長いが、それでも一〇〇〇万年程度と見積られている。そして結局は、一般相対論的重力崩壊を起こして、ブラックホールになってしまうのである。

マグネトイド以外にも、中性子でできた超中性子星や回転のために円盤状になってしまった超大質量円盤星など、いくつか考えられたが、どれも遠からず重力崩壊してブラックホールになることがわかった。

超巨大ブラックホール

中性子星団にせよ超星にせよ結局はブラックホールになってしまうのなら、最初からブラックホールを考えればいいのではないか。

一九六九年のこと、イギリス、ケンブリッジ大学のドナルド・リンデン・ベルという天文学者が、「銀河中心核は崩壊した古いクェーサーだ」と題する論文を、イギリスの権威ある科学雑誌ネーチャーに発表した。この論文の中でリンデン・ベルは、クェーサーの莫大なエネルギーの発生機構は、太陽の一億倍もの質量を持つ超巨大なブラックホールと、その周辺の高温プラズマガスの円盤「降着円盤（アクリーションディスク）」だという説をあざやかに展開した。それによると、活動銀河の中心には超巨大なブラックホールが鎮座していて、その超巨大ブラックホールに向かって、ガスが円盤状に渦を巻きながら落ちていく間に、円盤ガスは内部で生じる摩擦によってどんどん熱くなり、ついには強い可視光、X線、電波を放出するようになるのである（図14下）。

たとえば水力発電では、ダムの上から水を落下させてタービンを回し、水の位置エネルギー（重力エネルギー）を電気エネルギーに変換している。超巨大ブラックホールのまわりの降着円盤から強い電磁放射が発生する機構も、水力発電と原理はまったく一緒である。すなわち、超巨大ブラックホールが降着円盤を通して周囲のガスを吸い込み、超巨大ブラックホールに対してガスの持っていた重力エネルギーを光のエネルギーに変換するのである。超巨大ブラックホールは、降着円盤をダムとする銀河重力発電所といってもよい（図15）。ただ、銀河重力発電所と水力発電所は規模がまるっきり違っていて、銀河重力発電所の方が、水力発電所よりおよそ一兆倍ほど大きな落差を持っているのだが。

リンデン・ベルが提案したのは、このような超巨大ブラックホールと周囲の降着円盤からなる銀河重力発電所が、クェーサーなどのエネルギー源だということであった。

なおプライオリティについて少しコメントしておくと、天体へのガスの降り積り、すなわち重力発電所が大きなエネルギー源となりうることをはじめて指摘したのは、アメリカのエドウィン・サルピーターおよび旧ソ連のヤコブ・ゼルドビッチ（それぞれ独立に）である。リンデン・ベルに先立つこと五年、一九六四年のことだ。

さて中性子星団や超星はいずれはブラックホールになることがわかった。かりに一〇〇万年で崩壊するにしても、クェーサーや活動銀河の活動期間はそのくらいあれば十分かも知れない。したがっていま見えている活動銀河の中には、その中心核に中性子星団や超星を抱えているものもあることだろう。あるいは活動の初期にはそのような段階があった可能性もある。

しかし一九七〇年代から一九八〇年代にかけて、活動銀河中心核のエネルギー源のモデルとしては、銀河ブラックホールと降着円盤というパラダイムが次第に支配的になり、今や他のモデルはほとんど駆逐されてしまった。クェーサーが発見された一九六〇年代はまだゲテモノだっただろうが、確かに今やブラックホールといっても別に抵抗感はない。

図15　銀河重力発電所。降着円盤は膨大なエネルギーを
生み出す宇宙の巨大ダムである

やはり結局はブラックホールということになってしまうのだろうか？　この問題については、第10章でふたたび触れたい。とりあえずは、このパラダイムが提唱されて以後、活動銀河の観測がどのように進んだか、また銀河重力発電所はどのように働くのかを述べていこう。

①パラメータ

よくゲームなどで、体力値、攻撃力、回避力などの〝パラメータ〟を変えるなどとあるが、あれと同じ使い方。

宇宙モデルのパラメータには、主なものに、宇宙の物質・エネルギーの総量を表すΩ（オメガ）パラメータと宇宙項を表すΛ（ラムダ）パラメータがある。一五年前と比べたら、これらのパラメータはかなりわかってきたが、面倒なので計算のし直しはしなかった（笑）。クエーサー3C二七三までの距離は、もしかしたら数割違うかも知れないが、議論の本質は変わらない。

5　インタルード—ブラックホールの種類

四つのホール

ブラックホール、ブラックホール、ブラックホール……、これほど巷にあふれかえった天文用語もなく、もういい加減、耳にタコができたかもしれない。が、一口にブラックホールといっても、実はいろいろな種類がある。

ブラックホール物理学などでは、よくブラックホールの持つ物理的特性によってブラックホールを分類する。といっても、ブラックホールを区別できる物理量はきわめて限られていて、質量、角運動量（自転の度合）と、電荷の三つだけだ。においの違いだとか色の違いなどといったものはないのである。このことを指して、アメリカの物理学者ジョン・ホイーラーはかつて言った——「ブラックホールには毛がない」と。でも本当は三本の毛（質量、角運動量、電荷）があるわけで、テレビっ子ならこういうだろう「ブラックホールは、オバQだ」。

従来、ブラックホールの種類といえば、つぎの四種類だった。すなわち①電荷も自転もないもっとも単純な「シュバルツシルト・ホール」。②電荷だけを持った「ライスナー＝ノルドシュトルム・ホール」。③自転している「カー・ホール」。そして④電荷を持ちかつ自転している「カー＝ニューマン・ホール」。

これら以外にも、時空の歪んだ「ワイル・ホール」や「冨松＝佐藤ホール」があるが、それらは裸の特異性を持つため、実際の宇宙には存在しないと考えられている（〝裸〟を許さないという意味で、ロジャー・ペンローズは宇宙検閲官仮定と呼んだ）。

以上の四種類のブラックホールのうち、属性として質量のみを持ったシュバルツシルト・ホールは、球対称であり、事象の地平面[1]と呼ばれる球面状の特殊な境界を持っている。事象の地平面の半径 r_g は、シュバルツシルト・ホールの質量 M と万有引力定数 G、光速 c を用いて、

$$r_g = 2\frac{GM}{c^2}$$

と表される。

たとえば質量が太陽ほどのブラックホールの半径は三キロメートルになる。この半径は

シュバルツシルト半径と呼ばれるが、そこに硬い表面があったり、何か標識が立っていたりするわけではない。ただ、いったんこの半径より内側に入ったものは、たとえもっとも身軽な光でさえ、ふたたび外へ出てくることが叶わないだけである。シュバルツシルト半径の彼岸に渡ったものは決して戻ってこれないことが、事象の地平面と呼ばれるゆえんだ。シュバルツシルト・ホールの中心には、特異点②という現代物理学が破綻する宙点《ちゅうてん》がある。が幸いにも、事象の地平面という一方通行の面で囲まれているため、ブラックホールの外側には悪さをしないので、とりあえず、ほおっかむりして知らん顔している。

ただ、実際の宇宙でもっとも普遍的なのは、シュバルツシルト・ホールではなく、おそらく属性として、質量以外に角運動量を持ったカー・ホールだろう。

ミニとスーパー

ところが最近では、電荷とか自転とかいった属性による分類以外に、質量だけに注目したブラックホールの違いも重要になってきている（図16）。電荷があるとか自転している場合に比べて、質量の大小でブラックホールの性質が変わるわけではない。しかし、質量が違えば、宇宙の中で果たす役割が大きく異なってくるのだ。

そもそもブラックホールは星の進化の果てにできると考えられたので、〝普通〟のブラ

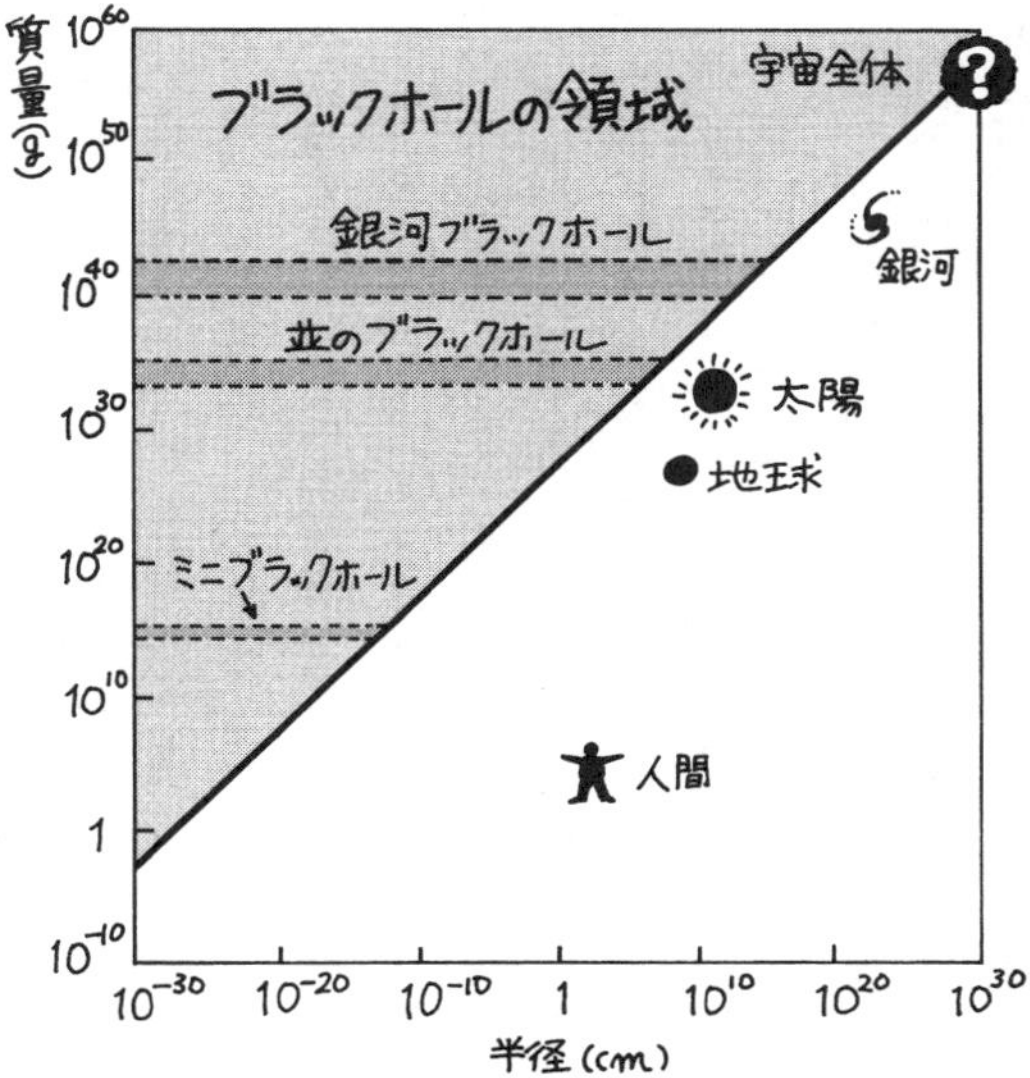

図16　質量によるブラックホールの分類。ある質量の物体の半径が、グラフの中央にある斜めの直線よりも右下の位置にあるときは、通常の物体として存在する。しかし、半径が小さく、斜めの直線よりも左上の領域に位置するときにはブラックホールになる

ックホールの質量は、おおむね太陽の一〇倍程度（一〇太陽質量と呼ぶ）である。ブラックホールの第一候補である、はくちょう座X‐1の質量もそのくらいだ。ちなみに、一〇太陽質量のブラックホールの半径は、三〇キロメートルになる。このような並のブラックホールは、しばしば宇宙X線源として活躍している（第8章）。

ところがこれに対し、ケンブリッジ大学の天才科学者スティーブン・ホーキングらは、ビッグバン宇宙初期のきわめて高温高密度の時期に、小さなブラックホールがバンバンできたと考えた。これらをミニブラックホールと呼んでいる。

彼らによれば、原始宇宙でできたミニブラックホールのうち、質量が一〇億トン（半径一キロメートルの小惑星の質量とだいたい同じ）より小さいやつは、ブラックホールの地平面近くの量子過程により、現在までに蒸発してしまったという。

何ものをも吸い込むブラックホールが蒸発するというのも不思議な話だが、かいつまんでいえばこういうことだ。③量子効果のために真空中では④正粒子とその反粒子が生成消滅を繰り返している。これらの粒子対は生まれても一瞬しか存在しないので、エネルギー不滅の法則には抵触しない。しかしブラックホールの地平面近くでは、このような幻の粒子対のうち、片方だけがブラックホールに吸い込まれ、消滅する相手をなくした方がブラックホールから遠方に逃げてしまう場合がある。これを外から見ると、まるでブラックホールから粒子が放出されたように見えるだろう。このことをブラックホールの蒸発と呼んでいる。蒸発の割合はブラックホールの質量が小さいほど激しいことが知られている。

質量の小さいミニブラックホールは、電磁波やニュートリノを放出して蒸発し、現在までに消滅してしまった。一〇億トン程度のやつは、いま現在、ガンマ線を放出して消滅中で、さらに質量の大きなものは、ひょっとしたら銀河系のハローあたりにゴロゴロしているかもしれない。だが、ミニブラックホールは観測的に確認された存在ではなく、そのためミニブラックホールの研究は少し下火になっている。

一方、逆に質量の大きな場合、それも太陽の一〇〇倍とか一〇〇〇倍といった生易しいものではなく、太陽の数百万倍から一億倍もの質量を持ったブラックホール。これがいま注目を浴びている。そして本書で出てきたブラックホールでもある。

一〇太陽質量程度の並のブラックホールに比べて、質量がとてつもなく大きいブラックホールは、「超大質量ブラックホール」とか「超巨大ブラックホール」と呼ばれている。ここでは、銀河の（とくに中心部の）運命を左右する存在であることから、「銀河ブラックホール」と呼ぼう。

太陽の一億倍の質量を持ったブラックホールのシュバルツシルト半径は、約二天文単位になる。太陽系の中心に置けば、火星の軌道を三割ほどもはみだすデカさである。

①事象の地平面

ブラックホールからは光でさえ出られない。したがって、ブラックホールの境界より内側で起こったできごと（事象）は地平面の彼方で起こったように窺い知れないことから、ブラックホールの境界を〝事象の地平面〟と呼ぶ。

②特異点

ブラックホールの内部に入ると、その中心では時空の曲率が無限大になり、そこは特異点と呼ばれている。特異点では古典的な一般相対論は破綻するため、量子重力あるいは新しい物理学を考えなければならない。この特異点は研究者の頭痛の種だが、幸い三途の川（事象の地平面）の彼方にあるために、この世に悪さはしないようだ。

③量子効果

空間（真空）は、古典的には、何もない状態と思われているが、量子的なミクロサイズになると、真空自体が量子的な揺らぎで覆われている。たとえば、ほんの束の間の時間ではあるが、仮想粒子対が対発生・対消滅を繰り返している。真空は、量子的に眺めれば、何もない空っぽの空間ではないのだ。

④正粒子・反粒子

陽子や電子などの通常の粒子（正粒子）に対して、質量は同じだが他の性質が反対の粒子を反粒子と呼ぶ。陽子と反陽子、中性子と反中性子、電子と陽電子などがある。

6　電波ふたたび——大規模干渉計の時代

初期の電波望遠鏡は肉眼程度の分解能（一分角）しかなかったが、干渉計の発明によって、何とか光学望遠鏡の分解能（一秒角）ぐらいにはなった。宇宙を、より詳しく、より深く見るために、分解能や受信感度はできるだけ高いにこしたことはない。そして一九六〇年代の終わり、前者の点で、ふたたび大きなブレークスルーがあった。

地球サイズの電波望遠鏡ＶＬＢＩ

電波干渉計では、その基線の長さが長いほど分解能が高くなる。問題は、二つのアンテナをケーブルでつなぐ方法だと、あまりケーブルの長さが長くなると、それぞれのアンテナから送られてきた電気的な信号が、減衰や雑音などのために解読できなくなることだ。そのため、ケーブルすなわち基線の長さは、せいぜい一〇キロメートル前後だった。

それならいっそのことケーブルで電気的につなぐことをやめればいい。そして二つのアンテナで別々に受信した電波信号のデータを、たとえば磁気テープに記録して、それを持ちよって合成すればいいではないか。この方法なら、距離の制限は原理的になくなり、分解能はいくらでも上げられるはずだ。

この新しい電波干渉法がVLBI（超長基線電波干渉法）であり、またその干渉計システムをVLBI（超長基線電波干渉計）と呼ぶ。

しかし電波という波を干渉させるのだから、干渉させる波の位相《いそう》すなわち山と谷が揃っていなければ、得られた干渉結果は無意味なものになってしまう。しかも電波は光速で伝わるので、位相を揃えるためには、きわめて高精度で時刻が測定できなければならない。そのためVLBIは、一〇のマイナス一三乗もの精度を持つ原子時計が開発されてはじめて可能になったのである。一九六七年、カナダおよびアメリカの両チームがVLBI実験に成功した。

VLBIでは、通常は単体として用いられるような電波望遠鏡を一つの素子として、複数の電波望遠鏡からなる干渉計システムを組み、それぞれの受信データを別々に記録して、後で干渉させる。たとえばヨーロッパVLBIネットワークでは、西ドイツ・エッフェルスベルグの一〇〇メートル鏡、イギリス・ジョドレルバンクの七六メートル鏡、スウェーデン・オンサラの二〇メートル鏡、オランダ・ウェスタボークの二五メートル鏡などが同時に使用される。そのためにはもちろん、関係者間の国際協力が不可欠である。

さてこのようなＶＬＢＩによって、いったいどれくらいの分解能になったのだろうか？　地球上に設置したＶＬＢＩの場合、従来の電波干渉計の一〇〇〇倍くらいの一万キロメートル程度の基線をとることができる。すなわち、分解能も従来の一秒角から、一挙にその一〇〇〇分の一、一ミリ秒角にまで達するのである。月面に置いたものでいえば、二メートル弱、人ぐらいの大きさのものを見わけることが可能になったのだ。光の望遠鏡の分解能よりもはるかにいいわけで、これはまさに革命的なことだった。

分解されたコンパクト電波源

電波銀河などは、しばしば二つ目玉電波源を持つと同時に、銀河自身も強い電波を出していることが少なくない。しかも銀河本体から出ている電波は、銀河中心の非常に狭い領域からきているため、コンパクト電波源と呼ばれている。

ＶＬＢＩ以前にも、コンパクト電波源の見かけの大きさは一秒角もないことが知られていたが、ＶＬＢＩによってその微細な構造がわかってきた（図17）。

すなわち活動銀河中心のコンパクトな電波源は、しばしば細長く延びた構造を持っており、しかもその長く延びた方向が、活動銀河の周辺に広がるずーっと大きな構造の二つ目

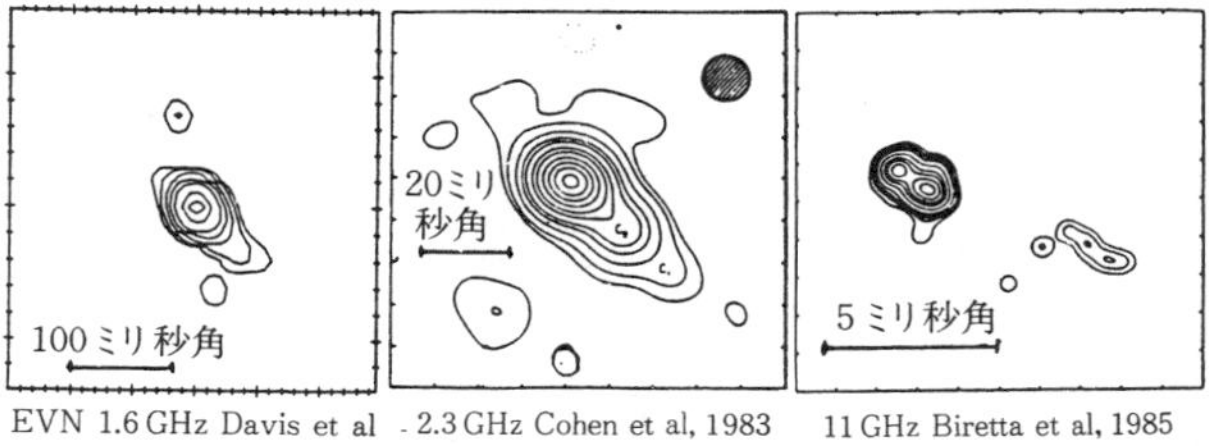

図17　クェーサー3C273中心のコンパクト電波源。右のものほど高分解能になっている（R. W. Porcas〔1986〕: IAU Symposium No. 119, "*Quasars*", p. 135.）

玉の方向に一致しているのだ。かたや見かけ上の大きさがほんの一ミリ秒角程度のコンパクトな構造、かたや大きいものでは見かけ上、数度にもおよぶ広がった構造、その比は実に一〇〇万倍にもなる大きく異なった二つの構造の間に関係があるらしいのだ。

　さらに精度が上がると、その細長く延びたコンパクトな電波源は、実は一ミリ秒角もない非常にコンパクトな中心核と、そこから飛び出たらしいぶつぶつした塊（電波ジェット）に分解されるようになってきた。

　こうなると、活動銀河の中心では何か激しい現象が起こっており、電波を放射するガス雲か何かが放り出されて、それが銀河中心から銀河外まで何百万光年も突っ走って、二つ目玉電波源となっているのだろう、という描像《イメージ》は疑いいれないものとなってきた。

ただ一つ不思議な点は、ずっと大きな二つ目玉電波源では、文字どおり、銀河を挟んで対称な位置に二つの電波源があるのだが、中心のコンパクト電波源から延びている電波ジェットは、まずどちらか片方にしかないことである。何故、二つ目玉の両方に向かって電波ジェットが延びていないのだろうか?

いくつかの可能性があるだろう。その一、電波銀河進化説。すなわち大昔は銀河中心核から両方にジェットが出ていて二つ目玉電波源を作ったのだが、今は元気がなくなって片方にしか出ていない。でも中には元気のいいのも残っているだろうし、この説はあまり説得力がない。その二、フリップフロップ説。銀河中心核からは、二つの方向に交代交代(フリップフロップ)にジェットが噴き出すのだ。この考えだと、一どきには片方しか噴き出さないので、中心核のコンパクト電波源では片側しかジェットがないことと、平均すれば両方に噴き出ているので二つ目玉になることが、共に説明できる。ただしフリップフロップの機構があまりわからない。

現在の解釈は、その三、[1]ドップラー・ビーミング説だ。中心核からはつねに〝両方向〟にジェットが噴き出ている。ただしジェットの方向はわれわれの視線方向に対して傾いており、しかもジェットの速度がきわめて光速に近いとする。この場合、われわれに近づいているジェットから放射された電波は、ドップラー効果を受けて波長が短くなりまた振動数が高くなる。光のエネルギーは振動数に比例するので、振動数が高くなれば同時にエネルギーも大きくなる。したがって明るくなる。逆に、遠ざかっている方のジェットから放射された電波は、振動数が低くなりエネルギーも小さくなり、したがって暗くなる。このドップラー効果に伴う増光あるいは減光によって、二つのジェットの見かけの明るさが変化し、明るくなった方だけが見えているのだ、とするのがドップラー・ビーミング説である。

一方、ジェットが銀河間空間奥深くまで突き進んでいくと、ジェットのガスは銀河間のガスと激しく衝突して、ジェットは急激に減速されるだろう。この激しい衝突の場では、ジェットが運んできた高エネルギーの電子や磁場がぐちゃぐちゃになり、シンクロトロン放射を出して電波で輝くだろう。これがまさに二つ目玉電波源なのである。

大規模干渉計ＶＬＡ

さらに一九七〇年代後半から一九八〇年ごろにかけて、電波望遠鏡はもう一段階、発展する。大規模干渉計システムがつぎつぎと稼働し始めたのだ。

それまでの干渉計では、従来のものにせよVLBIにせよ、二つとか三つの電波望遠鏡を使用する比較的小規模のものだった。電波干渉計の分解能は、それを構成する電波望遠鏡の基線に相当する口径の（仮想的な）巨大電波望遠鏡の分解能に匹敵するが、電波を集める能力（集光力）自体は、各電波望遠鏡の集光力の和でしかない。干渉計を構成する電波望遠鏡の数（素子）が増えれば、集光力やその他の性能も向上する。

このような目的で建設された大型電波干渉計システムの一つが、VLAだ。VLAはアメリカのニューメキシコ州ソコーロの砂漠に建設されたもので、Y字形に展開する直径二五メートルのパラボラアンテナ二七基から構成されている。VLAの空間分解能は〇・一秒角にも達する。一九七二年から建設を開始し、一九八〇年にようやく完成したのだが、その間、いくつかのアンテナが完成した一九七七年頃から部分的に稼働をはじめ、つぎつぎと成果を挙げてきた。

別の例としては、イギリスの誇る大型電波干渉計システムMERLINがある。これは、ジョドレルバンク電波天文台を中心に、イギリス各地に点在する六台の電波望遠鏡を電波回線で接続して一つの干渉計システムにしたものだ。空間分解能は〇・三秒角ほどである。一九七五年より建設を始め、一九八〇年頃から稼働態勢に入った。多重素子電波結合干渉計の頭文字をとって、最初はMTRLIなどと呼ばれていたのだが、いつごろからか、

（頭文字以外の文字をとって）ＭＥＲＬＩＮ（マーリン）と呼ばれるようになった。マーリンというのは、イギリスのアーサー王伝説に出てくるいい魔法使いの名前だが、こういうネーミングはいいね。

暗い構造

さてＶＬＡやＭＥＲＬＩＮなど大型干渉計の稼働により、活動銀河の中心や周辺の暗くて微細な電波構造が見えるようになった。多くのことが新たにわかったのだが、何といってももっとも大きな成果は、活動銀河中心核と二つ目玉電波源を結ぶ細長い橋、電波ジェットの発見だろう（図18）。

すでに述べたように、二つ目玉の発見以来、目玉の中心の銀河が原因であることは当然予想されていた。またＶＬＢＩによってコンパクト電波源が細長い構造をしていることはわかってきていた。したがって電波ジェットの存在は予想されてはいたのだが、実際に観測的に確かめられた意義は計り知れないほど大きい。

たとえば最初に発見された二つ目玉電波源の一つ、はくちょう座Ａも、ＶＬＡで詳しく調べると、二つ目玉へつながる細い橋が見つかった。中心の銀河から何かが噴き出して二つ目玉までつながっていることは一目瞭然である。

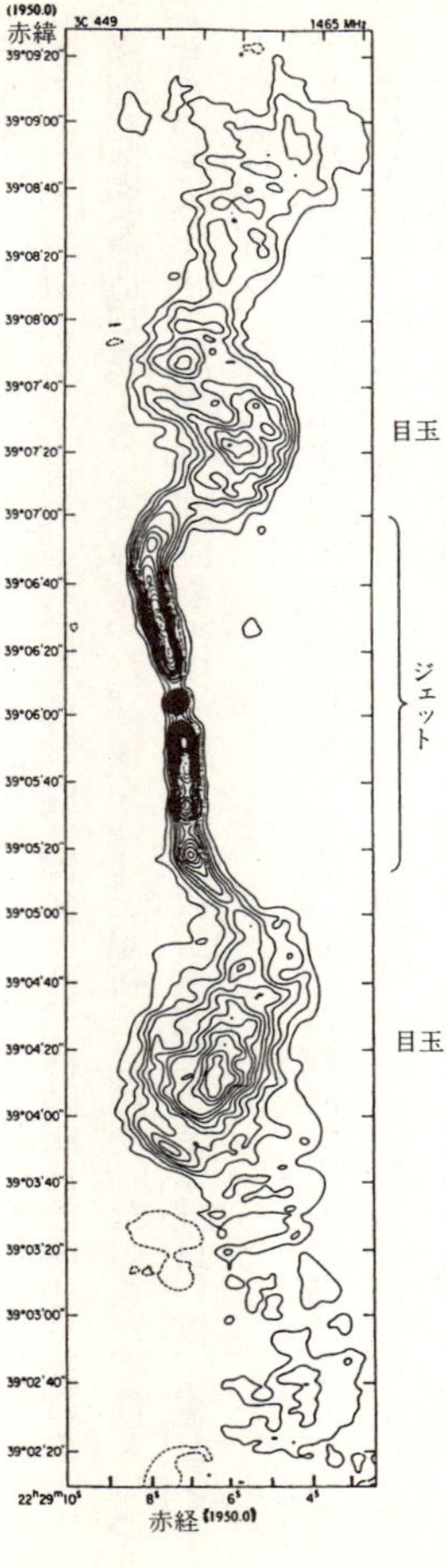

図18 電波銀河3C449の電波ジェット(R. A. Perley et al.〔1979〕: *Nature*, 281, 437)

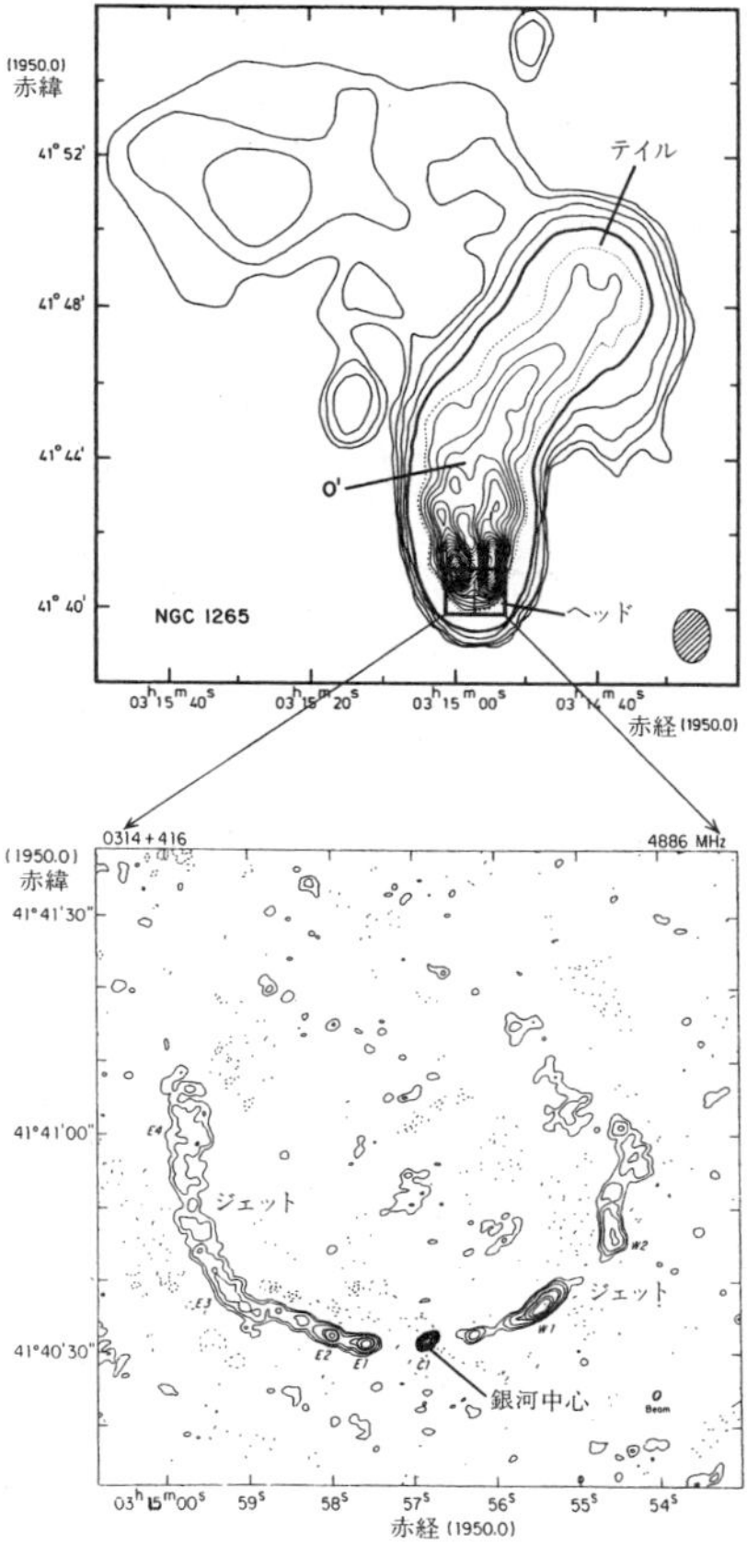

図19　ヘッド・テイル型電波源。3C83・1B／NGC 1265。下の図は頭部を拡大したもの(G. R. Gisler, G. K. Miley〔1979〕: Astronomy and Astrophysics, 76, 109. F. N. Owen et al.〔1978〕: The Astrophysical Journal Letters, 226, L119.)

またいわゆる二つ目玉電波構造を持たないと思われていたヘッド・テイル型電波銀河も微細構造が分解された。ヘッド・テイル型銀河の頭部をVLAで見ると、頭部がコンパクトな電波源とそこから噴き出た二つの電波ジェットからなっていることがわかったのだ（図19）。ようするにヘッド・テイル型電波銀河も基本的には二つ目玉型電波銀河と同じで、ただしコンパクトな中心核から噴き出た電波ジェットが、吹き流されて尾になっているのであった。

もっとも吹き流しの原因はまだ完全に解決していない。風によって煙突の煙がたなびくように、銀河のまわりの銀河間空間に吹く風によるのかも知れないし、船の煙突からの煙がたなびくように、銀河間空間を銀河が運動しているためかも知れない。

こうして銀河中心核と二つ目玉電波構造の間には、物理的つながりがあることがはっきりした。ところが、一つの決着がつくたびに必ず別の新たな謎が生じるものである。今の場合もそうだ。すなわち電波ジェットはどのように形成されたのか？　中心核活動とどういう関係があるのか？　この問題については後でふたたび戻ろう。

①ドップラー・ビーミング説

宇宙ジェットのビーム（流れぐらいの意味）がさらに収束されることから、〝ビーミング〟と呼ばれるが、外国の研究者が適当（いい加減）に付けただけだと思う。英語で考えても、あまりわかりやすい言葉ではない。

7 セイファートの二つの顔—スペクトルは語る

セイファート銀河やクェーサーなどの活動銀河は、しばしば幅の広い輝線スペクトルを持っている。これらの輝線スペクトルは活動銀河中心核にうごめく無数のガス雲から放射されていると考えられているが、スペクトルを解読することによって、それらのガス雲の置かれている状態がわかる。

まずガス雲の原子から輝線スペクトルが出るためには、原子が高い励起状態になっているか電離されているかしないといけない。とくに活動銀河の場合には、光電離という作用が働いているらしい。

活動銀河中心核からは強い連続光も出ているが、もしガス雲中の水素原子に九一二オングストロームより短い波長の紫外線があたると、水素原子は電離して陽子と電子にわかれる。これが光電離である。電離した陽子と電子がふたたび結合するときに、最初は高いエネルギー状態で結合し、さらに低いエネルギー状態に遷移する過程で、輝線スペクトルを出すのである（図10）。このときに放出する輝線はとくに再結合線と呼ばれている。

また輝線の幅が広くなる原因として一番それらしいのは、ドップラー効果によるものだ。すなわち輝線は数多くのガス雲から出ているが、それらのガス雲はじっとしているのではなく、活動銀河中心で激しく動き回っているのだろう。一つ一つのガス雲からの輝線はそれぞれの視線速度[1]に対応して、いろいろな波長にドップラー偏移するため、その結果、合成されたスペクトル輝線に広い幅がつくのだ。

1型セイファート銀河と2型セイファート銀河

ところでセイファート銀河などのスペクトルを詳しく調べると、二つのタイプが存在することがわかった。1型と呼ばれるものでは、水素のバルマー線[2]やヘリウムなどの原子の発する再結合線の幅がものすごく広く、ドップラー効果で輝線幅が広がったとした場合、対応する速度は毎秒一万キロメートルにも達する。一方、酸素や窒素の禁制線[3]と呼ばれる輝線の幅は、広いには広いが、毎秒五〇〇キロメートル程度の幅しかない。一方、2型と呼ばれるセイファート銀河では、再結合線も禁制線も、すべての輝線の幅が毎秒五〇〇キロメートル相当なのである。

電波銀河も光のスペクトルから見れば、1型セイファート銀河に似た広輝線電波銀河と、

2型セイファート銀河に似た狭輝線電波銀河がある。

速度幅が毎秒一万キロメートルにもおよぶ輝線と毎秒五〇〇キロメートル程度の輝線が、同じ場所から出ているとは考えにくい。ガス雲の運動状態がまったく異なるからだ。したがってセイファート銀河には二つの領域があると考えなければならない（図20）。

その一つは中心部の〇・一光年から一光年ぐらいの広輝線領域「BLR」だ。この領域には比較的密度の高いガス雲がひしめき合っており、中心の紫外線放射源によって電離された水素やヘリウムから、再結合の輝線を出している。ガス雲の運動は中心に近いために激しく、それがため輝線の幅は広がって毎秒一万キロメートルにもなっている。もう一つは一〇〇光年ぐらいに広がった狭輝線領域「NLR」だ。ここにある密度の低いぼーっと広がったガス雲からは、酸素や窒素、鉄などの禁制線と呼ばれる輝線が出てくる。ガス雲の運動はあまり激しくないため、輝線の幅は毎秒五〇〇キロメートル程度なのだろう。

そして1型セイファート銀河には、BLRもNLRもあるが、2型セイファート銀河にはNLRだけでBLRがない、というのが少し前までの考え方だった。

ところが最近リック天文台のグループは、新しいCCD分光器を三メートル望遠鏡に取り付けて、セイファート銀河の詳しい分光偏光観測を行った（アントヌッチとミラー、一九八五年）。その結果、従来、BLRが欠如していると思われていた2型セイファート銀

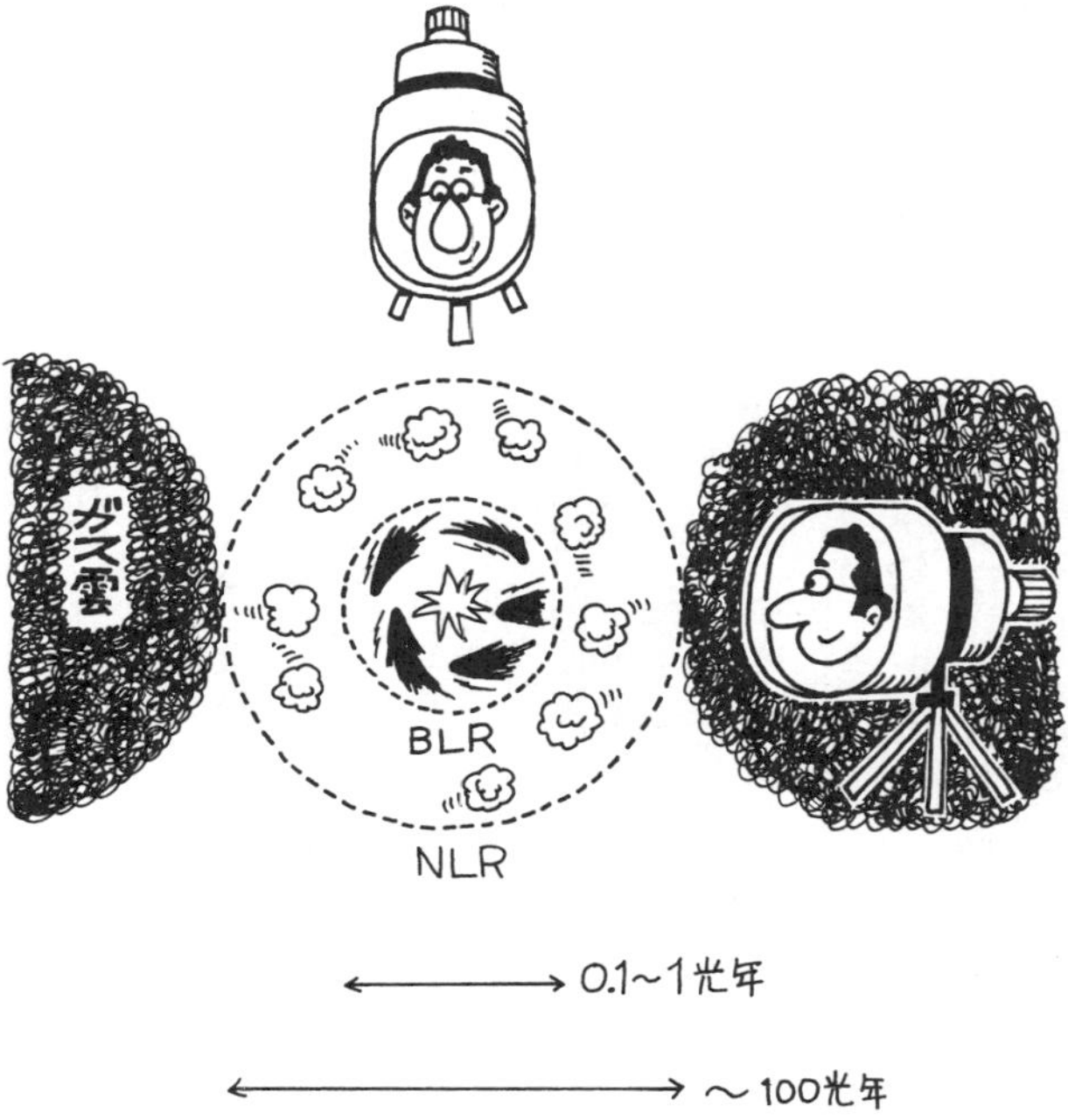

図20　セイファート銀河の二つの顔。セイファート銀河の中心には広輝線領域（BLR）と狭輝線領域（NLR）があり、横からみるとBLRがガスに隠されて２型セイファート銀河として観測される

河にも、ＢＬＲが存在することを発見したのである。２型セイファート銀河では、ごく中心部のＢＬＲが周辺に広がるガスのトーラスに隠されて、そのため従来の機器を用いた観測ではわからなかったようだ。

すなわちセイファート銀河の中に１型と２型という少し異なった二種類の亜種があるという従来の描像《イメージ》は、間違っていたのかも知れない。むしろセイファート銀河はただ一種類であって、そいつが二つの顔を持っていたというのが正しい見方のようだ。活動銀河の統一的描像《イメージ》へ向けての一つの兆しであった（第９章）。

ところで、このような新しい観測を可能にしたのが、近年のコンピュータを用いた画像解析技術の開発や、さらにはＣＣＤなど固体画像素子による天体撮像である。

ハイテク化の波

天体の姿を記録する伝統的な方法は、写真である。写真は二次元なので蓄えられる情報はきわめて多い。とにかく一目でわかる。また長時間露出することによって、光を蓄えることもできる。従来の方法はこうして撮影した写真乾板（ネガフィルムに相当する）の黒味を目やフォトメータとかデンシトメータと呼ばれる装置で測定して、天体の明るさや構造を調べていたのである。もちろんこのような方法にも欠点はある。その一つが写真自体の量子効率が悪いという点だ。またもう一つは、目にせよ測定器械を用いるにせよ、写真乾板を測定するのは、写真の持つ情報量が多い分、かなりの労力を要する点だ。しかし近年の技術進歩に伴いこれらの欠点は克服され始めた。まず写真本来の持つ欠点から述べよう。

天体からの光は、いわばつぶつぶの光子として飛来する。写真乾板の感光剤中に含まれているハロゲン化銀に光子が衝突すると、光子のエネルギーで銀粒子が遊離する。そしてそれがタネとなって、写真の像が形成されるのである。ところが天体から飛来した光子の中で、銀粒子と衝突するのはほんのわずかであり、大部分は乾板の表面で反射されたり通り抜けたり、無駄になってしまう。飛来した光子のうち、どれだけの割合が有効に利用されたか、これが量子効率である。写真の場合、量子効率は一パーセントからせいぜい一〇パーセントが限界である。これは写真の宿命だった。そしてまた光学天文学の宿命でもあった。

ところが一九七〇年前後に導入されたＣＣＤを代表とする固体画像素子が、この宿命を大きく変える。ビデオカメラなどで使用されているので、ＣＣＤという名前を聞いたことがある人も少なくないだろう。電荷結合素子などと訳されるが、ようするにこのＣＣＤというやつは、量子効率を飛躍的に高めた受光装置である。

ＣＣＤは大ざっぱには、シリコン半導体素子の表面に五〇〇×五〇〇程度の格子状の電気的な境界を作ったものである。碁盤目の一区画（画素あるいはピクセルと呼ぶ）に一個の光子が入射すると、光電効果で、その部分の半導体内の電子を一個たたき出す。この電子は、光電効果でたたき出されたので光電子と呼ばれる。そして光電子がどこの碁盤目でいくつたたき出されたかを電気的に検出して、天体像作成のためのデータとするのである。ＣＣＤでは光電効果という量子効果を用いるため、実に六〇パーセントから九〇パーセントもの効率で光子を捉えることができるのだ。

ただＣＣＤの難点は、ピクセル数がせいぜい一〇〇〇×一〇〇〇程度（一〇〇万個）ぐらいまでしか実用になっていない点だ。この点ＣＣＤは（少なくとも現段階では）、一〇億個以上もの画素数のある写真の足元にも及ばない。にもかかわらず、ＣＣＤはもはや不可欠の道具になりつつある。そしてこの驚異的な受光器が導入されて以来、さまざまな成果が得られてきているのだ。

たとえば図21は、セロトロロ天文台の三・八メートル望遠鏡に八〇〇×八〇〇ピクセルのＣＣＤを取り付けて撮像した、クェーサー3Ｃ二七三のジェット部分の像である（エヴァンズ他一九八九年）。図11のジェットと比較すれば、ＣＣＤの威力もわかろうというものだ。

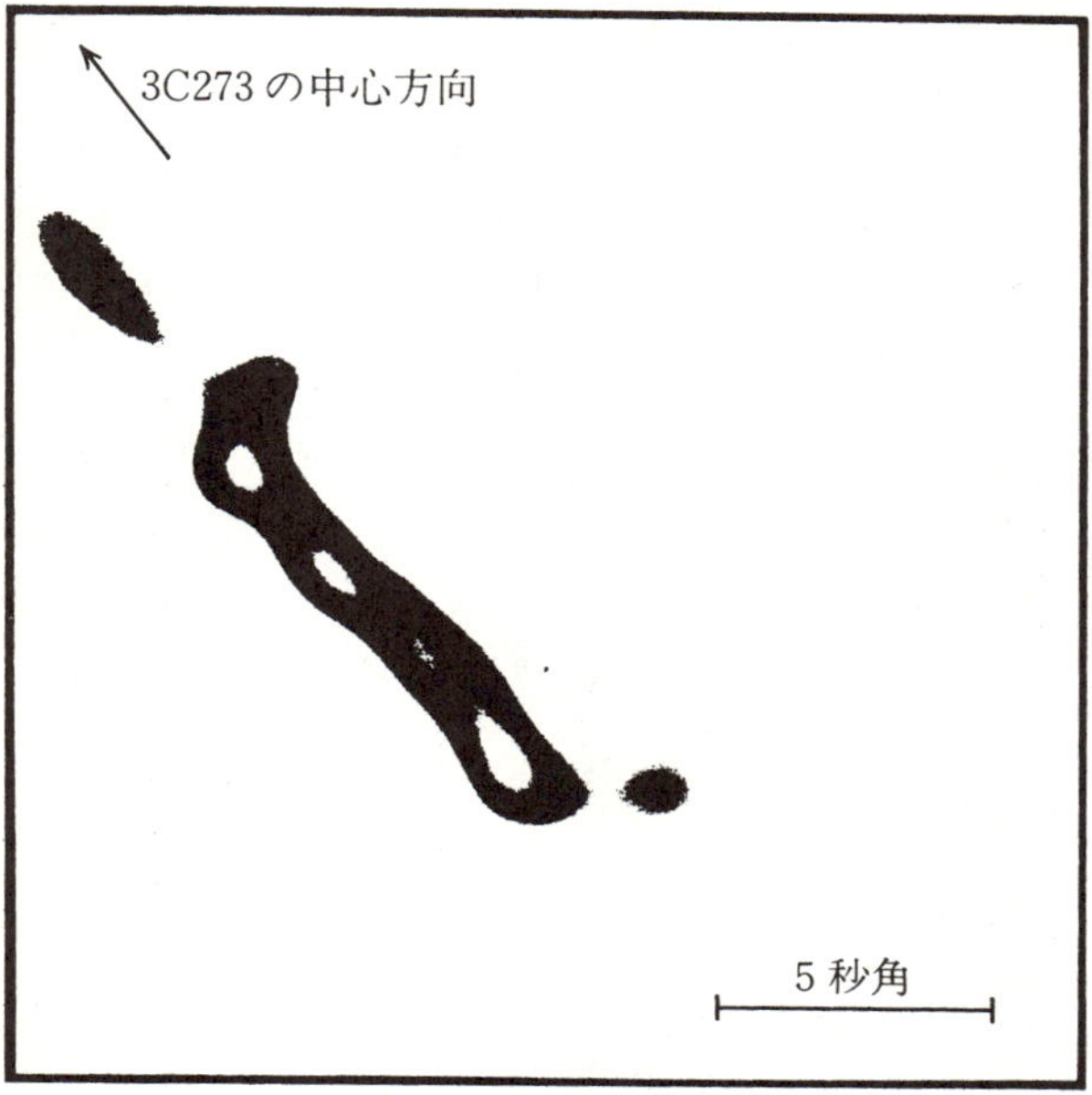

図21　クェーサーの3C273のジェットのCCD像（セロトロロの天文台、J. Evans et al.〔1989〕: *Astrophys. J.*, 347, 68）

さらに天体撮像に必須の道具になってきたのが、コンピュータを用いた画像処理技術である。受光器として写真乾板を用いるにせよ、CCDのような撮像素子を用いるにせよ、得られるデータは膨大なものになる。かつてはその処理を基本的には人間の眼（と頭）で行ってきたのだが、人間は疲れるので長時間続けて作業できないし、人によってあるいは同じ人間でも気分によって判断や評価が変わるし、どう考えても能率のいい作業器械ではない。しかし写真乾板の黒味やCCDの入力データをコンピュータで読み取ることにより、データ処理の効率は格段に上がった。しかもコンピュータのデータはデジタル化されているので、得られたデータの処理も思いのままである。

たとえば図21のジェット像も、CCDで得られたデジタルデータに特殊な画像処理を施したものだ。また第3章で述べたように、3C二七三本体の衣も、画像処理技術で暴かれた。以下では、とくに銀河ブラックホールに関した観測について少し触れておこう。

重力の網

ブラックホールは、『不思議の国のアリス』に出てくるニヤニヤ笑いだけを残すチェシャ猫のようなもので、まわりの空間に重力という目には見えない網を広げている。もし自転も電荷もないブラックホールが、何もない空間にひとりぼっちでいたら、まわりから感知できるのは、ブラックホールの強大な重力によって引き起こされた空間の歪みだけである。

活動銀河中心核にもし超巨大なブラックホール（銀河ブラックホール）があれば、周囲の星々にどのような影響を与えるだろうか？

アンドロメダ銀河をはじめとして銀河の天体写真を見ると、中心部ほど明るくなっている。星一個一個の明るさが同じくらいなら、明るさは星の密度に比例するはずだから、中心部ほど明るく見えるということは、銀河の中心部に星が集まっていることを意味する。で、銀河の中心部という場所はもともと星の密度が高いところではあるのだが、もしそこに太陽の一億倍もの質量を持つブラックホールをポンと置いたらどうなるだろう？　星は銀河ブラックホールの重力場に引き寄せられて、さらに中心へ集中していくのではあるまいか。

さて最初にも出てきたおとめ座銀河団の中心に位置する巨大楕円銀河M八七（図1）。一九七八年、この楕円銀河M八七中心部の明るさ分布が詳しく調べられた（ヤング他）。その結果、M八七中心部では、普通の楕円銀河に比べて星が異常に集中していることが判明した。しかも、M八七の中心に、目には見えないが太陽の三〇億倍ほどの質量を持つ銀河ブラックホールがあって、ブラックホールの重力が星を引き寄せその分布を歪ませていると考えれば、この星の異常な集中がうまく説明できるのである。別の可能性もないわけではないが、これはM八七の中心に銀河ブラックホールが存在している証拠の一つだと考えられている。

銀河ブラックホールの重力は、銀河中心部の星の分布だけではなく、星の運動も乱す。楕円状や渦巻状をした銀河の写真を見ると、星は動かずにじっとしているような気がするが、それは錯覚にすぎない。すべての星は銀河の中で、自分の意志とは無関係に、重力という神の定めた道に沿って運動している。たとえば渦状銀河の円盤部の星は、銀河中心のまわりを、銀河の中心方向に引き寄せる銀河からの重力を打ち消すだけの遠心力を生む速度で回転運動しており、そのおかげで中心に落ち込まずにすんでいる（図3）。銀河中心部の核恒星系[4]の星についても同様で、密集した星々は、核恒星系の中心のまわりで、おのおの違った平面内の楕円軌道をとって運動しているのである（そうでないとやはり中心に落ち込んでしまう）。ただ個々の星の軌道面が異なるために、核恒星系全体としては、丸まっこいものになっている。もし銀河ブラックホールが存在しなければ、核恒星系の重力場はそこにある星だけによって決まり、核恒星系の星の運動の様子も決まる。しかし銀河ブラックホールがあると……。

われわれ銀河系のお隣さん、アンドロメダ銀河M三一は、ちょっと見には何の変哲もないSb型の渦状銀河である。われわれの銀河系自身とうり二つの構造をしているらしい。一九八七年になって、このM三一中心部の星の運動が詳しく解析された（コルメンディ）。その結果、M三一銀河中心から五〇光年くらいの領域で、星の運動がはげしくかき乱されていることが発見されたのだ。さらにこの領域で、中心のまわりの、星の全体としての回転運動も急激に増加していることが同時に確認された。もしM三一の中心に銀河ブラックホールを置けば、この恒星運動の異常な乱れを説明することができる。その質量は太陽の約三〇〇〇万倍と見積られている。

銀河ブラックホールの見えない重力の網に引っかかった星たちの振舞いを通して、銀河ブラックホールはつぎつぎとその存在を現しつつあるようだ。

①視線速度

天体の速度は、任意の方向をもった空間的な量（ベクトル）だが、しばしば、天体と観測者を結ぶ方向（視線方向）を基準として、視線方向に平行な成分――これを視線速度と呼ぶ――と、視線方向に垂直な成分――こちらは接線速度と呼ぶ――にわける。ドップラー効果で測れるのは、視線速度成分だけである。

②バルマー線

原子が、基底状態や励起状態、電離状態の間を移り変わる際に、光の放出や吸収が起こる。光を放出したり吸収したりして基底状態や励起状態、電離状態の間を移り変わることを遷移と呼ぶ。基底状態や励起状態はとびとびのエネルギー準位になっているので、それらの間を電子が遷移する際に放出・吸収される光のエネルギーもとびとびになる。この結果、スペクトルは、しばしば、とびとびの線スペクトルになる。しかも原子特有の波長の光を放出あるいは吸収するので、その結果、ある特定の波長で放射が強かったり弱かったりする線スペクトルが形成される。

原子スペクトルの線スペクトルの並びは、それぞれの原子特有の規則正しいものになる。これには名前がついていて、基底状態とそれより高い励起状態の間の遷移に対応する線スペクトルをライマン系列、第一励起状態とそれより高い励起状態の間のものをバルマー系列、第二励起状態とそれより高い励起状態の間のものをパッシェン系列などと呼ぶ。

水素原子の場合、ライマン系列は紫外域、バルマー系列は主として可視域、パッシェン系列は赤外域にくる。そのため、可視域のバルマー系列の線スペクトル——バルマー線——が一番よく調べられている。

③禁制線

禁制線は、二つのエネルギー準位の間の遷移が起こる確率が、ふつうのスペクトル線の遷移確率に比べて極めて小さく、（量子力学的な条件のために）遷移が事実上禁じられている場合に生じるものだ。禁じられているという意味で、〝禁制線〟と名付けられている（禁制品と同じ使い方）。

禁制線の遷移確率が非常に小さいため、地上の実験室では禁制線の遷移が起こる前に原子同士の衝突が起こり、（光を放出せずに）他のエネルギー準位に移ってしまうので、地上の実験室で禁制線を観測することは困難だ。しかし、天体のガスでは、とくに希薄な星間雲などのように、ガスの密度が極めて小さい場合には、ガス原子同士の衝突が非常にまれになるために、（先に）禁制線遷移が観測されることになるのだ。

④核恒星系

銀河の中心〝核〟領域にある、密集した恒星の集まりのこと。ひねりもなにもないが。

8 大気圏はるかに――X線衛星の活躍

今までの章で述べたように、活動銀河は光の領域では明るくコンパクトな中心核を持ち、しばしば時間的に大きく変光する。また光に比べ波長の長い電波で見ると、二つ目玉電波源やコンパクト電波源、さらにはそれらを結ぶ電波ジェットのような構造を示し、コンパクト電波源の明るさはやはり変化している。では逆に波長の短いX線の領域では、活動銀河はどのように見えているのだろうか。

宇宙X線源の発見

X線は波長が一ナノメートル（ナノメートル＝一〇億分の一メートル）から一ピコメートル（ピコメートル＝一兆分の一メートル、こんなの普通使わないけど）と非常に短く（これは逆だね、波長が短い電磁波をX線と呼ぶ）、X線撮影などでも知られているように人体を貫くほどきわめて透過力の強い電磁波である。天体からやってくる光や電波は地上まで届くのだから、X線なら地球の大気も素通りかと思いきや、意外なことに地球の大気はX線を通さない。

知っての通り、地球の大気は主に窒素や酸素からなっている。これらの原子は可視光や電波に対しては透明である（だからこそわれわれは光や電波で宇宙を見ることができる）。しかし波長の短いX線は窒素や酸素原子と衝突したときに、原子に吸収され原子内の電子を電離したり励起したりして消滅していく。同じように、波長の少し長い紫外線は分子の解離や電離によって吸収され、一方、X線より波長のさらに短いガンマ線は原子核に吸収される。こうして宇宙からやってきた紫外線より波長の短い電磁波は地上まで到達できないのである。そのため、X線天文学が開花するには、人類が大気圏の外まで出る能力を持つまで待たなければならなかった。

第二次世界大戦後、ロケット観測によって、太陽からX線が出ていることは知られていた。が、太陽などでは可視光に比べて電波やX線の強さは非常に弱い（図4）。したがって電波の場合と同じ理由で、宇宙の彼方の星からやってくるX線など、まるっきり弱すぎて問題にならないと思われていた。しかし歴史は繰り返す。X線の場合も人間の浅はかな思い込みは、宇宙によって、いともあっさりとひっくり返されたのだ（図22）。

一九六二年、アメリカのリカルド・ジャコーニらは、太陽からのX線が月に反射された

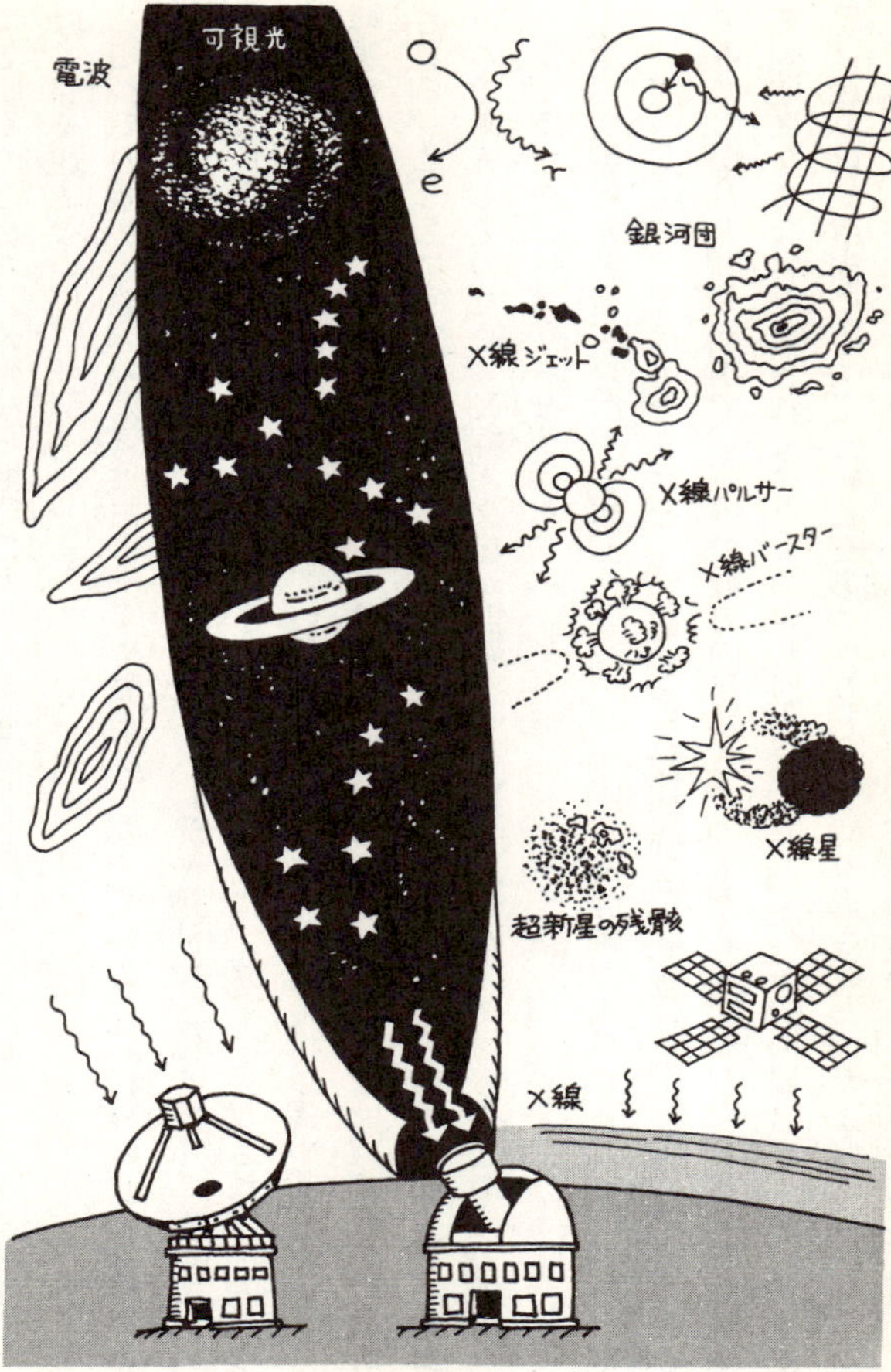

図22　X線の眼で見た〈宇宙《そら》〉

ものを観測しようとして、X線検出器を積んだロケットを打ち上げた。ところが彼らは、月とはまったく別の方向、さそり座の方向から強いX線が来ていることを発見したのである。X線で見たとき全天でもっとも明るい、さそり座X－1（さそり座で一番明るいX線源という意味）の発見である。太陽以外の天体からX線が、それもきわめて強いX線が放射されていることがわかったのである。このときをもって、X線天文学の嚆矢《こうし》とする。

さそり座X－1の発見以後、つぎつぎとX線源は見つかっていくのだが、初期のX線検出器の分解能は角度にして一度程度（満月を二つ並べたくらい）ときわめて悪く、ピンボケもいいとこだった。だから、光や電波で別の天体と同定するなんてとても不可能だった。いやそもそも、X線源がボーッと広がっているのか、それとも小さい点状なのかさえわからなかったのである。ここら辺の事情も電波と似ている。

すだれコリメータの発明

そのピンボケ状態を改善してX線天文学を大きく飛躍させたのが、一九六三年に小田稔の発明したすだれコリメータである。

X線は透過力が強いので、電波や光のように鏡面で反射させて集めることが難しい。しかも電波などに比べて粒子としての性質が強い。そこで普通はガイガーカウンター（計数管）のようにX線光子を一つずつ数え上げる方法が使われる。たとえば比例計数管と呼ばれる検出器では、入射面から入ってきたX線光子は、まず検出器内に封じ込まれた希ガスを電離し、ガス原子から電子をたたき出す。X線光子自身はこのとき消滅するが、たたき出された電子が別の原子を次々と電離していく。このようなだれ的な連鎖電離によって、最終的には一個のX線光子が数万個の電子を生み、それらの電子が陽極に達してパルス電流となるのである。このパルス信号を計数してX線光子を数えるのだが、このときの信号の強さは入射したX線光子のエネルギーに比例するので、比例計数管と呼ばれる。

ただ直観的にもわかるように、この方法では、X線光子が天空のどの方向から入射面に飛び込んできたかがわからない。まさか裏から来たとは思わないにせよ、ようするにピンボケなのだ。

すだれコリメータは、X線を通さない材質で作ったいわゆる〝すだれ〟を二層以上入射面の前にくっつけただけの、原理的には非常に単純な構造をしている。すだれを通して隙間からX線源を見ると、すだれ（すなわち器械）の向きによってX線源が見えかくれするが、そのようすからX線源の位置が精度よく求まるのだ。このすだれコリメータによって、X線の分解能は、一挙に一分角まで上がった。光や電波にはまだまだ及ばないとはいえ、一応、光学天体との同定などは可能になったのである。たとえばさそり座X－1も、小田ら自身の手によって一分角の精度で位置が突き止められ、岡山観測所やパロマー山天文台によって一三等級の星と同定された。そしてそれがさそり座X－1の正体の解明につながっていくのである。

花開くX線天文学

さらにX線衛星の打ち上げによって、X線天文学は大きく進展する。それ以前の気球やロケットによる観測では、非常に短い観測時間しかなかった。チラッとしか空を見られなかったのである。それに対して、人工衛星ならば十分な時間をとってじっくり観測できる。

一九七〇年一二月にアメリカがケニア沖から打ち上げた小型天文衛星SAS－1。スワヒリ語で自由（ウフル）と命名されたこの世界最初のX線衛星は、たった六四キログラムの体重しかなかったが、期待通りに数多くの宇宙X線源を発見したのである。さらに一九七四年にイギリスの打ち上げたアリエルVやオランダのANSと続き、一九七八年には、三二〇〇キログラムもの重さの第二高エネルギー衛星HEAO2が打ち上げられた。

アインシュタイン生誕一〇〇年を記念してアインシュタイン衛星と名づけられたこのHEAO2は、口径〇・六メートルの放物面／双曲面多層鏡を搭載し、X線衛星としてはじめてX線源のX線像を撮影することができた。アインシュタイン衛星には何種類かの検出器が積まれたが、高分解能像検出器HRIは三秒角にもおよぶ分解能を達成したのである。その結果、最初のX線衛星ウフルが観測したX線源は三三九個にすぎなかったが、アインシュタイン衛星では実に一〇〇万個ものX線源が精度よく観測された。

そしてここでX線天文学の分野に殴り込みをかけたのが、X線天文学の創世期以来、気球やロケット観測で力を蓄えてきた日本である。広視野すだれコリメータを備えたはくちょう（一九七九年打ち上げ）、蛍光比例計数管を積んだてんま（一九八三年打ち上げ）、そして四〇〇〇平方センチメートルもの有効面積を持った大面積比例計数管LACやX線全天モニタASM、ガンマ線バースト検出器GBDなど数々の機器を満載したぎんが（一九八七年打ち上げ）とラインナップが続く（図23）。いまやX線天文学は日本の独壇場である。

X線天文学は、その創始以来、さまざまな新しい現象を発見してきた。さそり座X-1を代表とする多数のX線星。これらのX線星は、電波天文学の初期に見つかった〝電波星〟と違って、確かに星の一種であり、ほとんどは中性子星と普通の星からなる①近接連星系であることが判明した。近接連星系というのは、二つの星がきわめて接近してお互いのまわりを回り合っている天体で、とくに片方が中性子星の場合には、しばしば普通の星の外層から溢れたガスが中性子星のまわりに降り注ぎ、きわめて高温に熱せられて、ついに

図23　X線天文衛星ぎんが（©JAXA）

はＸ線を放射するようになるのである。

さらにそのようなＸ線星で、中性子星表面に降り積もったガスが爆発的に核融合反応を起こして表層を吹き飛ばすＸ線バースト現象。また中性子星の磁場が非常に強いため、中性子星の磁極にガスが溜り磁極がＸ線で光って、中性子星の自転とともに灯台のように周囲へＸ線のサーチライトを放っているＸ線パルサー。そしてＸ線星の極め付けは、おそらくはブラックホールと普通の星からなる近接連星系はくちょう座Ｘ－１だろう。

かに星雲のような超新星残骸からもＸ線が出ていることがわかった。また一九八七年に大マゼラン雲で起きた超新星ＳＮ１９８７ＡからもＸ線が出ていることをぎんがが見つけた。さらに銀河系全体からくる広がった成分や、銀河、銀河団からのX線、そしてX線背景輻射などもある。

では、活動銀河はどうなのだろうか?

活動銀河からのX線

X線天文学が花開いた時期には、活動銀河という天体現象はすでによく知られていた。したがって中性子星やブラックホールなど銀河系内のX線星に対すると同時に、活動銀河にも検出器は向けられた。

その結果、まず多くの活動銀河が、電波銀河が電波で明るいようにまたクェーサーが光で明るいように、しばしばX線でも輝いていることがわかった(図24)。活動銀河から放射されているX線の強さは、通常銀河に比べて、一〇〇〇倍から一億倍も強い。しかも光や電波よりもX線で出しているエネルギーの方が大きな場合さえあった。「X線銀河」という呼称が生まれなかったのは、発見の順序が悪かったために過ぎない。

またアインシュタイン衛星のように分解能がよくなると、電波ジェットに相当するX線ジェットも見えだした。

さらに光や電波と同様に、X線の強度もしばしば大きく変動する。電波での変動の時間

図24　X線で見たクェーサー3C273の中心部（©JAXA）

は典型的には数百日から数年、光では数日から数百日であるのに対し、X線の変動の時間は数十分から数日と非常に短い。このことは、電波を出している領域よりも、光で輝いている領域よりも、X線を放射している領域の広がりがさらに小さいことを意味する。

すなわちX線では活動銀河の、より中心付近を見ているはずである。したがってX線発生の原因を突き止めれば、活動銀河の中心にもっと迫ることができるだろう。が、そもそもX線はどのような機構によって放射されるのだろうか？

X線連続スペクトル

太陽のような星からの光は、可視光にピ

ークを持つ黒体輻射と呼ばれるスペクトルに近いことはすでに述べた。光を放射しているプラズマガスの温度が高くなっていくと、黒体輻射スペクトルのピークは青から紫外線へと移っていき、ついにはガスの温度が数百万度にもなるとX線を主に放射しはじめる（図4）。太陽の高温のコロナや中性子星周辺の高温のガスからは、このような黒体輻射的なX線が放射されている。

しかし、活動銀河から放射されているX線のスペクトルは、電波領域のスペクトルと同じく、べき関数型なのだ。3C二七三などでは、電波からX線まで、きれいなべき関数型のスペクトルが伸びている（図25）。電波とX線は波長が大きく異なるのだが、放射の機構は似ているのだろうか？

磁場のまわりにからみついた高エネルギー電子の出すシンクロトロン放射（図9）は、電子のエネルギーや磁場の強さが強ければ、電波や可視光だけでなく、X線も放射する。しかもそのときのスペクトルの形は、やはりべき関数型である。したがって、活動銀河の中心には、非常に強い磁場と高エネルギーの電子が充満していて、そいつらが（シンクロトロン放射機構によって）電波や可視光からX線まで電磁波の全域にわたる、べき関数型スペクトルを形成しているというのは、一つの可能性ではある。

べき関数型スペクトルを形成するもう一つ機構は、逆コンプトン過程と呼ばれるもので

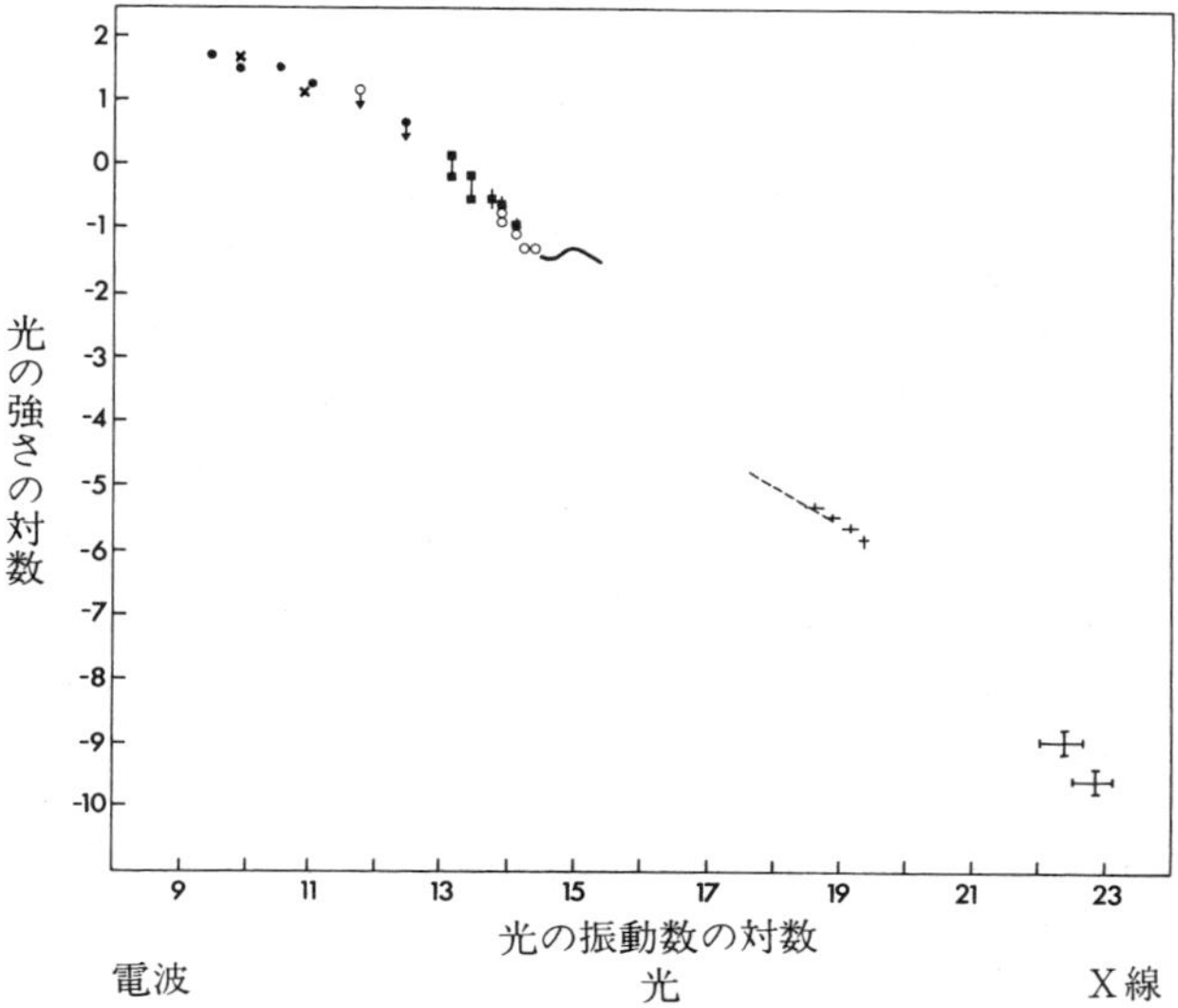

図25　クェーサー3C273のスペクトル。電波からX線まで、べき関数型のスペクトルが得られている(M. H. Ulrich〔1981〕: Space Science Review, 28,29)

ある。高エネルギーの電子が赤外線とか可視光など低エネルギーの光子に衝突すると、光子にエネルギーを与え高エネルギー状態にたたき上げて、X線光子にしてしまう。光子が静止した電子に衝突して電子にエネルギーを与える過程をコンプトン過程と呼ぶが、ちょうどその逆であることから、これを逆コンプトン過程と呼んでいる。

逆コンプトン過程では、低エネルギーの光子が高エネルギーの電子に何回も叩かれて、徐々に高いエネルギーになっていく。高エネルギーの電子と衝突する回数が多いほど光子のエネルギーは高くなるが、そのためには多数回衝突しなければならないので、そのような光子の数は相対的に少ない。この結果、高エネルギーの光子数が少ないべき関数型スペクトルが形成されるのである。

逆コンプトン過程が起こるためには、材料として、非常に高エネルギーの電子とエネルギーの低い赤外線とか可視光の光子が必要である。

X線領域において活動銀河中心核のべき関数型スペクトルを生みだしているのが、シンクロトロン放射か逆コンプトン過程かはまだよくわからない。ただ、X線からガンマ線の領域まで延びたべき関数型スペクトルを作るには、いずれにせよ非常に高いエネルギーの電子が必要なことは確かだ。そしてそのような高エネルギー電子を用意するには、銀河ブラックホールのような高重力天体周囲の環境が最適なのである。というのは、ブラックホールでは重力の井戸が深いので、銀河ブラックホールに向かってガスが落ち込んでいく間に、ガスは容易に数千万度から数億度にも熱せられるからだ。このような高温にまで加熱されたガスの内部や周辺で、シンクロトロン放射や逆コンプトン過程などの高エネルギー反応が起こるのはさして難しくはないだろう。

蛍光X線輝線

最近の観測では、セイファート銀河やクェーサーでX線領域に輝線が見つかってきた。これらの活動銀河では、しばしば水素やヘリウムのガスが出す幅広い輝線スペクトルが存在するが、もちろん水素やヘリウム以外の元素からの輝線もありうる。そして活動銀河で見つかったX線輝線は、鉄の蛍光X線と呼ばれるものらしい。

鉄は核融合反応の末にできる比較的安定な元素だが、原子核のまわりに二六個の電子を持っている。

さてもし鉄を含むガスの温度が非常に高かったら、鉄の原子は外側の電子からはぎとられていってだんだん裸になっていく。しかしガスの温度は低いまま、外からX線光子が飛び込んでくると、鉄原子の外側の軌道には電子を残したまま、そのX線光子によって一番内側の軌道の電子がはじき飛ばされてしまうことがある。その結果、鉄の電子軌道の低エネルギー準位《じゅんい》に穴があき、そこへ高エネルギー準位の軌道から電子が遷移してきて、X線を放射する。この機構で出てくるX線を蛍光X線と呼んでいる。

そしてどうやら、活動銀河で見つかったX線輝線はこの蛍光X線らしいのだ。このことは、活動銀河の中心には、X線光子も出すきわめて強い連続放射源と同時に、比較的冷たいガスが共存していることを意味している。まあ極端なたとえでいえば、熱い火と冷たい雲が一緒に暮らしているようなものだ。いったいどうしてこんなことが起こっているのだろうか?

まだ結果が新しすぎて確定的なことは言えないが、一つの可能性としては、銀河ブラックホールのまわりの降着円盤がその答えになるだろうと考えられている。すなわち降着円盤の中心近傍は非常に高温なため、強い可視光から紫外線、X線を放射している。そのうちわれわれの目に直接届いたものは、強い連続光スペクトルとして見えているのだろう。また紫外線の一部は第7章で述べたように、中心付近のガス雲の水素原子などを光電離して強い再結合輝線を生じさせている。そしてX線は、降着円盤周辺の比較的低温のガスに吸収され、鉄の蛍光X線輝線を生んでいるのではないだろうか。

さまざまな波長での観測が進んだことにより、活動銀河の中心奥深くにひそむ〈もの〉について、今ようやく一つの描像《イメージ》が出来上がりつつある。次章では、活動銀河の統一的モデルについて考えていこう。

①近接連星系

重力的に結びついた二つの星がお互いのまわりを回り合っている天体を連星とか連星系と呼ぶが、その中で、お互いの距離が非常に近いものを近接連星（系）と呼ぶ。

9 ザ・モンスター——銀河ブラックホールと降着円盤

活動銀河中心核のモデルとして、中性子星団や超星、超巨大ブラックホールなどが考えられたが、最終的にはすべて超巨大なブラックホールすなわち銀河ブラックホールになるだろう。現在のパラダイムはこうだ。『クェーサーをはじめとして、活動銀河の中心核には、銀河ブラックホールというモンスターとそれを取り巻く降着円盤が存在しており、それがすべての活動の原因となっているのである。』

黒い破壊者

銀河ブラックホールが銀河重力発電所として働くためには、燃料となるガスが降ってこなければならない。ダムがあっても水が溜らなければ大きいだけのただの塀といったところだ。この問題は、一九七五年、アメリカのJ・G・ヒルズが（一つの）解決をした。彼はこう説く。銀河ブラックホールが鎮座する銀河の中心核では、普通の星がうじゃう

図26　ブラックタイド。ブラックホールに近づき過ぎた星はバラバラに引き裂かれてしまう

じゃ群れている。たとえば一立方光年当り、数百万個から数千万個もの星がいるだろう。太陽近傍の星の密度が一立方光年当り一個程度にすぎないことを考えると、銀河中心部の星の密度は想像を絶する。銀河ブラックホールの大きさは、質量が太陽の一億倍の場合でも半径二天文単位しかないが、星が密集している場所であるだけに、それらの星の一つが、ときどきブラックホールの魔力に引き寄せられて、ふらふらとその近くにやってくる。そして近づき過ぎた不幸な星は、銀河ブラックホールの潮汐力によって、バラバラに引き裂かれるのである(図26)。引き裂かれた星の破片は、こまかいガスとなってブラックホールの周囲をめぐり、そしてそれらがブラックホールに次第

に落ち込んでいくにつれ、降着円盤となるのである。この説を潮汐破壊モデル、別名、ブラックタイド（黒い潮汐）と呼んでいる。銀河ブラックホールは、目には見えない黒い破壊者なのである。

ブラックタイドは一度だけではない、何度も繰り返し起こる。そう、銀河ブラックホールの近くに来た星は、次々に引き裂かれては降着円盤を形成し、最終的には銀河ブラックホールに吸い込まれるのである。星を一つ犠牲にするたびに、銀河ブラックホールの質量は着実に増えていく。詳しい計算によれば、銀河が生まれたときに、その中心に存在していたのが太陽の一〇倍程度の質量を持った（普通の）ブラックホールだったとしても、ブラックタイドで質量を大きくしていき、現在までに太陽の一億倍くらいの質量の銀河ブラックホールに成長することができそうである。超巨大な銀河ブラックホール、実は普通のブラックホールが星を食って太り過ぎてしまった、飽食のなれの果てかもしれない。

現在では、ブラックタイド以外にも、いろいろな原因から、銀河ブラックホールにガスが供給されると考えられているが、ヒルズの研究が火付け役となって、一九七〇年代末ごろから、銀河ブラックホールの理論的研究に拍車がかかった。そしてこの一〇年ほどは、技術の進歩などによる観測の大きな進展とあいまって、銀河ブラックホールとその周辺の降着円盤は、活動銀河のモデルとして天文学の最前線で注目を浴びているのである。

銀河衝突説の復活

ところで、時間が経つとブラックホールの近くにくるような星はすべて壊されてしまい、ブラックタイド機構は働かなくなって、降着円盤のガスすなわち燃料が枯渇し、銀河活動はおしまいになってしまうのではないだろうか？　ブラックタイドに対しては、このような疑問も出された。

しかしここで銀河衝突説が再浮上する。第2章で述べたように、二つの銀河が衝突したとしても、星と星の直接の衝突はまず起きない。しかし衝突によって銀河の重力場（それ自体は一千億の星から作られているのだが）は大きく乱されて、したがってその中での星の運動も大きく乱される。その結果、二つの銀河に含まれていた数千億の星やガスは激しく攪乱されるだろう。銀河の中心核とても例外ではない。衝突した二つの銀河全体が大変動を受けるのだ。そして二つの銀河は結局は一つの銀河に合体してしまうのである。

このような銀河衝突が起これば、再び中心核へのガスの供給が起こり、また銀河ブラックホールの近くへやってくる星も新しく出てきて、ブラックタイドも働きはじめるだろう。

観測的にも、複数個の銀河が合体したように見える巨大な銀河が少なからず発見されている。数百個から数千個の銀河が集まった集団である銀河団の中心には、しばしば巨大な楕円銀河が存在していることが知られており、それらはコンパクト（c）な中心部と広がった（ディフューズ・D）な周辺部を持ったためcD銀河と呼ばれている。おとめ座銀河団の中心の巨大楕円銀河M八七がその例である。cD銀河は典型的な銀河一〇個分ぐらいの質量があり、中心に複数個の核を持つことがある。これらのcD銀河こそ、数個から十数個もの銀河が衝突合体した結果できた巨大銀河なのだと考えられている。そして中心の複数個の核は、合体する前のもとの銀河の中心核の名残なのだろう。

　また最近ではCCDを利用した観測によって、二つあるいはそれ以上の中心核を持ったセイファート銀河が十数例発見されてきている。これらのセイファート銀河の活動も、いくつかの銀河が合体した結果引き起こされたものかも知れない。

銀河活動の環境的要因として、このような銀河の衝突や合体という機構が重要視されてきている。

宇宙ジェットの成因

銀河衝突は、銀河中心核の活動に対して環境の与える影響の例だが、逆に銀河中心核活動も環境に大きな影響を与えている。たとえば宇宙ジェットとして。

　今までの章で出てきたように、活動銀河ではしばしば銀河の中心から①銀河間空間へ細長く延びた構造が見つかっており、電波ジェットあるいはもっと一般には宇宙ジェットと呼

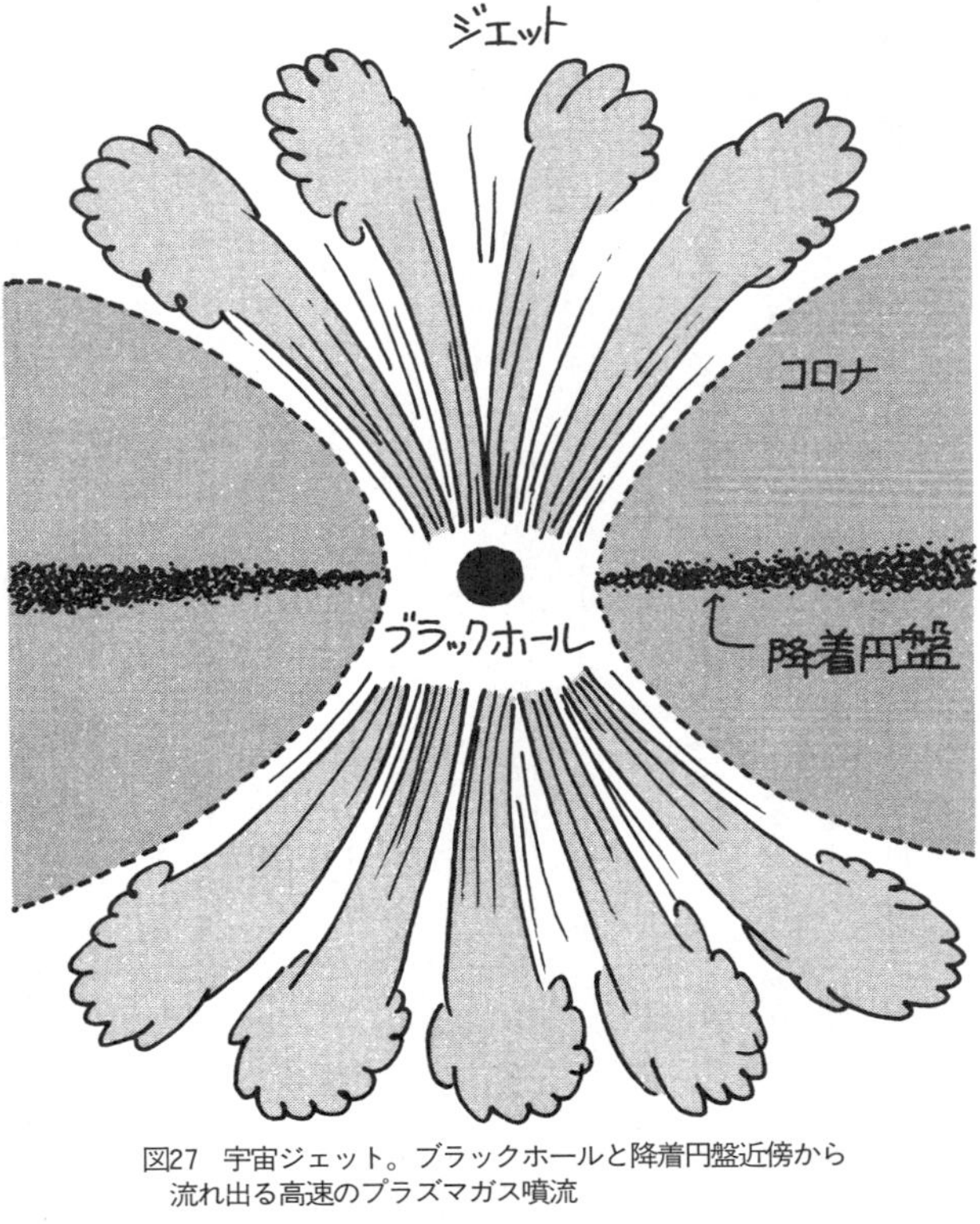

図27　宇宙ジェット。ブラックホールと降着円盤近傍から流れ出る高速のプラズマガス噴流

ばれている。宇宙ジェットは、銀河の十倍から数十倍、典型的には数百万光年の長さを有する。しかも宇宙ジェットでさらに驚くべきことは、数百万光年にもおよぶジェットの原因が、中心のほんの数光年程度の領域に存在することなのだ。その比は一〇〇万桁にもおよぶ。宇宙ジェットは、その巨大さもさることながら、きわめて細長い構造が、一〇〇万桁にもおよぶスケールで存在していることこそ、その神秘的な特徴なのである。

たとえば少し想像して欲しい。ホースで庭に水を撒いているとき、ホースの直径をかりに一センチとして、その一〇〇万倍、一〇キロメートルもの水流を。

銀河ブラックホールと降着円盤により、宇宙ジェットの形成に関しても、ようやく糸口がつかめてきた。この一〇年ほどの研究で得られた描像《イメージ》は、以下のようなものである。すなわち宇宙ジェットは銀河ブラックホールの重力エネルギーをどういう風にしてか引き出しているらしいのだ。

銀河ブラックホールの重力エネルギーを引き出す方法はいくつかあるのだが、降着円盤を使うのが最適である（図27）。銀河ブラックホールを取り巻く降着円盤の表面からはきわめて強い放射と同時に、高温のガスも放出されているだろう。電磁放射と高温ガスは円盤面に垂直に放出されるだろうから、結局は二つの反対方向に噴出されることになる。この場合、エネルギーがどこから来たかというと、本来ブラックホールに吸い込まれるはずのガスの重力エネルギーが、降着円盤の内部でガスの熱エネルギーや光のエネルギーに転換され、最終的には宇宙ジェットのエネルギーに転換されたことになる。

　またシンクロトロン放射のところで、磁力線に沿って巻き付くように荷電粒子が運動することを述べたが、降着円盤に磁力線が付随しているときには、このような磁場の性質を利用して宇宙ジェットを形成することも可能である。

　もう一つの方法は、銀河ブラックホールが自転しているカー・ホールの場合に使えるものだが、ブラックホールの回転エネルギーを取り出す方法である。だれでも友達と紐で遊んだことがあるだろう。紐の端を持って回すと、相手にバーンとぶつかる。これは紐にそってエネルギーが運ばれているわけで、手の回転運動がそのエネルギー源だ。もし自転しているブラックホールに磁力線がくっついていれば、磁力線がゴム紐のような性質を持っているために似たようなことが起こる。すなわちブラックホールの自転によって磁力線がねじれて、その結果、ブラックホールの自転軸方向にエネルギーが運ばれる。このときのエネルギー源はブラックホールの回転エネルギーである。[2]アクリーションディスクがまわりから取り込んできた磁場に沿ってガスを噴出させて宇宙ジェットにする、という折衷案のような方法も考えられている。

　しかし宇宙ジェットについては、詳しい観測がはじまってからまだ日が浅い。したがって宇宙ジェット形成の機構については、天文学者の間でも、いまだ完全な合意は得られていない。宇宙ジェットの心臓部に、銀河ブラックホールと降着円盤が存在することを除いては。

活動銀河のあまたの顔

さて銀河ブラックホールと降着円盤という描像《イメージ》で、活動銀河の基本的な特徴、すなわち活動銀河がとにかく明るいというエネルギー源の問題は解決できる。しかし問題はそれだけではない。

かつては活動銀河といっても、セイファート銀河や電波銀河、クェーサーぐらいで、スッキリしていたのだが、最近ではさまざまな同類や変種、亜種が見つかってきて、活動銀河動物園もにぎやかになってきた。

たとえば、とかげ座ＢＬ型銀河。これは、クェーサーのように電磁波のすべての領域で強烈な放射を出しているが、その電磁スペクトルはのっぺりしていて特徴がなく、また光は強い偏光を示し、さらに時間的にも大きく変光している。クェーサーの一部にも、可視光で大きな時間変動を示し、また強い偏光スペクトルを持ったものがあり、ＯＶＶ（光学的激変クェーサー）とかＨＰＱ（高偏光クェーサー）などと呼ばれている。最近ではこれらのギンギン光っているものを合わせて、ブレーザー（激光銀河）と称している。一方、活動性の比較的弱いものとして、ライナー（低電離中心核放射銀河）と呼ばれる幅の狭い励起輝線を持った銀河とか、通常銀河っぽいのだが銀河内のあちこちで星が盛んに誕生しているスターバースト銀河なんかも見つかった。

しかもそれぞれの種類はさらに細かくわかれるように見える。セイファート銀河の1型と2型をはじめとして、電波銀河の広輝線電波銀河BLRGと狭輝線電波銀河NLRG、クェーサーの電波クェーサーQSSと光学クェーサーQSO、広吸収帯クェーサーBALにOVVやHPQ。

いやはやセイファートの二つの顔どころではない。ほとんど収拾がつかないではないか。これらはあくまでも現象論的な分類ではあるが、本当に違う種族を表しているのだろうか。確かに活動銀河という範疇《はんちゅう》でくくってはみたものの、それは動物園にいる生き物たちをたんに動物とくくることに等しいのではないか？　もしそうならお手上げである。

これらの活動銀河の見せるあまたの顔は、どう説明したらいいのだろうか？

あまたの顔にはあまたの体を

さまざまな活動銀河の違いの原因としてまず考えられるのは、体重や身長のような基本パラメータの値が異なるといった本質的なことである。

銀河ブラックホールと降着円盤というシステムの基本パラメータは、銀河ブラックホールの質量と降ってくるガスの割合（ガス降着率と呼ばれる）、そして降着円盤内部でのガスの摩擦率の三つだけである。このうちガスの摩擦率はミクロな過程によって決まる内的条件であり、物理的な素過程が定めるはずのものなので、外部の条件で自由に設定できるパラメータではない。したがって、外的なパラメータはブラックホールの質量とガス降着率の二つだけと思ってよい。なんかものすごそうなシステムの割にはパラメータは少ないようだが、まあ概してそんなものである。たとえば天に輝く星だって、基本パラメータはその質量だけである。

さていろいろな理論的研究から、降着円盤の明るさは、ブラックホールの質量に比例し、またガス降着率にも比例することがわかっている。すなわち銀河ブラックホールが大きいほど、また降って来るガスの量が多いほど、中心核は明るく活動的になるのである。

この面から考えると、たとえばセイファート銀河では通常の渦状銀河に比べてガスが非常に多いために活動的な様相を示しているのかも知れない。電波銀河では、ガス降着率はあまり大きくないが、銀河ブラックホールが存在しているために、激しく活動しているのかも知れない。またクェーサーなどではさらにガスの量が多いとか、あるいは中心の銀河ブラックホールの質量がセイファート銀河の場合より大きいため、遠方にありながらセイファート銀河より明るいのかも知れない。このような本質的な差異があるという考え方は、従来強く支持されてきたものである。

一方、年齢のような進化のフェーズが異なる可能性もある。すなわちすべての銀河は生まれたときはガスが多かったことだろう。そして中心核では銀河ブラックホールのまわりに降着円盤を形成して明るく輝き、さらには銀河全体で活発に星が生まれるなど、さまざまな活動をしていたと思われる。が、星になったり中心核の銀河ブラックホールに食われたりした結果、ガスが次第になくなって、それとともに銀河活動も終焉を迎え、活動銀河から通常銀河に変わったのかもしれない。いや銀河衝突によってときどき息を吹き返し、しばらく活動するというように、休止期と活動期を繰り返しているのかも知れない。いずれにせよ、この考え方だと、われわれの銀河系やお隣のM三一アンドロメダ銀河のような通常銀河もかつては活動銀河だった可能性がある。第7章でも述べたが、M三一の中心核には確かに巨大なブラックホールが存在しているようなのだ。

活動銀河の統一モデル

銀河ブラックホールと降着円盤システムの外的なパラメータは、ブラックホールの質量

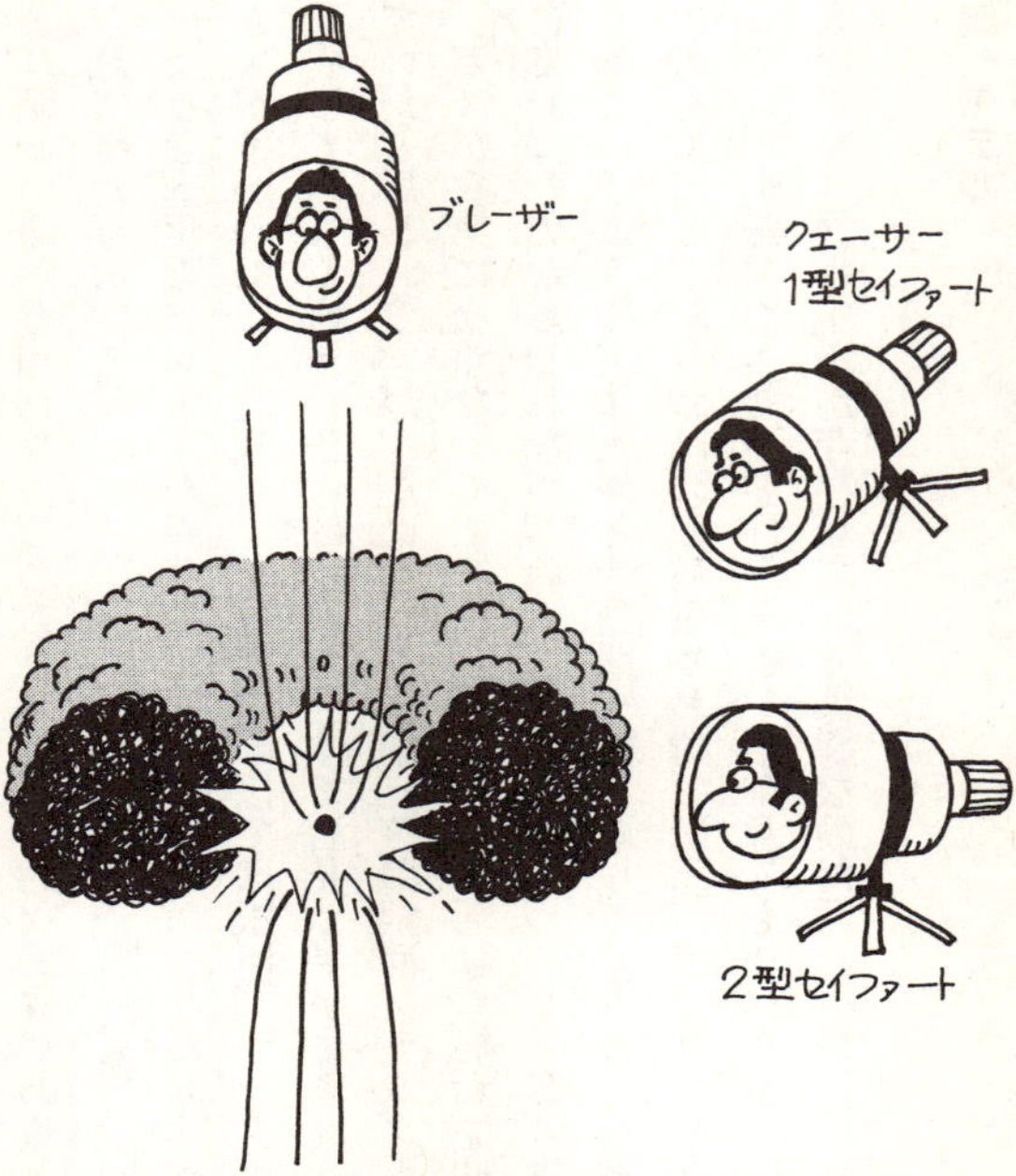

図28　活動銀河の統一モデル。降着円盤は見る角度によって表情を変える

とガス降着率の二つだけだといったが、実はもう一つ隠されたパラメータがある。それは姿勢あるいは方向というものだ。

降着円盤はその名のとおり、円盤状の形をしているので、それを見る方向によって随分違って見える。逆にそれがさまざまな活動銀河の顔を演出しているのではないか、というのが最近提案された魅力的な考えで、活動銀河の統一モデルと呼んでいる（図28、図20も参照）。

たとえば降着円盤の回転軸方向から降着円盤の中心部を覗き込むと、降着円盤近傍から放出される高速のジェットを正面からもろに見ることになる。このときは、活動銀河はもっとも明るく見えて、しかも非常に明るくビーミングされたジェットによってスペクトルの細かい構造は見えない。さらにジェットの変動を直接に受けて、時間変動や偏光も大きいだろう。これはまさにブレーザー（OVVクェーサーやとかげ座BL型銀河）にほかならない。

降着円盤を少し斜めからみると、ジェットの光が真正面から当たらなくなるので、ジェット以外に降着円盤からの光もよく見えるようになる。また周辺のガスから放射される輝線スペクトルなども見えてくる。これが普通のクェーサーや1型セイファート銀河だ。

さらに降着円盤を縁の方からはすかいに見ると、降着円盤中心の明るい領域やBLRは、降着円盤自身の周辺部やもっと外側に広がるガス雲に隠されてしまい、2型セイファート銀河とか狭輝線電波銀河NLRGとして見える。

以上のような統一モデルは、比較的すっきりとしてわかりやすい考えではある。しかも「統一モデル」という言葉には、強く惹かれるイメージもある。

さてさて、体重や身長が違うのか、年齢が違うのか、それとも見る角度が違うのか。活動銀河の違いはどこからきたのだろう。おそらく要因は一つだけではなく、いくつかの要因が複雑に絡み合って種々の顔を持つ羽目になったと考えるべきだろう。

人間の集団を観測したときも、体重や身長や年齢や見る角度によって、さまざまな違いが生じる。が、人間はあくまで人間であることに変わりはない。活動銀河の場合も、その背後にある真の姿は、ただ一つ。銀河ブラックホールと降着円盤なのである。

(1)宇宙ジェット
中心の天体から、天体をはさんで双方向に噴き出す細く絞られたプラズマの流れを宇宙ジェットと呼ぶ。

中心の天体は、原始星や中性子星、さらにはブラックホールなど、場合によって異なるが、その中心天体を取り巻いて降着円盤が存在しており、降着円盤のガスの一部が、ガスの圧力や放射圧や磁場の力などいろいろな原因によって、円盤面と垂直方向に噴き出したものだと考えられている。

②アクリーションディスク

降着円盤のこと。英語のアクリーションには、ものが添加するとか付着するという意味があって、〈降着円盤〉というものが回転しているだけのガス円盤ではなくて、周辺から継続的にガスが付着し続けている円盤なので、accretion diskという名前ができた。

10 宇宙に対するわれわれの見方―銀河ブラックホールの彼方

もっと詳しく、もっと深く

天文学者と技術者の協力や国際間の協力によって、新しい技術開発が進み、このところ空間分解能、時間分解能、波長分解能はどんどん向上し続けてきている。このままいけば、それほど遠くない将来に、銀河ブラックホールと降着円盤へ肉薄することも不可能ではなさそうだ。

たとえば光の部門では、一九九〇年四月にスペースシャトル「ディスカバリー」で打ち上げられたハッブル宇宙望遠鏡がその筆頭に挙げられる。きわめて高精度に磨きあげられた口径二・四メートルの主鏡は、大気のない宇宙空間から望遠鏡の理論的限界、地上望遠鏡の一〇倍以上の分解能で宇宙を見るはずだった。残念ながら、反射鏡の構造的な欠陥のため設計精度を大幅に割り込み、一時は所期の目的が達成できないのではないかと危ぶまれた。が、幸いにも、コンピュータ処理でかなりのところまで回復できたようだ。まあ現

図29　銀河中心の正体にせまる

在進行形の話でもあるし、ハッブル望遠鏡についてはもうしばらく成果待ちとしたい。

またハワイのマウナケア山頂に建設を予定している日の丸望遠鏡JNLT（図29）。JNLTはガラス・セラミック材からなる口径七・五メートルの鏡面を持ち、完成の暁には、地上に作る単一口径の鏡面としては最大のものの一つになるだろう。もちろんこれほど大きなものになると、鏡面自体の重さすなわち自重による鏡面の変形が問題になるし、また天体の追尾も難しくなる。それらを解決するために、自重変形の能動補正による調整やコンピュータ制御による天体の追尾など新しい技術が導入されるだろう。JNLTは日本の光学天文学を世界的レベルに戻すために、日本の天文学界が練りに練った起死回生の策なのだ。

もちろん他の波長域でもさまざまな計画が進行中だ。たとえば電波でのVSOP。お酒の好きな電波屋さんがつけたこのネーミングも洒落ているが、正しくは、スペースVLBI計画の略である。超長基線電波干渉計VLBIは基線の間隔を開けるほど角分解能がよくなる。しかし地表でVLBIを展開する限り、当り前のことだが、地球の直径より長い基線はとれない。じゃあ宇宙へ持ってけ、という考えではじまったのがこのVSOPである。スペースVLBIそのものが可能なことは、日本、アメリカ、オーストラリアの国際協力により、一九八六年確かめられている。このときは静止軌道上のTDRS衛星という衛星を使い、日本の臼田《うすだ》にある口径六四メートルのパラボラアンテナとオーストラリアのキャンベラ近郊にあるNASA／JPLの同じく口径六四メートルのアンテナを地上局として、これら三者の間でスペースVLBI実験が行われ成功したのである。

一九九〇年代半ばに実現を目標として進められているVSOP計画では、直径一〇メートルのアンテナを持つ衛星（VSOP衛星）を遠地点二万キロメートル、近地点一〇〇〇キロメートルの楕円軌道に投入する（図29）。そして地上の電波望遠鏡と組み合わせて、実に口径三万キロメートル、地球直径の二・五倍の有効口径を持つ電波干渉計システムにしようという壮大な計画である。VSOPでは、現在の地上VLBIの分解能を一〇倍上回る〇・一ミリ秒角の分解能が達成されると見込まれている。月の上の物体で言えば、二〇センチメートル弱のものが見わけられるほどだ。VLBIの角分解能では人間がいるかいないかがわかる程度だったが、VSOPでは男の子か女の子かぐらいまでわかりそうだ。もちろん活動銀河の中心核はVSOP計画の主要なターゲットの一つである。

スペースだけではない、地上でも大規模な作戦が進んでいる。すなわち一九九二年の完成を目指して現在アメリカで建設中のVLBA（VLBIアレイ）だ。これはVLBIとVLAを併せたようなもので、直径二五メートルの専用アンテナ一〇基をアメリカ全土に配置し、八〇〇〇キロメートルもの有効口径を持たせた超巨大電波干渉計システムである。

超巨大ブラックホールにはやはり超巨大なシステムで立ち向かわなければならないのだ。

さらにX線。一九九三年打ち上げを目標に、現在、計画・実行中なのが、ぎんが衛星に続くX線衛星アストロDだ。アストロDというのは仮名であり、まだ名前はない（たとえばぎんがは旧姓をアストロCといったが、打ち上げが成功してぎんがと命名された。アストロDも成功すれば、かっこいい名前が付けられるだろう。はくちょう、てんま、ぎんが、ときたから、つぎは〝うちゅう〟ぐらいかな）。アストロD衛星の体重はぎんがとほぼ同じ四三〇キログラムほどで、X線検出装置としては、一分角程度の位置精度を持つ多層薄膜X線反射望遠鏡が積まれる予定である。このX線衛星の主要観測目標も活動銀河中心核とX線背景放射だ。

まあ期待のハッブルもちょっとずっこけたし、鬼が笑うような話はこれぐらいにしよう。が、もしかすると、一九七〇年代にはじまった技術革新の波が集束する一九九〇年代から二〇〇〇年代は、後世、天文学にとって再び輝ける発見の年代と呼ばれるようになるかもしれない。それぐらいの期待と可能性があるのは確実だ。

本書では、活動銀河とその中心核の描像《イメージ》について述べてきた。銀河ブラックホールの存在は、まだ完全に実証されたとはいえないかもしれないが、銀河ブラックホールや周辺の降着円盤という可能性を知ったことによって、宇宙に対するわれわれの見方はどのように変革してきたのだろうか？

ブラックホール教

一時期、銀河や銀河系の中心にブラックホールは本当にあるのか、またできるのかというようなことが、天文学上かなりの問題になった。ところが現在では、もはや既成事実のように「銀河の中心には超巨大なブラックホールと降着円盤が存在している」というパラダイムが（少なくとも理論屋さんの間では）確立してしまい、そこからすべてがはじまるようになっている。そしてそのこと自体に疑念を差しはさむことはなくなり、むしろ最近の風潮としてなんでもかんでもブラックホールのせいにしてしまうキライがあるくらいだ。

こうなってくると逆にブラックホールという呪文に縛られて、一面ではもう身動きが取れなくなり、融通が利かなくなってしまう。このように発想が固定化し柔軟性が失われることは、学問的に見れば危機的な状況である。確立したとされる概念にも常に疑いの目を向け、またなにごとも批判の目で見るという姿勢から新しい展開が生まれるはずである。もっとも筆者自身はブラックホールを信じているから一向に構わないのだが、まあ皆が皆そんな固定観念を持ってもらうと困るという話である。

ちょっとネガティブな話をしてワサビを塗ったところで、銀河ブラックホールの存在の意義についてまとめよう。銀河ブラックホールと降着円盤を原動力とする活動銀河によって、われわれの宇宙観はどのように変革するのだろうか。

光明神ブラフマン

まず第一に、ブラックホールといえば空間の裂け目、宇宙の落し穴、重力だけで目にはまったく見えない存在というのが常識だったが、この常識はみごとに覆された。すなわち周囲に降着円盤という高温プラズマガスでできた光る衣をまとうことによって、ブラックホールはその姿を人前にさらしうるのだ。これは非常に大きな発見である。というのも、衣の光り方を詳しく調べることによって、原理的には、降着円盤のモデルばかりか、空間の構造に関する情報さえも得られるからだ。

また宇宙の中で光っているのは星であるという認識も改める必要が出てきた。星は確かに宇宙の主要な構成員ではあるだろうが、もっとも輝ける天体ではない。というのは、星の中心の温度は数千万度にもなるが、表面の温度は数千度からたかだか数万度にすぎない。しかし銀河ブラックホールのまわりの降着円盤の場合、表面温度は数万度から数十万度、場合によっては数億度にも達する可能性がある。だからこそ、クェーサーなど活動銀河の明るさを説明できるのだ。降着円盤は光輝ける天体なのである。

保存神ヴィシュヌ

さらに、銀河ブラックホールと降着円盤という組み合わせは、銀河の重力発電所である。宇宙に輝く星々の明るさの源は、よく知られているように、水素がヘリウムに変換する核融合反応である。しかし銀河ブラックホールと降着円盤系では、ブラックホールに吸い込まれるガスの重力エネルギーが、基本的なエネルギー源になっているのだ。重力エネルギーが天体発光のエネルギー源になっているという認識は、やはり一つの新しい天体観である。

しかも星の核融合反応と、ブラックホール＝降着円盤の場合とでは、エネルギー解放の効率も大きく違う。たとえば水素がヘリウムに変換する反応では、物質の静止エネルギーのうち、約〇・七パーセントが解放されて熱エネルギーや光エネルギーになる。ところが、シュバルツシルト・ホールに落ち込む降着円盤の内部では、なんと、物質の静止エネルギーの五・七パーセントものエネルギーが解放されるのである。中心の天体がカー・ホールの場合、解放効率は最高で四二パーセントにものぼる。これほど効率のよいエネルギー解放機構は他には存在しないだろう。

ただしエネルギーはその形態こそ変わるが、常に保存されている。すなわち降着円盤ガスの持っていた重力エネルギーの一部が、内部の摩擦を通して熱エネルギーに姿を変え、さらには光エネルギーへ転換されて外部へ放出されるのである。全体として見たときには、エネルギーの総和は不変である。

破壊神シヴァ

銀河ブラックホールは、星を食らい、星間のガスを呑込みながら、だんだんと肥え太っていくらしいこともわかった。ブラックホールが大きく成長していくということも、単独のブラックホールでは考えられなかったことである。しかも太陽の一〇倍程度の並のブラックホールだったものが、条件がよければ、ほんの数十億年ほどの間に、太陽の数十億倍の質量まで成長しうるのである。

しかも銀河ブラックホールはたんに星を破壊してしまうだけではない。星を作っていたガスを降着円盤として新たに再生するのである。このようなシヴァのような存在も従来の宇宙観にはなかったものだろう。

また同時に重要なのは、環境との相互作用である。たとえば銀河が衝突したときには、銀河本体はもちろんのこと、その中心核も多大な影響を受ける。その結果、破壊神シヴァも再び活性化される。これは周辺環境から銀河ブラックホールと降着円盤へ与える影響の一例だ。一方で、銀河ブラックホールは、宇宙ジェットという形で、環境へ大きな影響を与えている。銀河中心核と周辺とは、お互いに影響を与え合いながら、進化してきたのである。

いや、これはまだまったくの思索にしか過ぎない話だが、数十億年前、宇宙がまだ今の数分の一の大きさしかなく、初代の銀河が誕生したばかりの頃。もしその頃すでに、銀河ブラックホールがおそらくふんだんにあったガスを吸い込んで、活発な活動をしていたら。創造神として、銀河の形成やその後の進化に大きな影響を及ぼしたのではないだろうか。まだそのようなテーマでの研究にほとんど手が付けられていないので、宇宙観の革新として挙げるには時期早尚かもしれないが、あえてここでは今後の宇宙観を変えるかもしれない未知数として提案しておきたい。

アーヴァタール

天体は静かで不変なもの、というのが太古以来の支配的な考え方であった。悠久不変の天空を乱すものは、惑わす星と呼ばれたり、ほうき星や客星と呼ばれて凶兆とされた。現代においては、さすがに天空は一定不変というわけではないことが知られている。たとえば惑星は太陽のまわりを運行するし、遠くの星々も長い時間の間にはその位置を変え、さらに一個の星も生まれてから年老いそして激烈な死を遂げる場合があることが解明された。

それでも銀河ぐらいの大きな集団になると、その変化の仕方は、非常にゆるやかで、たとえば人間の尺度で測れば、ほとんど不変とみなしていいだろう、というのが少し前までの見方である。ところが銀河ブラックホールを中心に抱く活動銀河の発見により、この考えもまた、あっけなく打ち砕かれた。たとえ銀河といえども、活動的であり、また時間的にも大きく変動することから免れえないのである。

情報を伝えるためには、光など電磁波による方法、粒子によるもの、ガス中の音波などの波によるものなど、いろいろな手段がある。われわれの周辺では、光速に比べ、粒子や波による情報の伝達速度はきわめて遅い。しかしブラックホールの近くでは、すべての情報の伝播の速度が光速のオーダーになる。したがってたとえば太陽の一億倍の質量を持つ典型的な銀河ブラックホールの周辺では、一日のオーダーで情報が伝わり変化を引き起こす。この影響は外部にも波及していき、一光年程度の広がりを持つ銀河中心核は一年程度で変動する。そして十数万光年という巨大な銀河でさえも、中心部の活動によって、宇宙の歴史から見れば比較的短い時間の内にその姿を変えてしまう場合があるのだ。

しかし森羅万象《しんらばんしょう》は移り変わっていくのが世の定め、この無限の宇宙の表象は常に流転し続けている。活動銀河中心核の銀河ブラックホールと降着円盤も例外ではなく、どのような形かは知らないがやがては終わりのときが来るだろう。もっともそれは降着円盤としての「相」を失うだけで、宇宙全体からしてみればそれもまた単なる一つの変化に過ぎない。輪廻転生《りんねてんしょう》・化身（アーヴァタール）こそがすべてを支配しているのかも知れない。

モンスターたちの第二幕

11 姿を現してきたモンスターの衣──すばる望遠鏡とハッブル宇宙望遠鏡

さて、ここまでの一〇章を書いた時期から一五年ほど経った今日（二〇〇五年）、可視光観測でも、電波観測でも、X線観測でも、そして理論研究においても、モンスターの研究に関しては、非常に多くの進展や変化があった。ここからの章では、一五年間の進展について、モンスターたちの第二幕を紹介しよう。

まず、可視光領域の観測だが、よく知られているように、ハッブル宇宙望遠鏡はすでに大活躍して久しい。またハワイに建設が〝予定〟されていた日の丸望遠鏡JNLTは、一九九九年に完成して、すばる望遠鏡と命名され、素晴らしい成果を挙げている。一九九〇年代には、他にもいくつもの大口径望遠鏡が完成し稼働しはじめた。これらの望遠鏡によって多くの天体現象の解明が進んだが、銀河にひそむモンスターに関していえば、最新の観測によって、モンスターを取り巻く光る衣が暴かれはじめたのだ。

クェーサーの母銀河

活動銀河の代表格であるクェーサーは、一九六三年の発見当初は本当に謎の天体だった（第3章）。宇宙の彼方にある天体だとすれば、放出されるエネルギーが莫大なものになるからだ。この、明るすぎるクェーサーの問題を解決するために、一九六九年、銀河ブラックホールと降着円盤というモデルが提案されたのだった（第4章）。

一方、CCDなど観測技術の革新に伴い、第3章で紹介したように、一九八〇年代、クェーサーの衣――母銀河がようやく観測にかかりだした。そしてハッブル宇宙望遠鏡など新しい観測装置の活躍によって、現在では、さまざまなクェーサーの衣が写真に撮られているのだ（図30）。

最初に同定されたクェーサーである3C二七三についても、その母銀河がくっきりと写し出された（図31）。図31はハッブル宇宙望遠鏡が撮像したクェーサー3C二七三の可視光画像である（図11や図13とも比較してみて欲しい）。図31の左側の画像は、ハッブル宇宙望遠鏡に搭載された広視野惑星カメラで普通に撮像したもので、右下にジェットが写っているが、3C二七三本体は非常に輝いていて細かな構造がわからない。図31の右側の画像は、図31左の四角い枠を拡大したものだが、中心部を上手に画像処理したもので、3C二七三の母銀河がはっきりと浮かび上がっている。

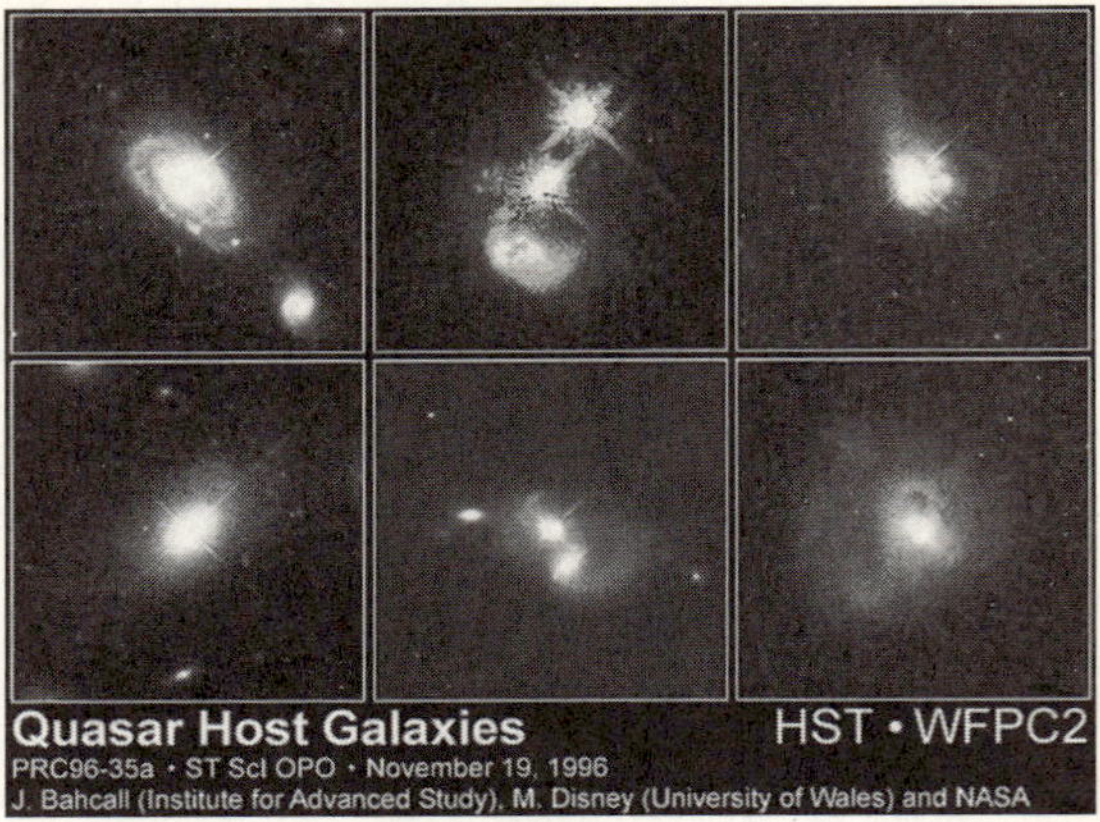

図30　さまざまなクェーサーの母銀河（NASA/STScI）

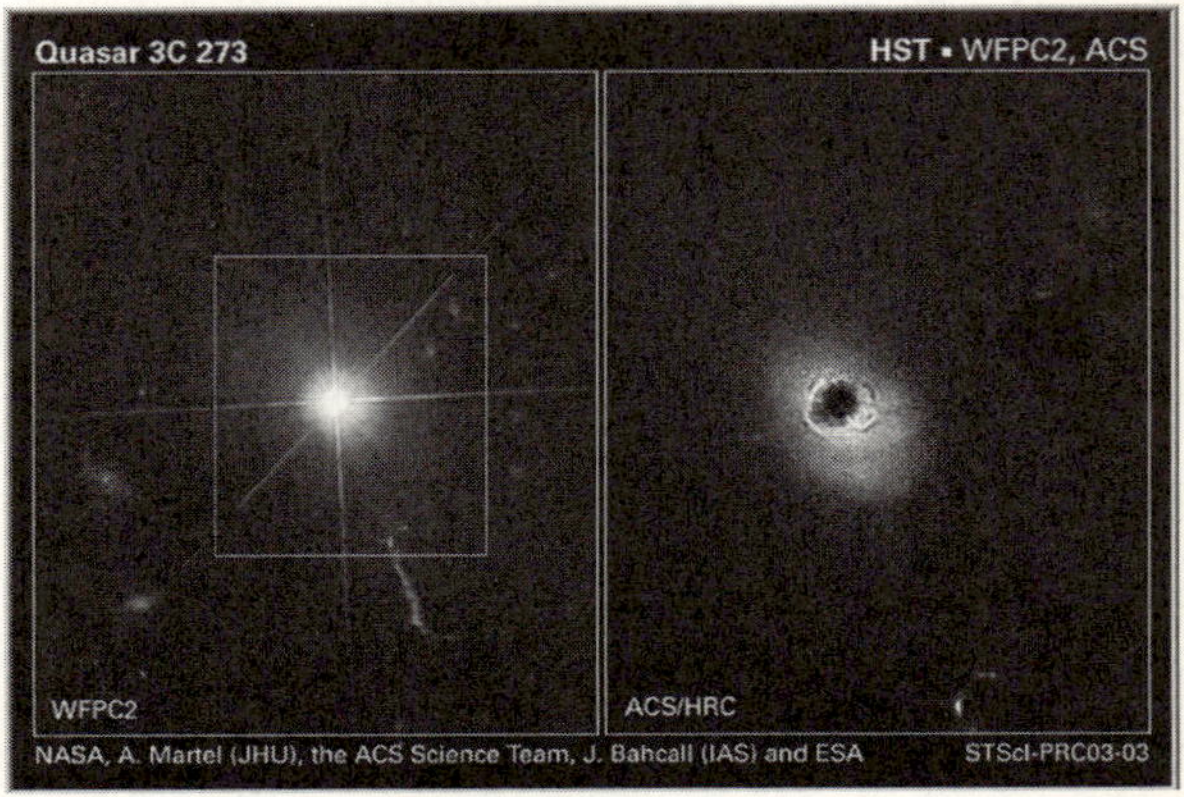

図31　クェーサー3C273の母銀河（NASA/STScI）

図32　活動銀河NGC4261とその中心部（NASA/STScI）

こうして、この一五年の間に、クェーサーという天体は、間違いなく、非常に遠方にある活動的な銀河の光り輝く中心核だという描像《イメージ》が確立したのである。

モンスターの光る衣

新しい観測装置によって見え始めたのはクェーサーの衣（サイズ約一〇万光年）だけではない。モンスターの衣（サイズ数光年）さえも、その姿を現しはじめた。

図32はハッブル宇宙望遠鏡などで撮像した活動銀河NGC四二六一の画像である。図32の左側の画像は、地上望遠鏡の画像と電波望遠鏡の画像を合成したNGC四二六一の全体像で、縦長の画像の左右の差渡しが約九万光年にわたるものだ。地上の望遠

鏡で見るとNGC四二六一は丸い楕円銀河で、一方、電波望遠鏡で観測すると上下方向にジェットが噴き出しているのがわかる。このNGC四二六一は、M八七銀河のような典型的な電波銀河なのだ。

図32の右側の画像は、ハッブル宇宙望遠鏡で撮像したNGC四二六一の中心部で、図の左右の差渡しが約一五〇〇光年、すなわち左側の画像を一〇〇倍くらいに拡大したものである。画像を見てすぐわかるように、星とガスからできた円盤状の構造がはっきりと写っている。また中央部の黒い楕円状の領域は、そこに光るガスや星がないわけではなくて、むしろ逆に、ガスの中に含まれている大量の塵のために、強い光が遮られているらしい。実際、中心には光る点が見えているが、中心はあまりにも明るいために光が漏れてきているのだろう。

活動銀河中心の降着円盤のサイズは、典型的には数光年程度であり、図32で見ているのは、降着円盤そのものというよりは、その周辺部が見えているというべきかも知れない。しかし、降着円盤という光る衣の裾あたりは見えてきたのだ。そして中心の光る点は光る衣の光が漏れているのだろう。

また左側の全体像と比べるとわかるように、NGC四二六一のジェットは、中心の円盤から垂直方向に噴き出ているのである！

このNGC四二六一銀河で発見されたような光る円盤は、次で述べるM八七銀河も含めて、他にもいくつか発見されている。

モンスターの体重を測る

一九九〇年代には、光る衣の振舞いを調べることで、ついにモンスターの体重さえ測れるようになってきた。驚くべき発展である。

基本的な考え方は単純なのだ。モンスターすなわち銀河ブラックホールが重ければ、重力が強いので、そのまわりに光る衣すなわちガス円盤があれば、光る衣はモンスターの重力に対抗するために、激しく回転しているだろう。逆に、モンスターが軽ければ、光る衣もゆっくりと回転しているだろう。だから光る衣の振り回され方を観測できれば、モンスターの体重がわかるのだ。光る衣を検出するためには十分な空間分解能が、光る衣の回転を調べるためには十分なスペクトル分解能が必要なのだが、ハッブル宇宙望遠鏡のおかげで、これらの条件が達成されたのだ。

一九九〇年代前半、ハッブル宇宙望遠鏡の観測チームは、電波銀河M八七（図1）の中心部を詳細に観測し、プラズマガスの円盤と、その円盤の回転運動を検出したのである（図33、図34）。

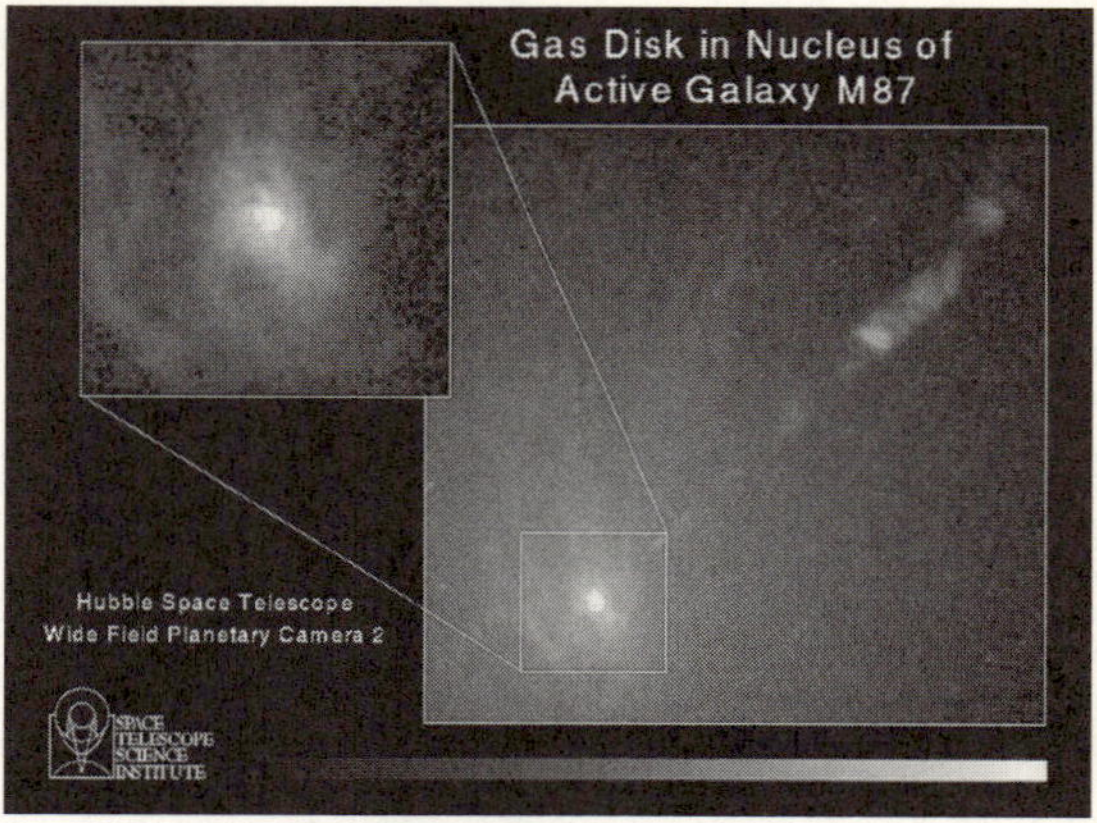

図33　ハッブル宇宙望遠鏡で撮像した電波銀河M87中心部の回転ガス円盤（NASA/STScI）

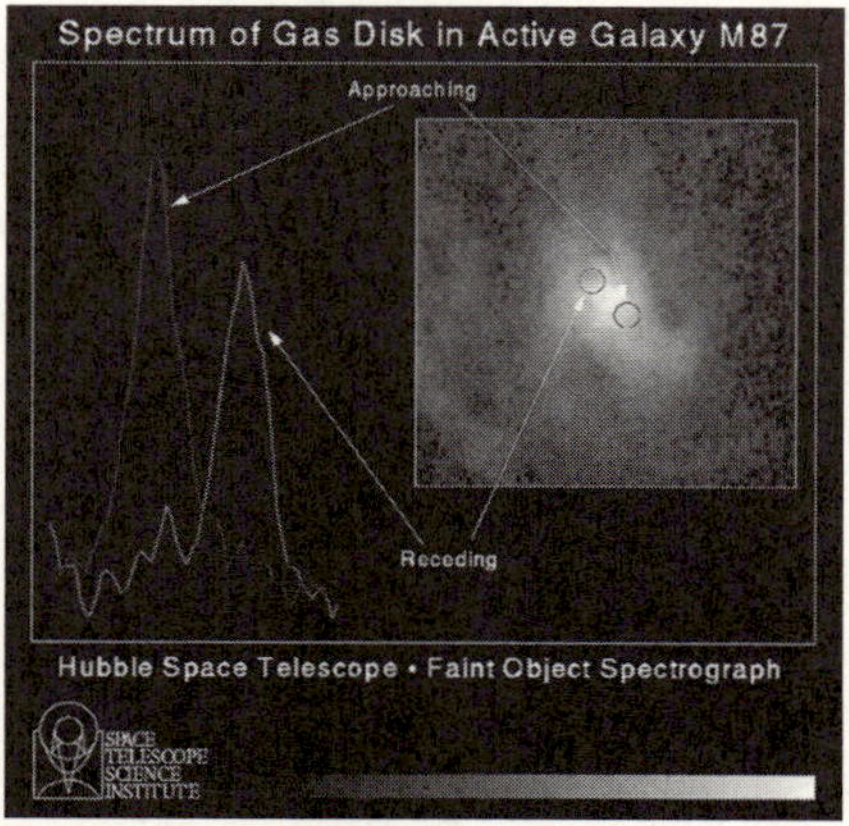

図34　電波銀河M87中心部の回転ガス円盤の運動の様子（NASA/STScI）

まず、ジョンズ・ホプキンス大学&宇宙望遠鏡研究所のH・C・フォードたちは、サービスミッションによって新しく取り替えられた広視野惑星カメラ2WFPC2で狭帯域の画像を得た（一九九四年、図33）。

図33は、水素のスペクトル線であるバルマー系列のHアルファ輝線近傍だけの光で撮像したM八七銀河中心近傍の画像だ。星はいろいろな波長で連続的なスペクトルを出しているが、Hアルファ輝線近傍だけに限ることによって、中心に集中する無数の星の光は大部分がカットされ、図33では主に電離した水素ガスが写っていると考えていい。図の右上には中心から噴き出すジェットがくっきりと写っており、左上の拡大画像にはガス円盤が浮き彫りになった。第1章の図1などでも紹介したように、電波銀河M八七におけるジェットの存在は古くから知られていたが、活動銀河中心核におけるガス円盤の検出は、M八七銀河だけでなく他の場合も含めて、この観測がはじめてだったのだ。

図33の左上の拡大画像を見ると、ガス円盤は渦状構造をしており、円盤ガスが中心に向けて吸い込まれているように見える。また円盤は少し潰れて見えていて、もし本来の円盤が真円に近い形をしているなら、円盤の真上から四二度の方向から円盤を見ていることになる。さらにジェットは、円盤の見かけの短軸方向から約二〇度の方向に位置しているが、傾きによる射影効果を考慮すると、ジェットは円盤面から垂直に噴き出していると考えて

差し支えない。たった一枚の画像からさまざまなことがわかってきた。

さらに同じ観測ミッションで、応用研究所のR・J・ハームズたちは、ハッブル宇宙望遠鏡搭載の微光天体分光器FOSを用い、ガス円盤上の二カ所の光を分光観測した（一九九四年、図34）。

彼らは、円盤の中心を通って、ジェットの方向に垂直な方向の線上で、中心からの角距離（角度で表した見かけの距離）が、それぞれ、〇・二五秒角（一度の三六〇〇分の一のさらに四分の一）の二カ所から来る光を分光観測した。そして、片側のガスは見かけの視線速度が毎秒約五〇〇キロメートルで近づいてきており、もう片側は同じ速度で遠ざかっていることがわかったのだ。ガスの落下運動や噴出運動という可能性も皆無ではないが、ジェットとの位置関係などから、この速度は円盤ガスの回転運動に伴うものだと解釈するのがもっとも自然である。

以上が基本的な観測事実で、後は、その単純な解析である。まず、M八七銀河までの距離は、約五九〇〇万光年なので、角度で〇・二五秒角ということは、中心からの実距離は、約六〇光年に相当する。さらに円盤を真上から四二度傾いた方向から観測していることを考慮すると、視線速度が毎秒五〇〇キロメートルということは、円盤ガスの実際の回転速度が、毎秒約七五〇キロメートルであることを意味する。これら二つの量から中心の質量を見積ることは簡単で、約二四億太陽質量という値が得られた。

すなわちM八七銀河中心のモンスターの体重は、太陽の約二四億倍もあるのである。

ガス運動の解析によって、現在では、十いくつもの銀河の中心で超巨大ブラックホールの質量が推定されている。

12 激写 迫るモンスターの本体―はるかなる宇宙電波望遠鏡の網

電波領域では、一五年前にはまだ計画にすぎなかったVSOP――スペースVLBIが実現した。すなわち、一九九七年、鹿児島県内之浦《うちのうら》からVSOP用の衛星が打ち上げられ、軌道上で無事直径八メートルの電波望遠鏡を展開して、はるか(HALCA)、と名付けられたのだ。そして、はるかを電波望遠鏡の一つとするスペースVLBIは、地球直径の三倍近いサイズの電波干渉計システムとなって、従来の地上VLBIよりも三倍近く分解能が向上したのである。その分解能でもって、はるかは、クェーサーのジェットその他、多数の素晴らしい成果を挙げた。

根元まで見えてきた電波ジェット

銀河ブラックホールと降着円盤の性質を調べるためには、ブラックホール近傍から銀河間の虚空に向けて噴き出すプラズマ流――宇宙ジェットの解明も重要である。すでに一

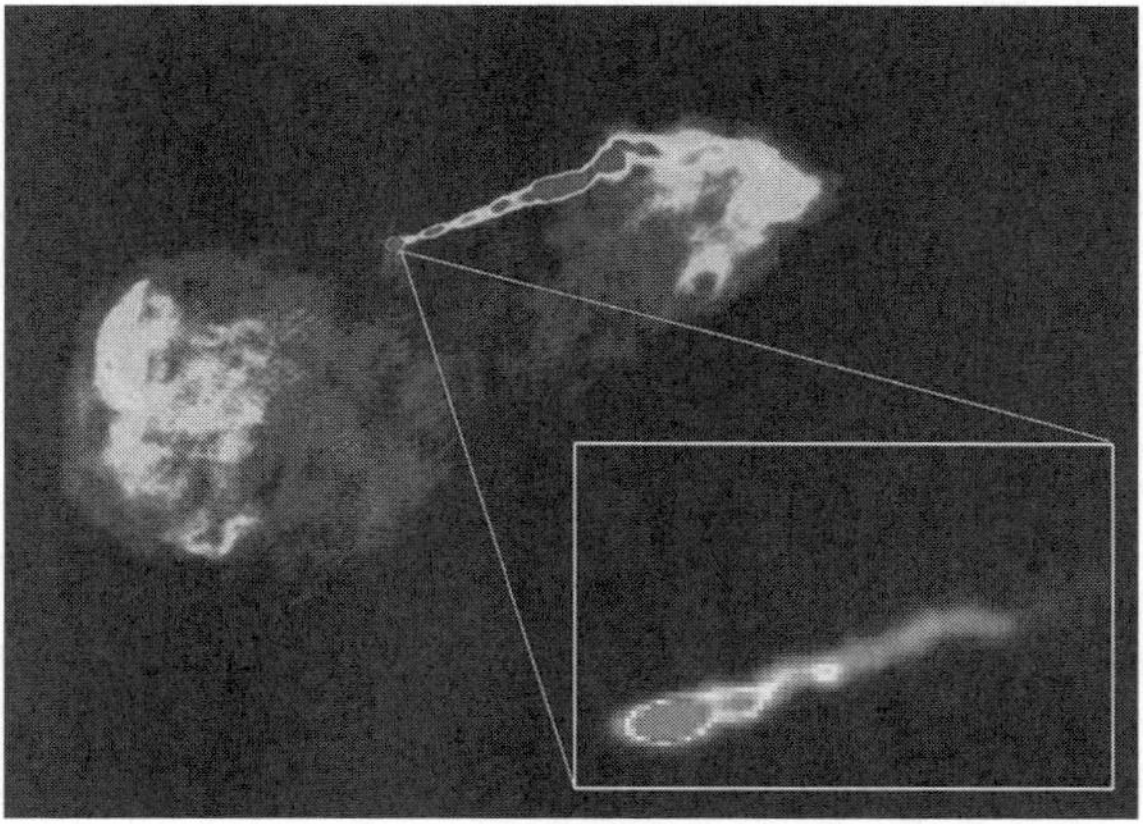

図35　ＶＬＡとはるかで観測した電波銀河Ｍ87のジェット構造（NRAO/JAXA）

九八〇年代、電波干渉計やＶＬＢＩシステムなどによって、宇宙ジェットの細かい構造や、根元付近の様子を追求する動きは進んでいたが、当時の観測技術の制約によって、空間分解能には限界があった。

しかし十数年も経てば技術も向上し、スペースＶＬＢＩはるかや、やはり一九九〇年代に稼働しはじめた超巨大地上電波干渉計システムＶＬＢＡなどでは、空間分解能や検出感度が格段に向上したのである。そして、可視光やＸ線など他の波長の観測と合わせて、宇宙ジェットの微細な構造が詳しくわかってきたのだ。

たとえば、図35は、何度も出てきた電波銀河Ｍ八七のジェット構造をＶＬＡとはるかで観測したものだ。左上の画像は、地上の巨大電波干渉計VLAで撮像した電波銀河M八七全体の電波像で、電波が出ている左右の差渡しは角度で数十秒、実長で一万光年程度である。一方、右下の画像は、VSOP衛星はるかが一・六ギガヘルツの周波数で撮像した電波銀河M八七の中心部である。画像でわかるように、ジェットは真っ直ぐに噴き出しているのではなく、ジェットの中心付近では、なんとウネウネと波打つような形をしているではないか。この波形の間隔はおよそ〇・〇〇四秒角で、約一光年ほどである。

図36は、やはり何度も出てきたクェーサー3C二七三のジェットを、X線や可視光や電波など、さまざまな波長の電磁波で観測したものである。図36の一番上の画像は、一九九九年にスペースシャトル「コロンビア」で打ち上げられたX線衛星チャンドラの得たX線画像だ。左右の差渡しは、約一〇秒角、六万光年ほどで、ジェットの根元方向である左側がX線では明るいことがわかる。二つ目の画像は、ハッブル宇宙望遠鏡で撮像した同じ領域のジェット画像だ。可視光で見ると、ジェットが小さなブツブツになっているのがよくわかる。このブツブツはノット（こぶ、結び目）と呼ばれている。三番目のものは、電波干渉計MERLINで撮像したもので、X線や可視光の領域よりも少し広い範囲を見ているが、大きなスケールではジェットがやや波打っているように見える。そして、一番下の画像は、スペースVLBIで撮像したジェット中心部の電波像だ。ここに写っているジェ

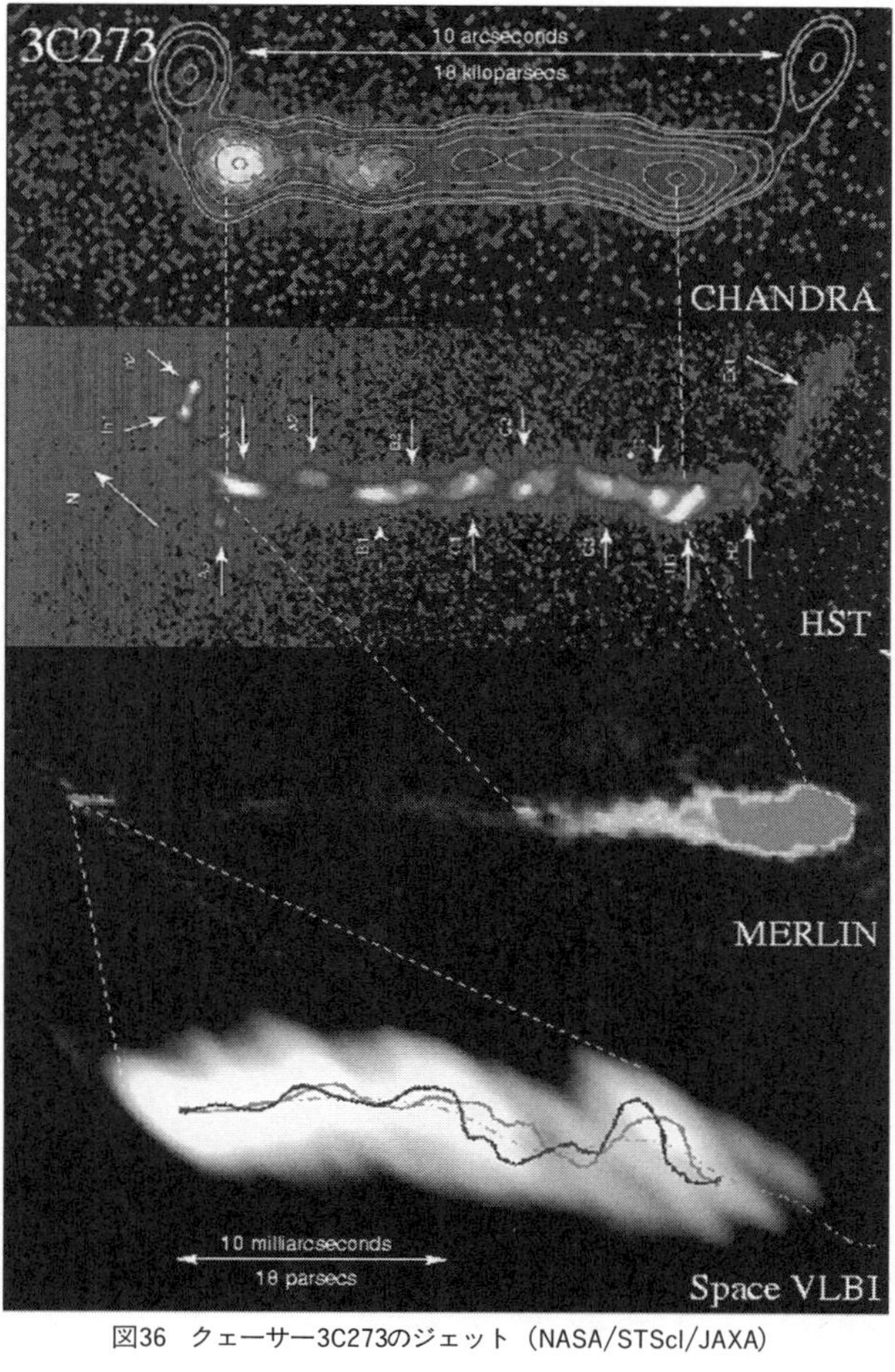

図36　クェーサー3C273のジェット（NASA/STScI/JAXA）

ットの長さは、約〇・〇二秒角、一〇〇光年強である。電波銀河M八七の場合と同様に、クェーサー3C二七三のジェットでも、ジェットの根元付近でジェットがうねっているのがわかる。

何がこのようなウネウネを引き起こしているのだろう。詳しく見えれば、それだけ謎も深まるようだ。

メガメーザーモンスターの体重

一九九〇年代には、電波領域の観測においても、モンスターの体重測定が行われた。やり方は可視光の場合と同じで、モンスターのまわりの光る衣の振舞いを調べたのだが、衣が可視光を出すほど熱くなくて、冷たい衣で電波を出しているケースがあったのだ。

一九九〇年代中頃、M一〇六と呼ばれる銀河の中心で、水メーザーと呼ばれる特殊な電波を出している回転ガス円盤が発見され、その円盤の振舞いから、M一〇六銀河中心の超巨大ブラックホールの質量が推定された。

件《くだん》の銀河M一〇六（NGC四二五八）は、Sbc型の渦状銀河で、若干の活動性は示すものの、たいして激しく活動していない目だたないタイプの活動銀河で、低光度活動銀河核LLAGNの一種だ（図37）。ところが、水分子のメーザー放射（電波領域で起こる

図37　メガメーザーＭ106／ＮＧＣ4258（大阪教育大学）

レーザー放射の一種）――水メーザーが非常に強いことがわかり、現在では、メガメーザーなどと呼ばれることもある。

このM一〇六銀河は、可視光の写真（図37）ではただの渦状銀河に見えるが、水素のHアルファ輝線やシンクロトロン放射やX線などで見ると、通常の渦状腕以外に、もう一対の腕が存在することがわかっている。その異常な腕は、M一〇六銀河の中心から銀河円盤内に放出されたジェットが銀河面内のガスと相互作用してできたものではないかと想像されている。

国立天文台の三好真らは、アメリカ国立電波天文台の超巨大電波干渉計システムVLBA（VLBIアレイ）を用いて、M一〇六銀河中心部から放射される水分子のメーザー放射を観測した（一九九五年）。そして、中心を挟む左右方向で、銀河中心からの〇・〇〇五秒角から〇・〇〇八秒角という非常に中心近傍からやってくるメーザー放射の観測に成功し、さらにそれらの放射が系統的にドップラー偏移していることを検出したのである（図38）。すなわち、M一〇六銀河の中心に近いほど、水メーザー輝線の偏移は大きく、したがって対応する回転速度も大きいことがわかったのだ。

しかも、M一〇六銀河の中心からの距離と回転速度の関係（回転曲線と呼ぶ）を調べてみると、その回転の仕方が、ちょうど太陽系の惑星の運動に似ていることがわかったのだ。

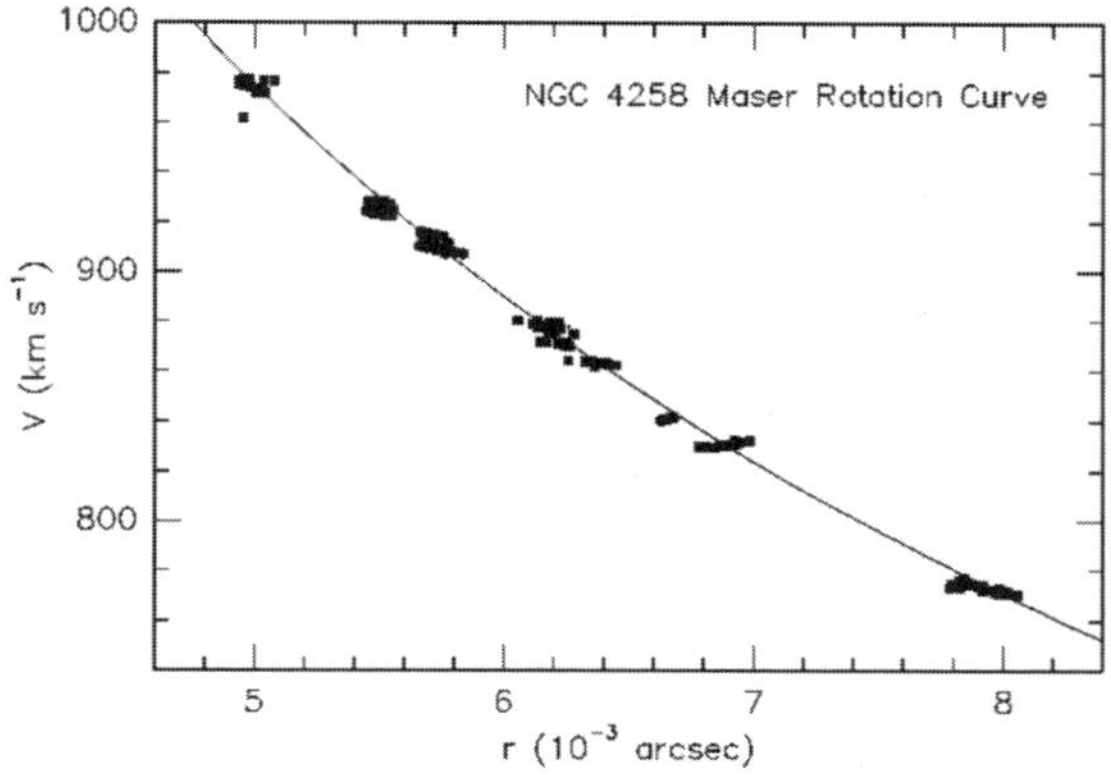

図38　水メーザー輝線のドップラー偏移から得られたメガメーザーM106の回転ガス円盤の回転曲線（M. Miyoshi et al.［1995］：Nature, 373,127）

すなわち、太陽という重たい天体のまわりを回る惑星のように、Ｍ一〇六銀河の中心にも非常に重い天体があって、そのまわりを円盤のガスが円運動していると考えれば、水メーザーで観測されたＭ一〇六銀河のガス円盤の回転曲線を完璧に説明できるのだ。

そのときの回転曲線の関係から、Ｍ一〇六銀河中心の巨大質量を求めることは簡単で、三九〇〇万太陽質量という値になった。すなわち、メガメーザーＭ一〇六の中心にいるモンスターの体重は、太陽の四〇〇〇万倍程度だったのだ。

第11章で紹介した巨大楕円銀河Ｍ八七の場合は、ガス円盤上の二カ所だけの観測であり、回転運動は仮定するしかなかったのだが、メガメーザーＭ一〇六では、何カ所もの観測点が得られて、それらがきれいな回転曲線に乗ったことから、質量源が点状であること、すなわちブラックホールである信憑性《しんぴょうせい》がますます高まったのである。

ブラックホールシャドウ

理論的な研究ではあるが、電波観測に深い関連があるので、ここでモンスターの影、ブラックホールシャドウについて少し触れておきたい。

ぼく自身、かつて、ブラックホールのまわりの相対論的な降着円盤がどのように見えるか、いわば降着円盤という光る衣をまとったブラックホールのシルエットについて計算したことがある（一九八八年）。そして、そのネタは、もうホント、あちこちで使ってきた。

しかしドイツのマックスプランク研究所のH・ファルケたちによる最近の研究で、降着円盤でなくても、ブラックホールが光るプラズマガスに覆われていれば、そしてそのプラズマガスが半透明であれば、明るいプラズマガスを通して、〝ブラックホールの影〟が見える可能性があることがわかった（二〇〇〇年、図39）。彼らは、いわば、光る薄絹をまとったブラックホールのシルエットを調べたのである。

しかも、ブラックホールの大きさ（質量）が大きければ大きいほど、影のサイズも大きい。したがって、ブラックホールシャドウが観測できて、そのサイズが測れれば、ブラッ

図39　ブラックホールシャドウ（http://www.mpifr-bonn.mpg.de/staff/hfalcke/paper/bhimage.abs.html）。このシミュレーション例では、ブラックホールが自転していて、影が歪んでいる

クホールの重さが直接に求められることになる。

さらに、ブラックホールが自転していなければ影は円形だが、ブラックホールが自転していると影の形状も歪む（図39）。したがって、ブラックホールシャドウの形状まで測定できれば、ブラックホールの自転の程度までわかるのである。

さて観測的にはどうかというと、この章で見たように、電波観測の分解能はスペースVLBIなどの成功によってどんどん向上している。たとえば、電波銀河M八七中心の場合、現在でも約〇・一光年程度の構造まで見えている。ところで、前の章で述べたように、M八七銀河中心のモンスターの体重は太陽の約三〇億倍である。そして太陽の約三〇億倍のブラックホールの直径は約六〇天文単位、光年に直すと〇・〇〇一光年ほどになる。そう、電波観測では、ブラックホールシャドウの撮像が視野に入り始めたのだ。モンスターの影を写すのは、もう一歩なのである。

現在、分解能などをさらに上げたスペースVLBIの第二弾、VSOP2のプロジェクトがはじまっている。一〇年ぐらいのうちには、ブラックホールシャドウの観測によって、超巨大ブラックホールの重さが求められるようになるかも知れない。いまから楽しみである。

13 発見された新種のモンスター――視力の上がったX線衛星群

X線領域でも一五年間の進展は目覚ましいものがある。一五年前には計画中だったアストロDは、一九九三年に打ち上げに成功して、あすか衛星として大活躍し、約八年間の使命を終え、二〇〇一年には大気圏に突入して燃え尽きている。その後、一九九九年にはアメリカのX線衛星チャンドラがスペースシャトル「コロンビア」で打ち上げられ、また二〇〇〇年にはヨーロッパのX線衛星XMMニュートンが打ち上げられ、現在はこれらの両衛星が活躍している。日本でも負けじと、アストロE2衛星が準備中だ。技術の進歩によってX線衛星の性能も大きく飛躍し、ジェットの撮像や新種のブラックホールの発見など、さまざまな成果を挙げている。

X線ジェット

前の章でも紹介したように、X線領域でもジェット構造の精密な観測が進んだ。クェーサー3C二七三（図36）や電波銀河M八七や電波銀河ケンタウルス座Aやその他の多くの活動銀河で、X線ジェットの細かい撮像が行われた。

また第2章でも述べたように、電波銀河ケンタウルス座A（図6）は比較的近いところにある銀河なので、X線だけではなく他の波長も合わせて、かなり詳しい観測がなされている（図40）。図41はX線から電波に至るさまざまな波長で撮像したケンタウルス座Aの画像だ。下部の四枚の画像が、左から、X線衛星チャンドラで撮像したX線画像、スローンデジタルスカイサーベイで撮像した可視光画像、VLAで撮像した高温プラズマの出す電波の画像、そしてVLAで撮像した低温水素ガスの放射する電波の画像で、上部の画像はそれら四枚の画像を合成したものである。

第1章で述べたように、可視光で見ると、ケンタウルス座Aは赤道部に黒い塵の帯を持った楕円銀河である。低温の水素ガスの放射する電波で見ると（図40下部の一番右の画像）、ちょうど塵の暗黒帯の部分で電波が強いことから、銀河の赤道面には、塵を大量に含む水素ガスの円盤が存在していることがよくわかる。一方、高温プラズマの放射する電波では（図40下部の右から二番目の画像）、銀河中心から極方向に電波のジェット、いわゆる二つ目玉が延びていることがわかる。

そしてX線で見ると（図40下部の一番左の画像）、ケンタウルス座Aの周辺部にX線の

図40　さまざまな波長で観測した電波銀河ケンタウルス座A（X-ray：NASA/CXC/M. Karovska et al.；Radio 21-cm image：NRAO/VLA/J.Van Gorkom/Schminovich et al.；Radio continuum image：NRAO/VLA/ J. Condon et al.；Optical：Digitized Sky Survey U.K. Schmidt Image/STScl）

アーク（弧）が広がっていることがわかる。すなわちX線を放射するほどの高温プラズマが銀河周辺部に存在しているのだ。この弧のサイズは直径が二万五〇〇〇光年にもおよぶのだが、その位置とサイズから、おそらく一〇〇〇万年ぐらい前に生じた巨大爆発の痕跡ではないかと想像されている。また図40ではわかりにくいが、電波ジェットと同じ方向にX線でもジェットが見えている。

いまから一億年ぐらい前に、一つの楕円銀河と比較的小さな渦状銀河が衝突し合体して、電波銀河ケンタウルス座Aが形成されたようだ（第9章で述べた銀河衝突の典型である）。二つの銀河は数千万年かけて入り交じり、渦状銀河は現在の暗黒帯として落ち着いた。銀河全体で爆発的に星ができたが、中心部にもガスが落下して、中心核の活動も非常に活発になったと思われる。そしてついに一〇〇〇万年ぐらい前に、中心部が非常に激しい活動状態、いわばクェーサー状態になり、その影響が衝撃波として周辺におよんでいって、現在のX線で見える弧を作ったらしい。電波ジェットやX線ジェットもそのときできたのだろう。

モンスターをめぐる物語に、また一つエピソードが加わったのである。

ブラックホールの新種

第9章や第10章で述べたように、銀河重力発電所の仕組みによって、モンスター周辺の衣は光り輝いている。しかし、この明るさには、エディントン光度と呼ばれる上限があることがわかっている（詳しくは次章で説明する）。とりあえずは、あまりに明るくなると、光る衣が吹き飛んでしまうのだと思っておいていただきたい。

モンスターの体重が重ければ、対応するエディントン光度も大きくなる。そこで、逆に、モンスターの光る衣の明るさを測定して、十分明るくてエディントン光度に達していると仮定できる場合には、その明るさから、中心のモンスターの体重を予想することができる。

たとえば、スローンデジタルスカイサーベイによって、超遠方のとてつもなく明るいクエーサーSDSS 一〇四四－〇一二五が発見された。このクエーサーの赤方偏移は五・八もあり、宇宙が誕生してからほんの一〇億年程度しか経過していない時代の天体だ。にもかかわらず、非常に明るく輝いていて、ふつうの銀河の一〇〇〇倍も明るい。もしエディントン光度で輝いたとしたら、太陽の三四億倍の質量をもった超巨大ブラックホールが必要になる。

この方法で得られた有名な例としては、活動銀河の中心核ではないが、超光度X線源[①]ULXとして発見されて、中間質量ブラックホールとして知られるようになった、M八二X

図41　スターバースト銀河M82／ＮＧＣ３０３４（大阪教育大学）

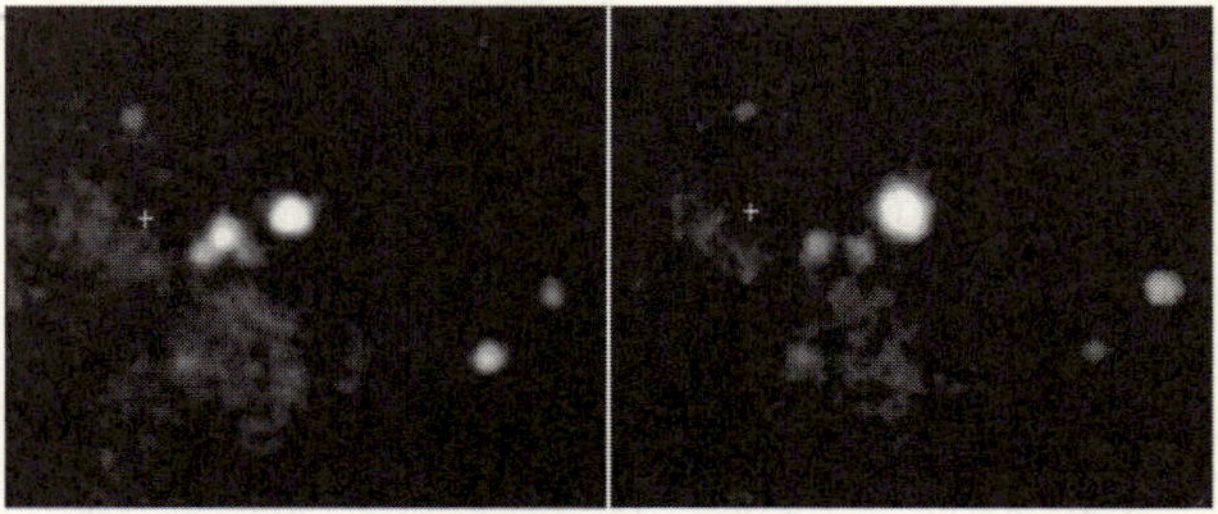

図42　スターバースト銀河M82の中心領域のX線画像（NASA/SAO/CXC)。小さいX線源は普通のブラックホール、中央上の大きなX線源は新しく見つかった中間質量のブラックホール。左方の＋印はM82銀河の中心

−1がある。二〇〇〇年、チャンドラX線衛星を使ったX線観測によって、スターバースト銀河M八二の中心付近に、恒星ブラックホールと超大質量ブラックホールの中間的な質量のブラックホールが発見されたのだ。

中間質量ブラックホールが発見された銀河M八二（NGC三〇三四）は、おおぐま座の方向で距離約一二〇〇万光年にある不規則銀河で、爆発的に星形成が起こっているスターバースト銀河として知られている（図41）。

このM八二銀河の中心領域を、マサチューセッツ工科大学（当時）の松本浩典らを中心とした日本人グループが、チャンドラX線衛星で撮像したところ、いくつかのX線源が発見された（二〇〇一年、図42）。図42の二枚の画像は、異なる時期のもので、明るい点がM八二銀河中心領域のX線源である。また小さな十字はM八二銀河の力学的中心だ。

発見されたX線源のうち、小さめのX線源はおそらくは星の死によって生じたタイプの通常のブラックホールである。二枚の画像を比べれば、時期によってX線の明るさが変動していることもよくわかる。だが、注目すべきは、画像中央少し上の、非常に明るいX線源である。この非常に明るいX線源が、こんにちM八二X−1と呼ばれる天体だ。M八二銀河の力学的中心からは、角度で九秒角、実距離にして五〇〇光年ぐらい離れている。

このX線源の明るさの時間変動などから考えると、この非常に明るいX線源もまず間違いなくブラックホールである。しかし、X線の明るさが他のX線源に比べて異常に明るいことが画像からも見て取れるだろう。実際、観測されるX線強度とM八二銀河までの距離から、X線が球対称に放射されていると仮定してX線の光度を計算すると、一〇の三四乗ワットにもなるのだ。

この明るさをもとに、もしM八二X－1がエディントン光度で輝いているとしたら、ブラックホールの質量は、八〇〇太陽質量程度になるのである。

この値は、普通のブラックホールの質量よりはかなり大きいが、M八七銀河の中心などに存在する超巨大ブラックホールほどの質量はない。まさに新種のブラックホールなのである。そこで、従来知られていた恒星ブラックホールと超巨大ブラックホールの中間程度の質量をもつという意味で、中間質量ブラックホールと呼ばれるようになったのだ。エディントン光度は一つの目安であり、この中間質量ブラックホールの質量は、太陽の一〇〇〇倍から一万倍ぐらいではなかろうかと見積られている。

この中間質量ブラックホールの発見は、恒星質量のブラックホールから超巨大ブラックホールへ至る、モンスターの成長物語に大きな手がかりを与えてくれるかも知れない。

①超光度X線源

銀河系内の通常のX線源に比べて、X線の強度が非常に明るいことから、〝超光度〟とか〝大光度〟などという冠を付けた。ブラックホールの質量が大きいのだと推測されているが、まだ完全には解明されていない。

14 暗く熱い衣と明るく暖かい衣——新しい降着円盤理論

この一五年間、電波・可視光・X線などさまざまな波長にわたる観測によって、モンスターの実体にますます迫ることができた。一方、これら観測的研究の発展と歩調を合わせるかのように、理論的な研究も大きく進展した。まず第9章で述べた活動銀河の統一モデルは、その後もさまざまに補強され、現在ではほぼ確立したように思える。またモンスターを取り巻く降着円盤の理論も研究が進み、新しいタイプのモデルも注目を浴びている。そしてモンスターから噴き出す宇宙ジェットの観測と理論も進展した。

装いを変える降着円盤

第4章と第9章では、活動銀河の明るさの源である降着円盤——モンスターのまとう光る衣について、その性質を紹介した。最近の理論的研究によれば、降り注いでくるガスの量によって、降着円盤は装いを変えることがわかってきた。

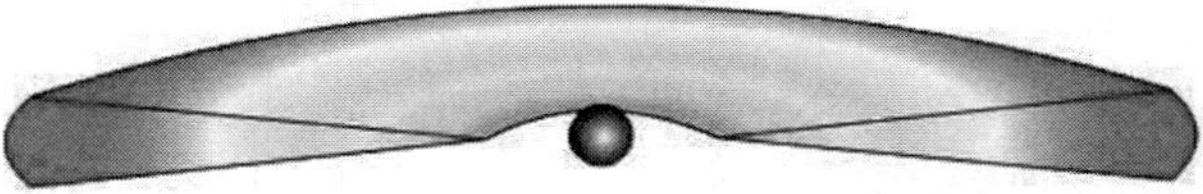

図43　モンスターの光る衣、降着円盤。円盤ガスの表面温度は中心ほど高温で、周辺に行くにしたがい低下する。ブラックホール（中央の球）のごく近傍では、ブラックホールの強大な重力のためにガスはすぐに落下するので、ガス円盤は存在できない

降着円盤は、一般に電離した水素ガスからできていて、名前のとおり円盤状で不透明であり、直感的には平たい星だと考えることができる（図43）。ガスは降着円盤の中を、太陽系の惑星のように、中心ほど速い回転角速度で回っている。降着円盤の中では、ガス同士が互いに接しているため、隣接するガス層の間で摩擦が働く。その結果、ガス同士が擦れあって、ガスは激しく加熱される。さらに、高温になったガスはついには光を放射して輝きはじめる。この降着円盤からの強烈な電磁放射が活動銀河などの明るさの根源だ。このエネルギーは、中心のブラックホールなどに対して、ガスが持っていた位置エネルギー（重力エネルギー）である。本来は非常に暗いはずのブラ

ックホールが、そのまわりの降着円盤の存在で非常に明るい天体に変身し、観測可能になるのだった。

さて、通常の降着円盤では、円盤内のガスは中心天体のまわりを回転していて、中心へ向けての落下運動は非常に小さい。しかし、ガスの密度が非常に希薄な場合や、逆に、大量のガスが降り積ってきた場合などは、落下運動も大きくなり、回転しつつ、回転速度と同程度の速度で落下しているようなガス円盤になることがわかってきた。そのようなタイプの降着円盤は一九八〇年代後半から精力的に調べられたのだが、通常の降着円盤（標準降着円盤と呼ばれる）と区別して、降落円盤ADAF（エイダフ）とか、不放射降着流RIAF（ライアフ）などと呼ばれている（図44）。

まず、ある質量を持ったブラックホールに対して、降ってくるガスの量が少ない場合、ブラックホール周辺のガスの密度は非常に希薄になる（図44下）。摩擦によってガスの温度はどんどん上がるが、ガスがあまりにも希薄なために、ガスの熱エネルギーが光エネルギーに変換されなくなる（それで〝不放射〟というわけだ）。その結果、ガスの温度は数十億度から数兆度にも増加することになる。ガスの熱エネルギーが光エネルギーになりにくい上に、そもそもガスの量が少ないのだから、放射エネルギーの総量も少ない。したがって、このようなタイプの降着円盤は非常に暗く観測しにくい。しかし、通常の降着円盤

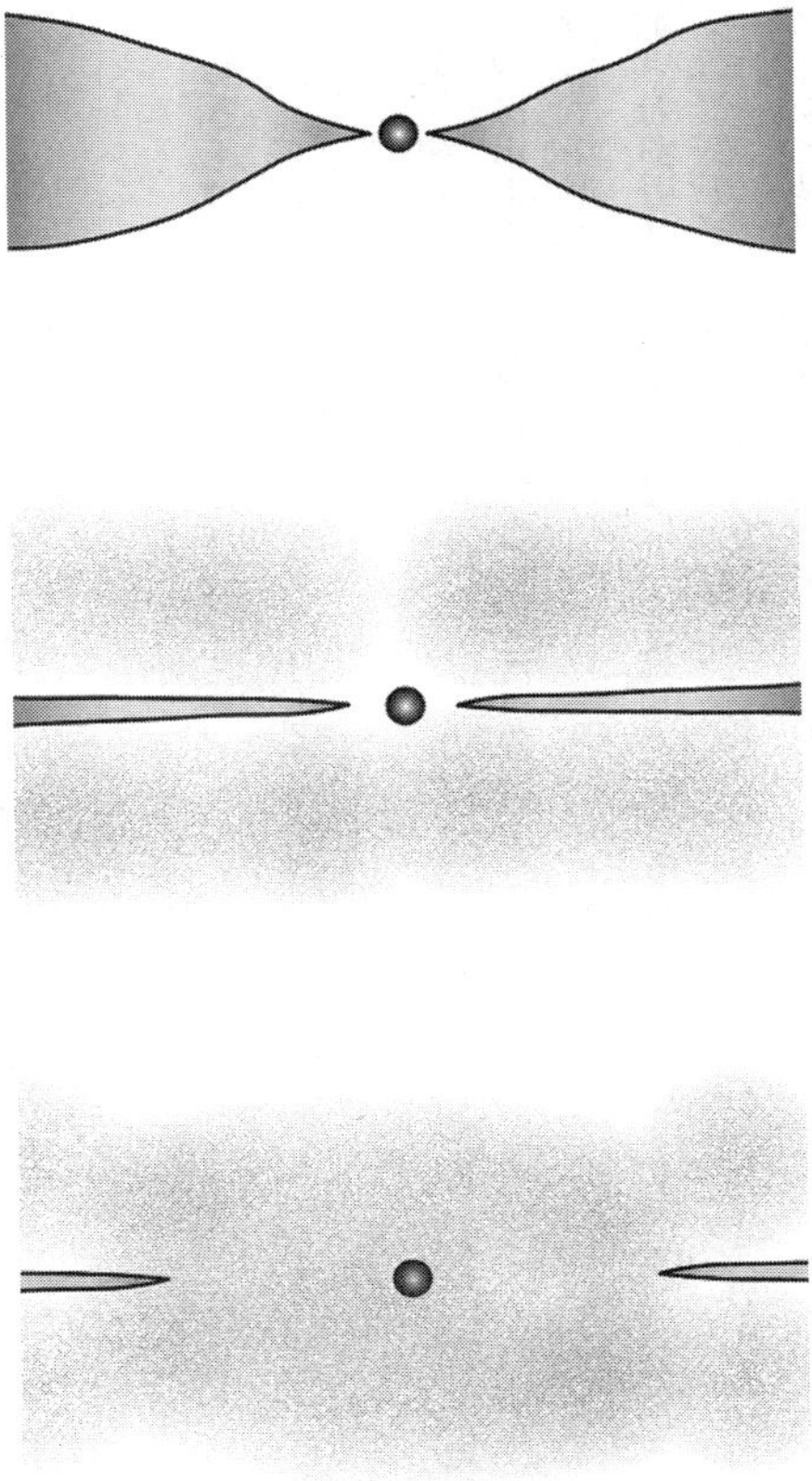

図44　ガス降着率によって装いを変える降着円盤。真ん中が標準降着円盤で、ブラックホール（黒丸）のまわりの円盤は薄く、円盤の上下には高温ガスのコロナが広がっている。降り積るガスの量が少ないと（下）、円盤ガスは希薄になる一方でガスの温度は高温となり、暗く熱い衣となる。降り積るガスの量が多いと（上）、円盤は厚ぼったくなり、明るく暖かい衣となる

に比べて、ガスの温度が非常に高温になるので、高エネルギーのX線やガンマ線を放出する。そして、実際に、X線やガンマ線の観測から、われわれの銀河系中心を含め、いくつかの活動銀河中心のモンスターたちは、このような暗く熱い衣をまとっていると思われている。

明るく暖かい超臨界降着円盤

逆に、ある質量を持ったブラックホールに対して、降ってくるガスの量が非常に多い場合もある(図44上)。

第9章でも述べたように、ブラックホール周辺のガス(降着円盤)が光り輝くのは、ブラックホールの重力勾配の中をガスが渦巻きながら落下するときに、ガスがもっていた位置エネルギーがガス同士の摩擦を通して放射エネルギーに変換されるためだ。このとき放射されるガス円盤の全光度は、一般的には、重力の落差を作るブラックホールの質量と降ってくるガスの割合(質量降着率)の積に比例する。これは標準降着円盤では正しいのだが、いつも正しいとは限らないことがわかってきた。

すなわち、仮にブラックホールの質量を固定したまま、降ってくるガスの割合を増やしていくと、最初のうちは確かにガスの割合に比例して光度が大きくなっていくが、ガスの

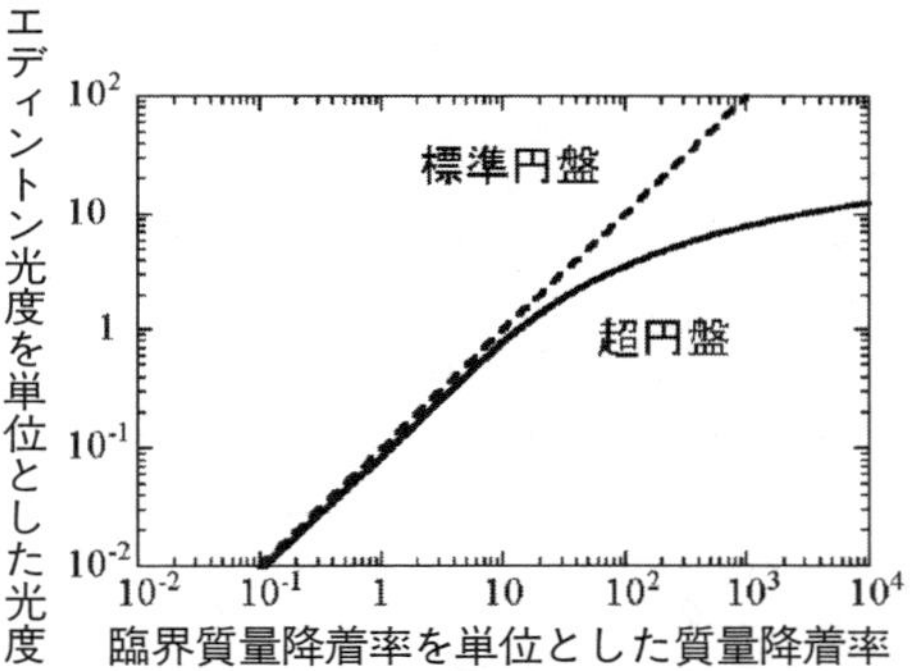

図45　降着円盤の光度と質量降着率の関係。横軸が臨界質量降着率を単位として測った質量降着率で、縦軸はエディントン光度を単位として測った円盤の光度。臨界質量降着率以下では円盤光度は質量降着率に比例するが、臨界質量降着率を超えると頭打ちになる

割合がある臨界値を超えると光度は頭打ちになるのだ（図45）。

光度が頭打ちになる理由は、ある質量に対して、降ってくるガスの量があまりに多くなりすぎると、ガス円盤の光度が大きくなりすぎて放射圧によってガスが吹き飛んだり、あるいは逆に、落下してくる多量のガスに放射が閉じ込められ、そのままブラックホールに吸い込まれて、外部へは出てこられなくなるからだ。

この頭打ちになる光度が、その質量のブラックホール周辺のガスが放射できる上限光度で、[1]エディントン光度と呼ばれている。ブラックホールの質量が変わればエディントン光度も変わるが、そもそもブラックホールの位置エネルギーはブラックホールの

質量に比例するので、エディントン光度もブラックホールの質量に比例する。

降落円盤のうちで、このような、大量のガスがどっと落下している場合は、臨界を超えているという意味から、超臨界降着円盤とでも呼ぶ方が相応しい。そしてこのようなタイプの降着円盤は、非常に明るいものの、光度自体は頭打ちになっているという点で、やはり〝不放射〟降着流なのである。

超臨界降着円盤は、明るいだけに観測の方も比較的しやすい。実際、セイファート銀河の一種で、狭輝線1型セイファート銀河という活動銀河では、中心のモンスターはこのような明るく暖かい衣をまとっていると考えられている。また第13章のX線観測で触れた、超光度X線源であるM八二X‐1も、光る衣は超臨界状態なのだろう。

新しいドレスとモンスターのシルエット

モンスターのまとう光る衣にはいろいろな装いがあることがわかってきた。となると、それを見てみたくなるのが人情というものである。

標準的な描像《イメージ》では光る衣は三シュバルツシルト半径までしか存在しない（シュバルツシルト半径はブラックホールの半径）。いわば、標準的なドレスは襟ぐりが大きく開いた状態になっている。しかし三シュバルツシルト半径より内側にも落下ガス自体は存在して

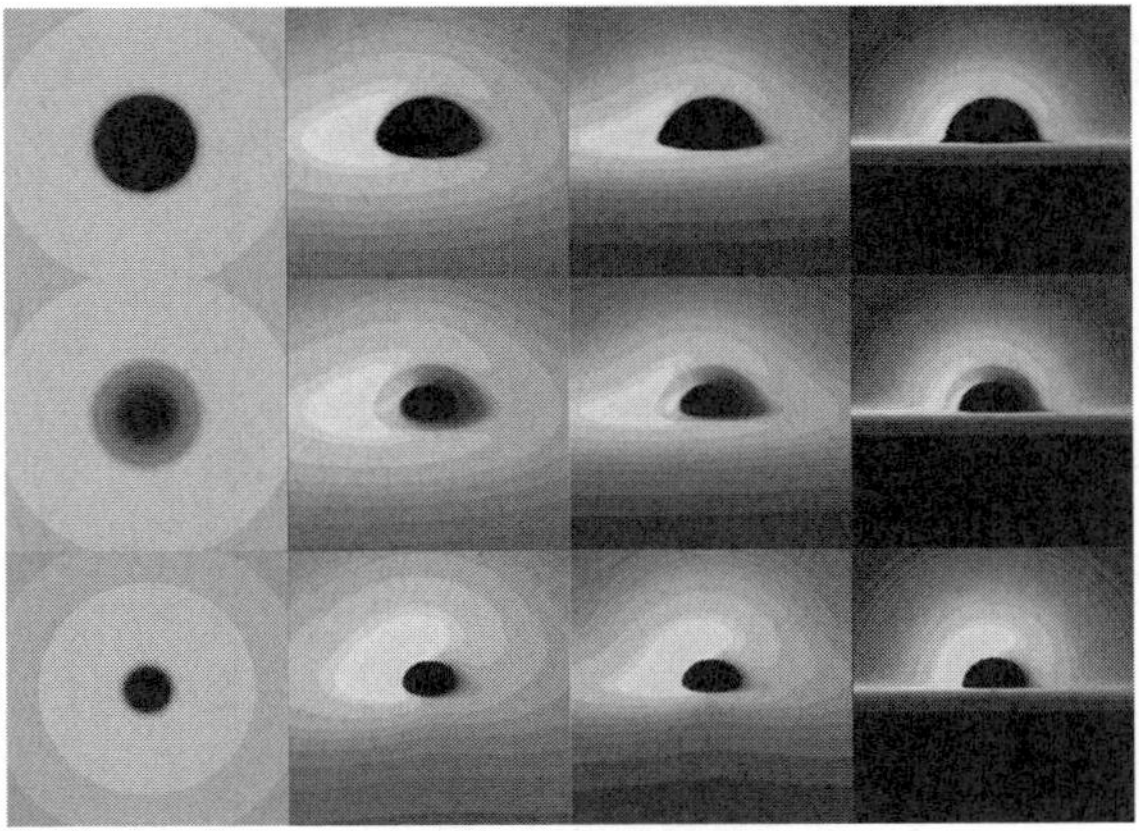

図46　モンスターのコスプレ

おり、ガスの量によってはそれなりに光を出すこともあるだろう。これは、いわば、襟が喉元まで締まったドレスに相当する。さらに超臨界降着円盤では、十分遠方から円盤ガスは回転しつつ落下し、ブラックホールの表面まで光り輝くガス円盤が続いている。喉元まで光り輝くドレスがあるわけだ。これら最近の研究の進展を鑑《かんが》みて、内縁半径の大きさと温度分布、すなわち襟ぐりのサイズやドレスの模様を変えて、いくつかのコスプレ（コスチュームプレイ）をしてみたのが、図46である（二〇〇三年）。

図46の一番上の列の四枚の写真は、標準的なドレスのシルエットで、ドレスの襟は三シュバルツシルト半径である。左から、俯角が九〇度（真上から見たもの）、二〇度、一〇

度、一度（ほぼ真横から）で、一つひとつの写真の差渡しは二〇シュバルツシルト半径である。

図46の真ん中の列の四枚の写真は、三シュバルツシルト半径まではほぼ標準的なドレスだが、それより内側にも光るドレスが喉元まで続いている例だ。三シュバルツシルト半径より内側にも光るドレスはあるのだが、この例では、ブラックホールの重力場による重力赤方偏移が強く働いて、ドレスの輝きはあまり目立たない。

図46の一番下の列の四枚の写真は、超臨界降着円盤のような、遠方から喉元まで光り輝くドレスが続いている場合である。ドレスの模様などが他のものとかなり違うのがわかるだろうか？

なお、今回は着せていないが、厚みをもった超臨界降着円盤――ウエディングドレス？――や、光学的には薄いが幾何学的に厚い降着円盤――シースルーパーティドレス？――なども興味深いだろう。

①エディントン光度

天体のガスは、ガス自身の重力によって引き寄せ合って集まっているが、天体の明るさがあまりにも明るくなると、放射の圧力が重力を上回るようになり、放射の圧力によってガスが吹き飛ばされる。重力と放射圧が釣り合うぎりぎりの明るさを、イギリスの天文学者にちなんで、エディントン光度と呼んでいる。

15　あなたのすぐそばのモンスター――銀河系中心いて座Aスター

いままでの章では、さまざまな活動銀河にひそむモンスターについて、一九九〇年まで（第1章から第10章）、そしてその後の一五年間（第11章から第14章）の、多くの研究者の研究成果を紹介してきた。最後に、もっとも近い超巨大なブラックホール、われわれの銀河系中心に存在するモンスター、いて座Aスターについて紹介しよう。いて座Aスターは、われわれがもっとも肉薄しているモンスターなのだ。

天の川銀河系の中心

われわれの銀河系の中心は、いて座の方向にあり、天の川の中ではもっとも明るい領域である（図47）。銀河系中心は、いて座の方向（赤経一七時四六分、赤緯マイナス二八度五六分）にあるいて座A*（いて座Aスター）と呼ばれる強い電波源で、太陽系から銀河系中心までの距離は約二万八〇〇〇光年と見積られている。

図47　ＣＯＢＥ衛星によって近赤外で撮像した銀河面（NASA)。全天を楕円形の図に投影したもので、画像の上下の方向が銀河系の極方向、画像の左右の端が銀河系の中心とは反対方向になり、画像の中心が銀河系の中心方向にあたる

長い間われわれは、銀河面に分布して光を遮っている星間の塵のために、われわれの銀河系の中心がどうなっているのかよく知らなかった。変な話だが、近くの銀河系中心より何百倍も離れた遠方の銀河の中心の方がよくわかっていたのである。しかし光よりも波長の長い赤外線や電波は、星間塵《せいかんじん》によって吸収されたり散乱されたりせずにずっと向こうまで見通すことができる。またX線の検出器の感度が上がり、遠くまで見通せるようになってきた。最近の電波天文学や赤外線天文学そしてX線天文学などの進歩によって、ようやくわれわれの銀河系の中心も〝見えて〟きたのだ。それによるとわれわれの銀河系の中心には、異常な赤外放射や極めて小さな電波源などがあり、活動銀河中心核ほどではないに

せよ、やはり種々の活動現象を呈しているようである。

銀河系内の星や星団の分布や運動の解析などから、銀河系中心の位置はおおよそ推定されていたが、第二次世界大戦後、電波天文学が開幕してすぐに、いて座の方向から強い電波がきていることがわかり銀河系中心が発見された。そして、いて座（Sgr）でもっとも強い電波源という意味で、いて座A電波源（Sgr A）と名づけられた。その後、電波望遠鏡の分解能の向上によって、一〇光年程度の広がりをもったいて座Aは、数光年程度の大きさのいて座Aウェスト（真の銀河系中心）とそのそばのいて座Aイースト（おそらく銀河系中心近傍の超新星残骸）という、二つの成分に分解された。さらに分解能が向上した電波干渉計システムによって、一九七〇年代中頃に、銀河系中心は非常に小さな電波源と認定され、星のように小さいという意味で、いて座A*（いて座Aスター）と名付けられたのだ。また銀河系中心のまわりには、①電波アークや②ミニスパイラルなどさまざまな電波構造が見つかっており、非常に活発な活動が生じていることが推測されている。

以下さまざまな観測の結果わかってきた銀河系中心部の描像《イメージ》を、周辺部から銀河系中心へ向けて、一枚一枚ベールをはがしていきながら簡単に見ていこう。

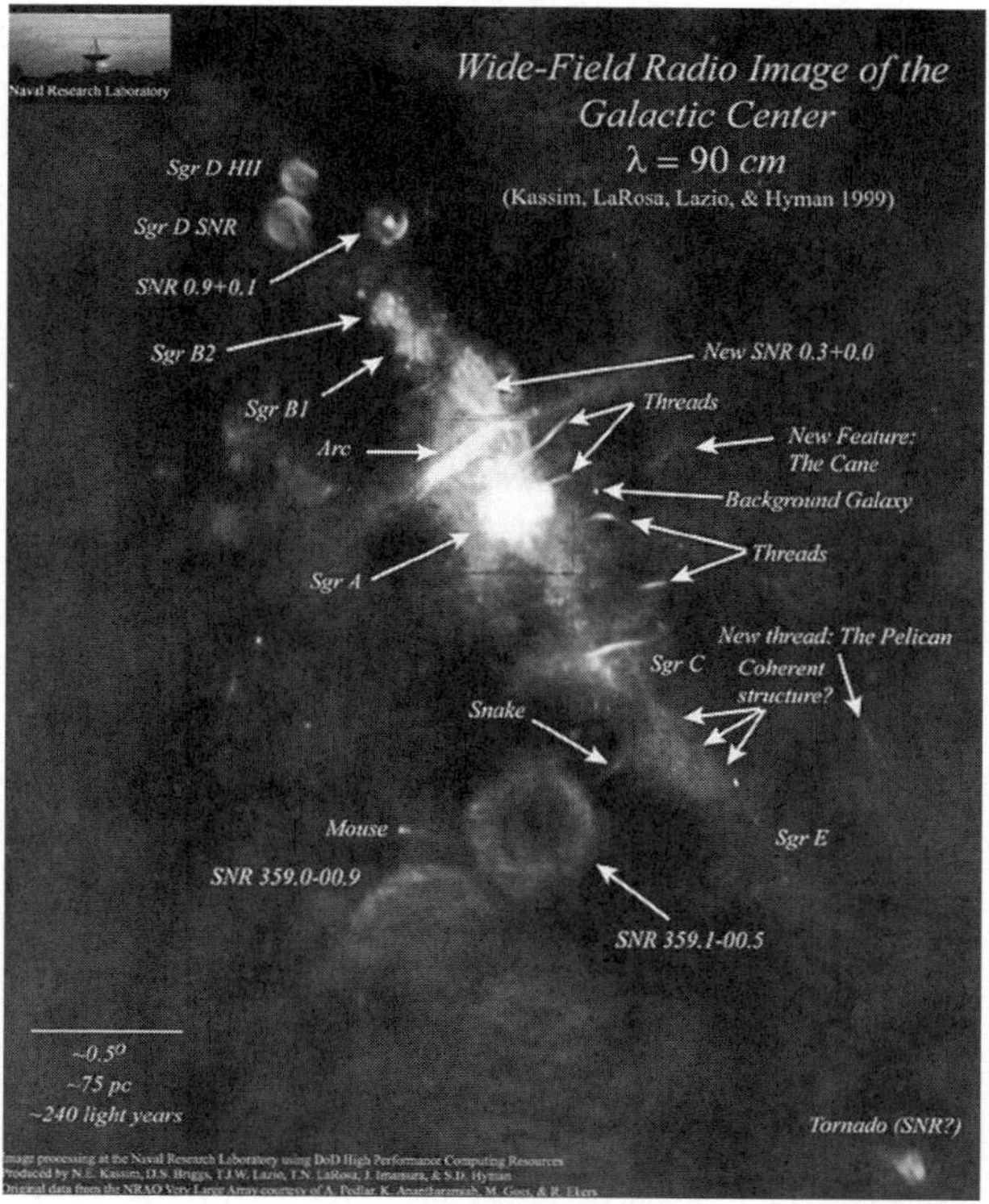

図48　電波で眺めた銀河系中心方向（NRAO/Kassim et al.)。約1500光年四方

中心周辺部—約一五〇〇光年領域

図48は、銀河系中心を含む差渡し約一五〇〇光年の領域を、巨大電波干渉計VLAを用いて、波長九〇センチメートルの電波で眺めた電波像である。中心の明るい部分が銀河系中心方向で、いて座A電波源である。いて座A電波源は、実際は、いて座Aウェストといて座Aイーストという二つの電波源に分離され、このうち真の銀河系中心は、前者のいて座Aウェストである。後者はおそらく超新星残骸で、どうやら銀河系中心近傍で最近超新星爆発が起こったらしい。銀河系中心いて座Aの隣にある電波の強い領域は、いて座B2と呼ばれる、質量が太陽の数百万倍ほどの巨大な分子雲である。いて座B2内でもさかんに若い星が誕生しており、周囲のガスを電離して強い電波を放射している。

また図48のあちこちで丸く写っているのは、やはり銀河系中心方向で生じた数々の超新星爆発の残骸である。

電波で輝く鎌—約一五〇光年四方

もう一桁スケールを小さくしよう。

図49の右上の画像は、一九八四年、VLAで撮られた電波構造である。差渡しは約一五〇光年だ。中心核の左側にはまるで鎌のような顕著な構造が見られる（図48の中央にも写

っている)。この〝鎌〟は中心核と〝柄〟によってつながっているように見える。この構造は以前から知られていて、電波アーク構造と呼ばれていたのだが、VLAの観測によってその微細構造が明らかにされた。すなわち〝鎌〟電波アークも〝柄〟も共に、何本もの細いフィラメント状になっていることがわかったのだ。この構造からの電波は、磁場に沿って高速で走る電子から放射されるシンクロトロン放射である。この磁場が絡んだ活動現象も、やはり銀河系中心核活動の一端ではないかと考えられている。

また図49の左下の画像は、最近のチャンドラX線衛星で撮られた鎌状部分のX線画像である。この領域には、X線を放射するぐらいの高温ガスが広がっていることがわかる。ところが、電波の観測によって、すでに同じ領域には、電波を放射する冷たい分子ガス雲が存在していることも知られていた。熱いガスと冷たいガスがほぼ同じ領域に存在しているのだ。いったいどうなっているのか、いまだに謎のままである。

ミニスパイラル——約一五光年四方

図50は、VLAで撮った波長六センチメートルの電波写真である。画像の差渡しは約一五光年である。これは電離ガス雲を表している。一見、渦巻き銀河のように見えるスパイラル構造は見かけ上のことで、ガスの運動の様子からは電離ガスのリング構造とリングの

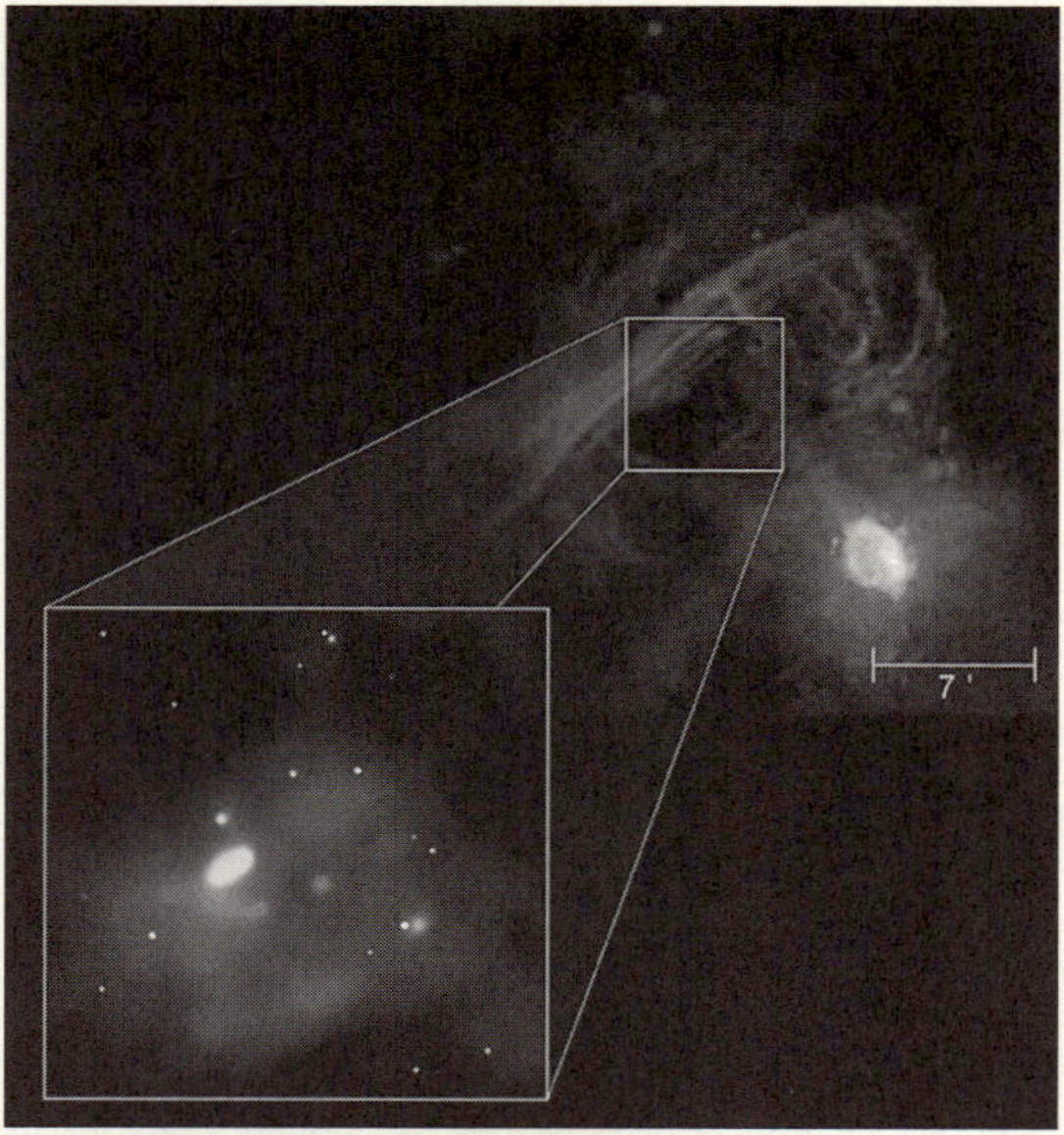

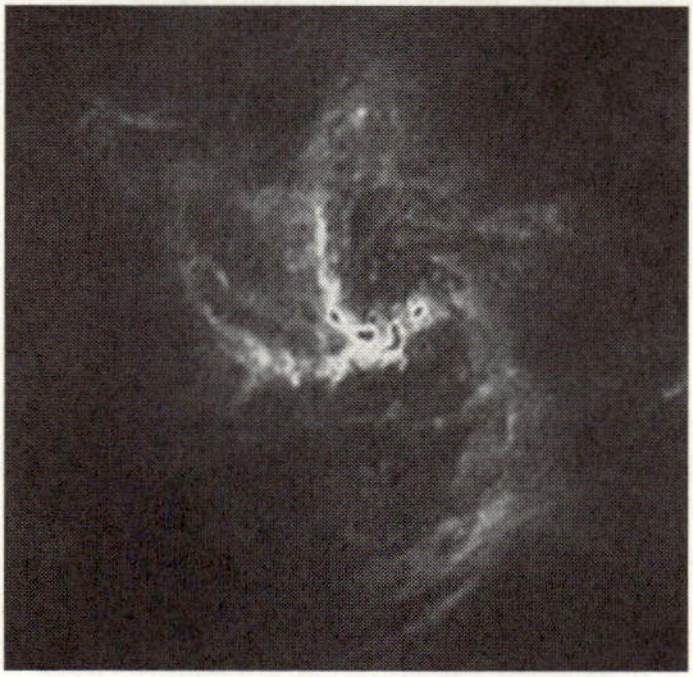

(上)図49　電波で輝く鎌状構造（NRAO/F. Zadeh et al.; NASA/CXC)。約150光年四方

(左)図50　ミニスパイラル（NRAO)。約15光年四方

直径を貫く棒状構造の二つの部分にわけられるようだ。

とくに電離ガスのリング構造は、それを取り巻くひとまわり大きな（電離していない）分子雲の内側の領域が、中心の高温の天体からの強い紫外線放射によって電離されてできたのだと考えられている。この紫外線放射源は銀河系中心の降着円盤かもしれない。また分子雲もリング状をしていて、銀河系内の普通の分子ガス雲に比べて、一〇倍くらい密度が濃いことがわかっている。たんなる分子雲ではなく、銀河系中心の爆発現象によって、周辺のガスが掃き集められてできた分子ガスリングではないだろうかと想像されているのだ。

棒状構造の部分では電離ガスは銀河系中心へ向け落下しているようである。銀河系中心に存在するモンスターへガスを供給しているのかもしれない。このミニスパイラルの中心に、いて座Aスターは存在する。

無数の赤外線源――約一・五光年四方

いよいよわれわれの銀河系中心核をのぞこう。図51は、ハワイのマウナケア山頂に建設されたケック2望遠鏡に中間赤外カメラＭＩＲＬＩＮを装着して撮影された、銀河系中心部の赤外線画像である。差渡しは約一・五光年、いままでに撮像された銀河系中心部の赤

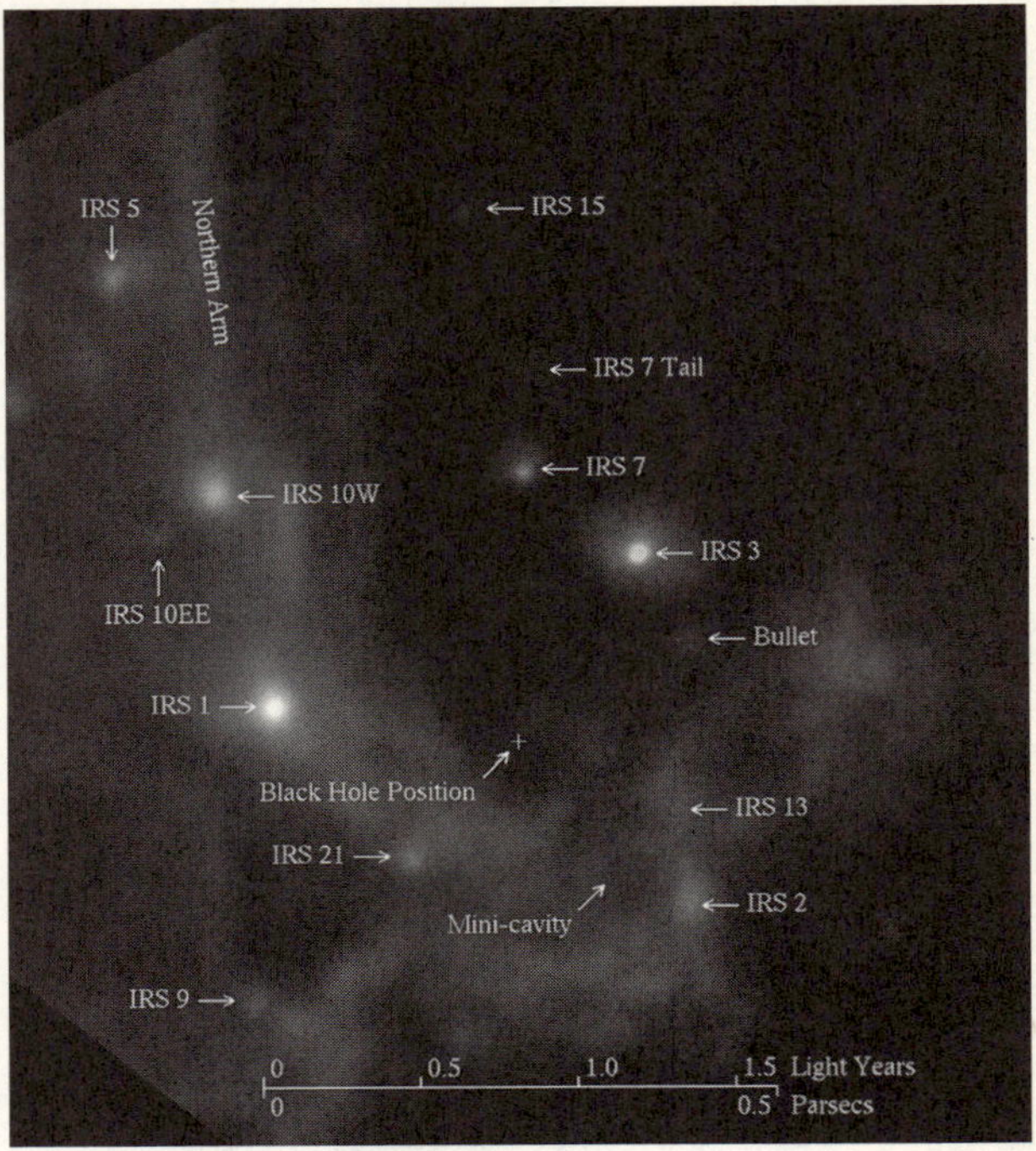

図51　無数の赤外線源（NASA/JPL）。約1.5光年四方。
中央下の＋印が、いて座Ａスターの位置

外線画像の中では、もっとも鮮明なものだろう。

赤外線で見ると、銀河系中心部には、多数の赤外線源が存在しているのがわかる。これらの多くは、非常に明るいM型赤色超巨星である。たとえば、図51の真ん中より少し上に光っている第7赤外線源IRS7は、画像の中で見ると控えめに輝いているだけだが、実際には、太陽の一〇万倍以上も明るい赤色超巨星なのである。

また図の左上から中央に向けては、電波で見えたミニスパイラル（図50）の腕の内側部分が延びていて（北側の腕と呼ばれている）、この赤外線画像では、大量の塵を含んだ腕として見えている。中心のブラックホールに向け、この腕に沿って、大量のガスと塵が降り注いでいるのかも知れない。

いて座Aスターの体重測定

銀河系中心に存在するモンスターの体重測定も、さまざまな手法を用い、長年にわたって取り組まれてきた。

すでに一九七〇年頃には銀河系の中心にも巨大なブラックホールが存在するだろうという指摘がされていたが、観測的にも一九八〇年頃には、重い質量源――巨大なブラックホールがありそうなことがわかってきた。たとえば、はじめて赤外線で銀河系中心近傍の星間ガス雲の観測がはじまったときだ。

電離ガス雲に含まれるネオンは赤外線の領域で輝線を発しているが、この赤外線輝線スペクトルのドップラー偏移を解析することによって、電離ガス雲の運動状態がおぼろげにわかりはじめた。そして電離ガス雲が銀河系中心のまわりを回転運動しているらしいことがわかってきたのである。中心からの距離と回転速度がわかれば、重力と遠心力が釣り合うという条件から、中心に存在する質量を見積ることができる。

このようにして、銀河系の中心には、太陽の一〇〇万倍から一〇〇〇万倍という質量が存在しているらしいことが推測されるようになった。

その後、一九八〇年代から一九九〇年代にかけて観測が進展し、電離ガス雲のスペクトル観測、赤色巨星や漸近巨星肢星《ぜんきんきょせいしせい》のスペクトル観測、高温ヘリウム巨星の観測、③近赤外スペックル像合成法による星の固有運動の測定などなどによって、銀河系中心に必要な質量の値が求められてきた。その例を図52と図53に示す。

図52は、銀河系中心からのある距離内に含まれるべき質量を示したもので、横軸がパーセク（三・二六光年）単位で表した銀河系中心からの距離で、縦軸はその距離内に含まれるべき質量の推定値（太陽質量が単位）である。黒丸が観測値で、いくつかの曲線はいろいろなモデルを表している。単純な星団モデル（破線）や暗い星団モデル（点線）では観

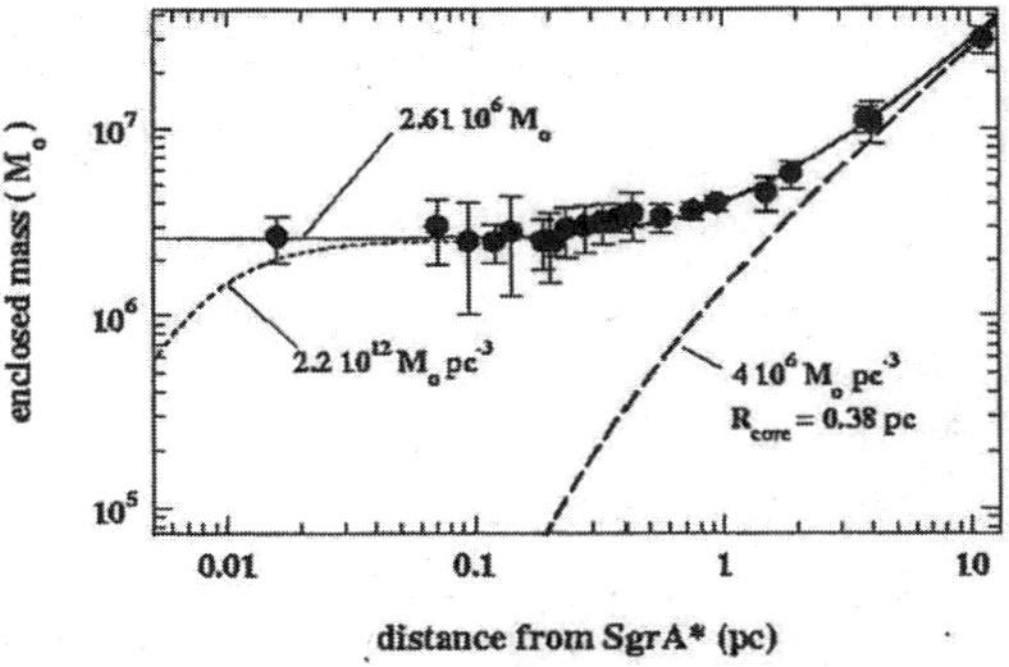

図52　銀河系中心領域に含まれる質量（Meria and Falcke［2001］：Annual Review Astronomy and Astrophysics, 39,309)。横軸はパーセク（3.26光年）単位で表した銀河系中心からの距離、縦軸はその距離内に含まれる質量の推定値（太陽質量単位)。黒丸が観測値で、いくつかの曲線はいろいろなモデルを表す

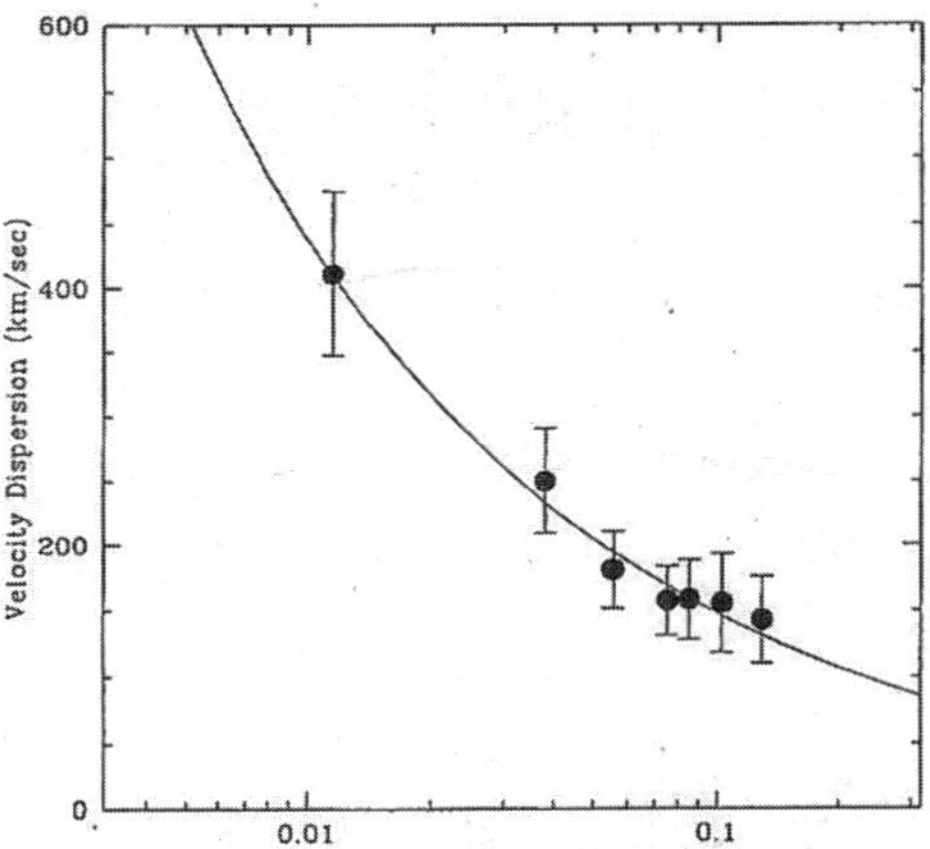

図53　銀河系中心近傍の星の分散速度（Meria and Falcke［2001］：Annual Review Astronomy and Astrophysics, 39, 309)。横軸はパーセク（3・26光年）単位で表した銀河系中心からの距離、縦軸はkm/s単位で表した星の分散速度。黒丸が観測値で、滑らかな曲線はもっともフィットするケプラー曲線

測値にフィットすることができず、星団と重い点質量源のモデル（実線）なら観測値とよくフィットする。観測値とフィットさせるために必要な点質量——すなわち巨大ブラックホールの質量の値は、約二六〇万太陽質量と推定された。

図53は銀河系中心近傍の星の分散速度を示したもので、横軸はパーセク（三・二六光年）単位で表した銀河系中心からの距離、縦軸はキロメートル毎秒単位で表した星の分散速度である。星の分散速度は、いろいろな方向に運動している星の速度を均した、ある種の平均量で、分散速度が大きいことは、星を振り回すための質量が大きいことを意味する。そして、質量が中心に集中している場合、距離が小さくなると（質量は一定でも）重力は強くなるので、その重力と釣り合うために分散速度も大きくなる。図53は、銀河系中心に近づくほど星の分散速度が大きくなっていることを表しており、実際に、銀河系中心に点質量（二六〇万太陽質量）——巨大ブラックホールが存在していると仮定して得られた曲線が実線である。

これらの方法は、主に、多くの星やガスの運動を解析してブラックホールの質量を推定するものだが、銀河系中心を公転する個々の星の固有運動（さらには軌道運動）が観測されれば、力学的にはより明確に質量が推定できる。また、より中心近傍の星やガスの運動が解析できれば、中心の質量の推定もさらに詳しくできるようになる。

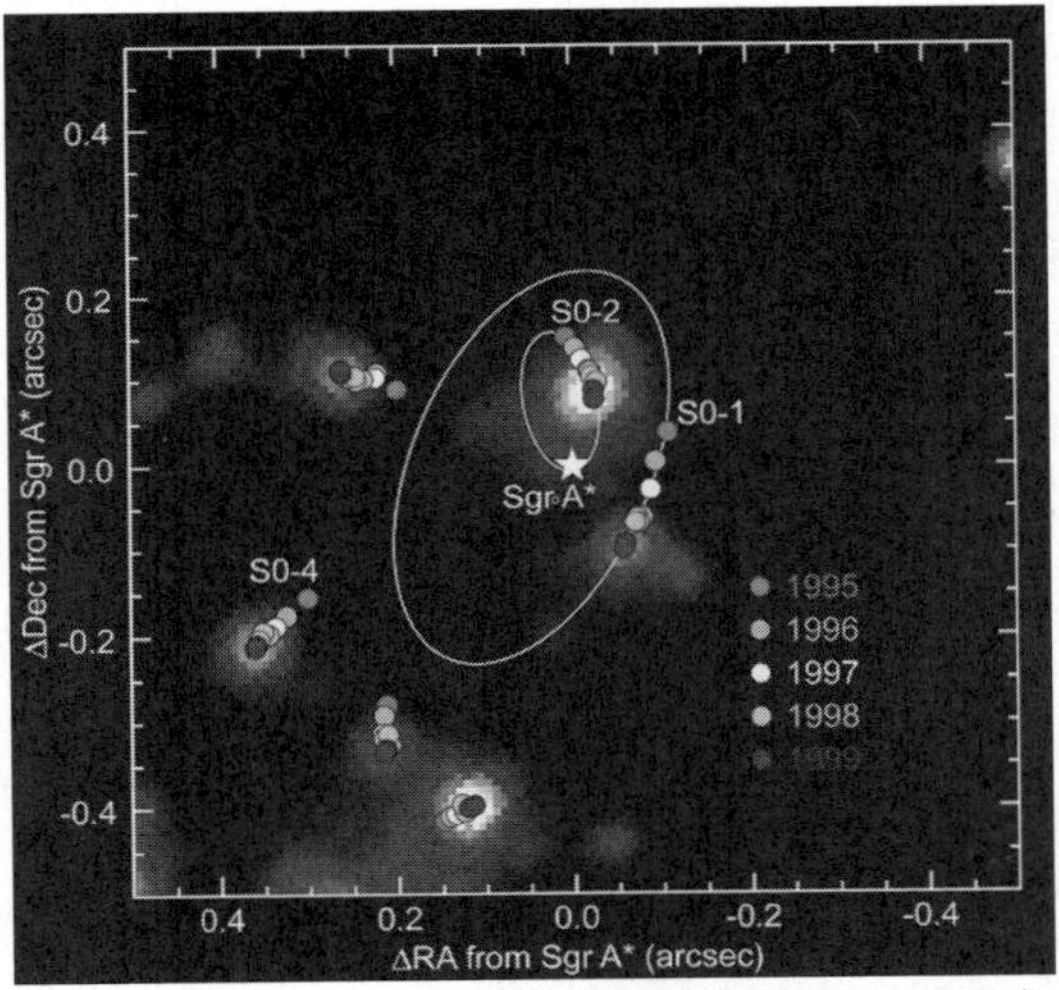

図54　銀河系中心いて座Ａスターのまわりを軌道運動している星（http://www.astro.ucla.edu/~ghez/gc~nat.html)。図52のざっと100分の１の領域

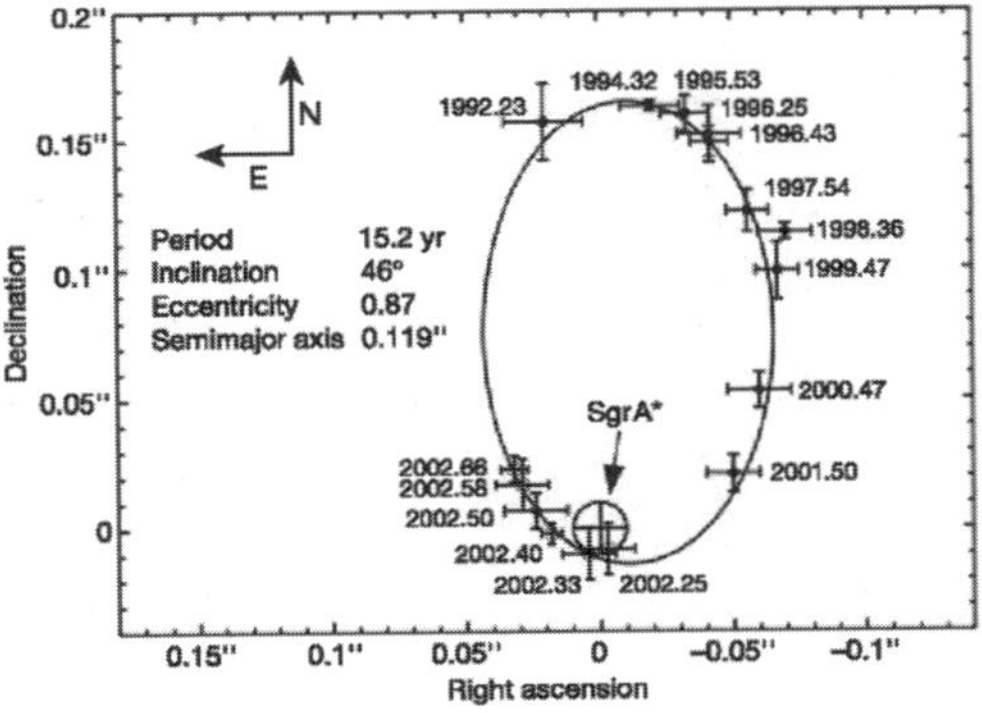

図55　銀河系中心いて座Ａスターのまわりを軌道運動している星Ｓ２の軌道（http://burro.astr.cwru.edu/Academics/Astr222/Galaxy/Center/sagastar.html)

たとえば、一九九五年から、ハワイのマウナケアのケック一〇メートル望遠鏡を用いて、銀河系中心近傍の星の固有運動を測定し始めていたA・M・ゲッツたちは、一〇〇近くの星の固有運動を発見して、さらにそのうちの三つの星は軌道運動していることを突き止めた（二〇〇〇年、図54）。

すなわち、三つの星は、一つの重力源――いて座Aスター――のまわりを楕円軌道で公転運動していたのである。中心からの距離は見かけのサイズで〇・一秒角程度、実距離で〇・〇一六光年（一〇〇〇天文単位）程度である。軌道までわかれば、中心の質量を推定するのは容易である。その結果、ゲッツたちが推定した銀河系中心の超巨大ブラックホールの質量は、二三〇万から三三〇万太陽質量となった。

一方で、一九九〇年代前半から、チリにあるヨーロッパ南半球天文台ESOのNTT望遠鏡やVLT望遠鏡を用いて、やはり銀河系中心近傍の星の固有運動を測定していたR・ゲンツェルとA・エカルトたちは、S2と名付けられた星の長期間にわたる測定結果を発表した（二〇〇二年、図55）。

彼らの得たデータは、一一年にわたる軌道全体の三分の二にもおよぶもので、精度は格段に上がった。具体的には、モンスターをめぐるS1星の軌道要素は、公転周期が一五・二年、軌道離心率が〇・八七、軌道長軸の長さが〇・一一九秒角（一〇〇〇天文単位）ということがわかったのだ。さらにS2星の運動から推定された銀河系中心の超巨大ブラックホールの質量は、三七〇万太陽質量（±一五〇万太陽質量）となった。

これが、現時点での、われわれの銀河系中心に巣くうモンスターの、一番もっともらしい体重推定値である。

さて三七〇万太陽質量のモンスターの直径は、約〇・一五天文単位。やはりあと一歩で、モンスターご本尊を拝むことができそうだ。

①電波アーク
電波で見える構造が弧状（アーク状）をしているので、このような名前で呼ばれている。

②ミニスパイラル
電離ガスの構造が渦状に見えるので、このような名前が付いたが、本文でも述べたように、あくまでも見かけだけのことらしい。

③近赤外スペックル像合成法

あ、やばい、これは説明できないぞ。こんな言葉、使ってたっけ。ふつうの方法では、画像として得られない場合でも、特殊なスペクトルの取り方をして、おぼろげな画像を得る方法、だといっておこう。

あとがき

宇宙のさまざまな場所で起こる天体活動の黒幕（フィクサー）として、ブラックホールなどの中心天体とその周辺に渦巻く降着円盤という描像《イメージ》が提案され、もう二〇年経った。具体的な天体としては、近くはオリオン星雲中にあるような原始星周辺やはくちょう座X－1をはじめとする近接連星系、そして遠くは、本書で述べた、宇宙のはるか彼方の活動銀河中心核がある（図56）。観測的には、電波天文学などの発展によって活動銀河の研究が進み、X線天文学が近接連星系を解明していき、ミリ波の領域で原始星周辺のベールがはぎとられていって、それらのさまざまな糸がより合わさって、活動現象の背後に隠された実体へ迫ってきた。さらに理論的にも、活動銀河のモデル、近接連星系のモデルなど、従来は対象ごとでバラバラに捉えられてきたものが、この数年、総合的に考えられるようになってきた。現在は研究の流れの上での一つの転換期といえるかも知れない。

そのような時代の背景のもとに、本書ではとくに活動銀河中心核について、その真の姿

図56　降着円盤をとりまく天体現象。近接連星、原始星、活動銀河などの活動現象の背後にはいずれも降着円盤が存在している

が少しずつ暴かれてきた様を、研究の歴史的な流れを辿りつつ紹介したつもりである。そしてまた現在得られている最先端の描像《イメージ》を示そうと試みた。

もちろん本書で書き残したことも多い。高エネルギープラズマの振舞いだとか、われわれの銀河系自身の中心の話だとか、活動銀河については、まだまだ面白いことがたくさんある。また中心天体プラス降着円盤システムの外部への表れとして、壮大な宇宙の噴水〈宇宙ジェット現象〉のようなものもあるが、これについてもあまり触れることができなかった。その意味で、本書では活動銀河やそれにまつわる現象について、扉の隙間から垣間見たに過ぎない。もっと扉を開けたいと思っていただけたなら幸いである。

なお本書を執筆するにあたって、岩波書店編集部の岸本登志雄氏には、数々の有益なコメントをいただきました。この場を借りて深く感謝します。

一九九〇年一〇月　京都北白川にて

福江　純

文庫版あとがき

本書の元本である岩波書店版『銀河にひそむモンスター』を執筆してから一五年も経っていたんだなぁ。光文社の小畑さんから、本書の文庫化の話をいただいたときに、一番驚いたのは、その事実である。

それはともかく、一五年という歳月はさまざまなことが変わるには十分な時間である。実際、すばる望遠鏡もできたし、ハッブル宇宙望遠鏡も大活躍して久しく、すでに次期宇宙望遠鏡の計画が進んでいる。宇宙電波望遠鏡VSOPもすでに成果を挙げ、いまやVSOP2の計画が進んでいる。アストロDは打ち上げに成功してX線衛星あすかとして活躍し天寿をまっとうした。いまは次期X線衛星アストロE2が待たれている。一五年間の大きな進展としては、これらの観測の成果をまざまざと見てもらうことができるようになったことだ。観測だけではない、理論的な研究も大きく進展した。文庫化にあたっては、これらの進展にも触れないわけにいかない。

元本自体が、おおむね歴史的な流れに沿って、活動銀河の紹介を進めていったので、文庫版でも元本の部分（第1章から第10章）はほとんどいじっていない。そして文庫版で新しく追加した第11章から第14章にかけて、この一五年間の膨大な成果を詰め込んだ。

第11章では、最近の可視光観測についてまとめた。ハッブル宇宙望遠鏡やすばる望遠鏡によって、ますます詳しいモンスターご尊顔のプロフィールが得られ始め、そしてモンスターの光る衣が姿を現し始めた。モンスターの体重も測られている。次の第12章では、電波観測の成果を紹介した。いまや電波望遠鏡も宇宙に打ち上げ、地上とのネットワークで、巨大な網を広げ始めた。宇宙電波望遠鏡の異常なまでの視力によって、モンスター自身の姿さえ、一〇年ぐらいのうちには見えるのではないかといわれている。そして第13章では、X線衛星の成果を取り上げた。X線衛星の視力もさらに向上し、ジェットやモンスター周辺の細かな様子が見えるようになった。また新しい種類のブラックホールが発見されて、モンスター研究に大きく貢献している。

これら観測的な進展と歩調を合わせるかのように、理論的な研究も大きく展開してきた（第14章）。降着円盤の理論が発展し、新しいタイプのモデルが必要なことがわかってきたのだ。これらの研究では日本の若手研究者の活躍も大きい。たとえば、①超臨界降着流の研究では、大須賀健（立教大学）や渡会兼也（大阪教育大学）が日本発の優れた成果を挙げている。またブラックホールシャドウでは、高橋労太（東京大学）が詳しい理論を提出している。加藤成晃（筑波大学）や水野陽介（京都大学）ら、宇宙ジェットのシミュレーションで元気な研究をしている若手もいる。これらの若手に負けてはいられないと、加藤正二（奈良産業大学）、福江（大阪教育大学）、嶺重慎（京都大学基礎物理学研究所）ら古手も気力を出して、一〇年近く前に上梓したブラックホール降着円盤の教科書を改訂しようとしている。あっと、話が逸れた。

文庫版で追加した部分の最後、第15章では、元本では抜けていた、われわれの銀河系自身の中心について、ごく最近までの数十年におよぶ観測の成果を紹介した。銀河系中心に巣くうモンスターが追い詰められていく様をご覧いただきたい。

二一世紀の今日、銀河ブラックホールの存在自体は立証されたと断言していいだろう。現在では、モンスターの身長や体重を測ったり、モンスターのまとう光る衣について詳しい性質を突き止めたり、よりレベルの上がった研究が進んでいる。そう遠くない将来、モンスター自身の御影がメディアを賑わせるだろう。

この場を借りて、本書のお世話をしていただいた小畑英明さんをはじめ、関係者のみなさんにお礼申し上げたい。また本書を手に取っていただいたみなさん、ありがとうございました。

二〇〇五年一月　京都吉田山麓にて

福江　純

①超臨界降着流

洗面台に水を流すときに、少しずつ流せば、静かに吸い込まれていくだろう。しかし、バケツ一杯の水を一気に流せば、溢れたり飛び散ったり大変なことになる。ブラックホールがガスを吸い込むときも、ほどよい量なら落ち着いた降着円盤が出来上がるが、どっと落とし込むと、変なことが起こる。このような、どっとガスが落ち込むケースを、ある臨海値よりも超えてガスが降着するという意味で、〝超臨界〟降着流と呼んでいる。この数年は、ぼくも一所懸命、超臨界降着流の研究をしている。

［参考文献］

元本で挙げた解説書などは、いまは手に入りにくいだろう。関連分野の最近の書籍として、

柴田一成他『活動する宇宙』裳華房（一九九九年）
北本俊二『X線でさぐるブラックホール』裳華房（一九九八年）
福江　純『〈見えない宇宙〉の歩き方』PHP新書（二〇〇三年）
粟野諭美・福江　純共編『最新宇宙学　研究者たちの夢と戦い』裳華房（二〇〇四年）
福江　純『最新天文学小辞典』東京書籍（二〇〇四年）
嶺重　慎『ブラックホール天文学入門』裳華房（二〇〇五年）

などを挙げておこう。

また、SF関係では、

ラリイ・ニーヴン『時間外世界』（冬川　亘訳）早川SF文庫（一九八六年）
カール・セーガン『コンタクト』（高見　浩、池　央耿訳）新潮社（一九八六年）
堀　晃『バビロニア・ウェーブ』徳間書店（一九八八年）
グレゴリー・ベンフォード『大いなる天上の河』（山高　昭訳）早川SF文庫（一九八九年）

グレゴリー・ベンフォード『光の潮流』（山高　昭訳）早川SF文庫（一九九〇年）
ドナルド・モフィット『第二創世記』（小野田和子訳）早川SF文庫（一九九一年）
山本　弘とグループSNE『サイバーナイト　漂流・銀河中心星域』角川スニーカー文庫（一九九二年）
グレゴリー・ベンフォード『荒れ狂う深淵』（冬川　亘訳）早川SF文庫（一九九五年）
小林泰三『海を見る人』（二〇〇二年）早川書房
林　譲二『ウロボロスの波動』（二〇〇二年）早川書房
などにも銀河ブラックホールや降着円盤が登場する。
さらに、
トム笠原『コスモス・エンド』集英社（一九八二年）、日本出版社（一九八九年）
GAINAX『トップをねらえ！』バンダイ／ビクター音産（一九八八年）
なども一見をお勧めする。

この作品は、『銀河にひそむモンスター』（一九九一年三月　岩波書店刊）を加筆、修正し、
文庫化したものです。

知恵の森文庫

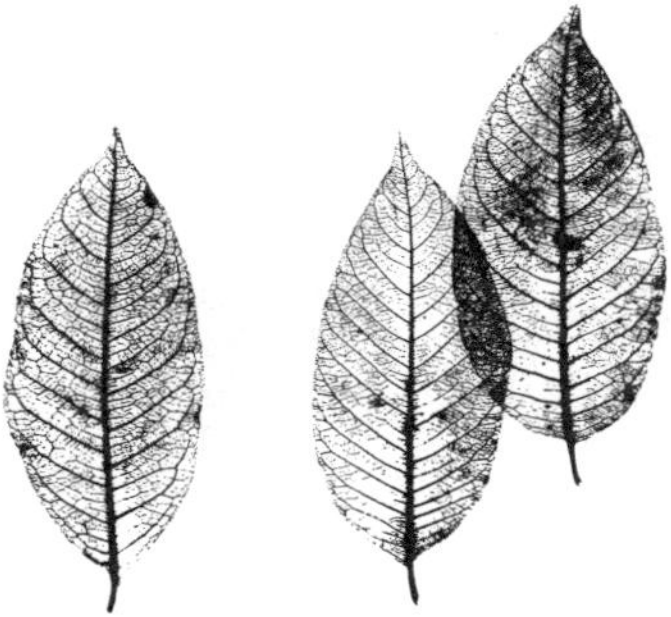

銀河《ぎんが》にひそむモンスター

福江《ふくえ》　純《じゅん》

2005年7月15日　初版1刷発行

発行者—古谷俊勝
印刷所—堀内印刷
製本所—フォーネット社
発行所—株式会社光文社
〒112-8011 東京都文京区音羽1-16-6
電話　編集部(03)5395-8282
販売部(03)5395-8114
業務部(03)5395-8125
振替　00160-3-115347

落丁本・乱丁本は業務部でお取替えいたします。
ISBN4-334-78370-8 Printed in Japan

お願い

この本をお読みになって、どんな感想をもたれましたか。「読後の感想」を編集部あてに、お送りください。また最近では、どんな本をお読みになりましたか。これから、どういう本をご希望ですか。

どの本にも誤植がないようにつとめておりますが、もしお気づきの点がございましたら、お教えください。ご職業、ご年齢などもお書きそえいただければ幸いです。当社の規定により本来の目的以外に使用せず、大切に扱わせていただきます。

東京都文京区音羽一・一六・六
（〒112-8011）
光文社〈知恵の森文庫〉編集部
e-mail:chie@kobunsha.com

ちくま文庫

カレル・チャペック旅行記コレクション

イギリスだより

飯島 周 編訳

筑摩書房

目次

あいさつ

人は、それぞれの民族について、さまざまなことを考える。それらは、その民族が型にはめてみずからに与え、こうだと思い込んでいるようなものとは限らない。それでも、もはや強い習慣とさえなっているが、人は国や民族を、その政治、体制、政府、世論、またはそれについて一般に言われるものと、なんとなく同一視する。

しかし、なにかちがうものを、その民族はある程度はっきりと示す。それは決して人が自分で考え出したり意図したりできないものだ。自分自身の見たもの、まったく偶然で日常的なものの思い出が、おのずから心の中に浮かんでくるのだ。

なぜ、まさにその、ほかならぬ小さな経験がこんなにも強く記憶に残っているのかは、神のみぞ知る。ただ、たとえばイギリスのことを思い出すだけでも十分である。その瞬間に目に見えるのは――

今ここで、あなたの目に何が見えるか、いったい何を想像されるかどうか、それは、わたしにはわからない。わたしが思い浮かべるのは、ただ、ケントにある一軒の赤い小さな家である。なんの変哲もない家だった。わたしがその家を見たのは、列車がフォークストンからロンドンへ走っていたときで、ほとんど一秒かそこらである。

実際にはその家は、一面に茂っていた木のために、ちゃんと見えもしなかった。庭では、老紳士が生け垣を植木ばさみで刈っていて、緑の茂みの反対側では、平坦な道を少女が自転車で走っていた。ただそれだけだった。その少女がきちんとした格好に見えたかどうかも、わからない。その黒服の老紳士が、あるいはその土地の神父だったか、休息中の実業家だったか、それは問題ではない。

その家には、イギリスの赤い家がみなそうであるように、高い煙突と白い窓があったが、それ以上は語れない。それでも、わたしがイギリスのことをひとり考えるときにはすぐに、ケントにあるそのありふれた家が、園芸用のはさみを手にもった老紳士が、そして熱心にひたすら自転車のペダルを踏む少女の姿が、はっきりと見える。

そしてわたしはちょっぴりさびしくなりはじめる。わたしは、かの地で、他のさまざまなもの、たとえば、城と公園と波止場とを、イングランド銀行とウェストミンスター寺院を、そして歴史的な記念碑的なものを、あちこちで見た。しかしそれは、わたしにとってイギリスのすべてではない。

イギリスのすべて、それはただ、あの老紳士と自転車の少女のいた、緑の庭園の中のあの素朴な家なのだ。なぜなのか、それはわからない。わたしはただ、そうなのだと話しているだけである。

＊　＊　＊

または、わたしがドイツについて想像したいとき、わたしの心の中には、シュヴァーベン〔バイエルン州の一部〕の古い居酒屋が浮かんでくる。それがポツダム門ではなく、軍隊の行進でなくても、わたしには責任がない。その居酒屋にわたしはまだ足を踏み入れたことがない。ただ、いつか、ニュルンベルクのかなたのどこかで、列車の窓から見たにすぎない。

夕方だった、そしてそこには、生ける魂は、なにも見えなかった。その居酒屋は、古くて玩具《おもちゃ》のような、手のひらに入るような小さな町の中央にある教会のように、高い場所を占めていた。その前には、ライラックの花が咲き、上階の酒場には、石の階段が通じていた。その居酒屋が威厳にみちて広びろとしているさまは、ほとんど笑いを誘うほどだった。なにか、あたたかい巣穴でうとうとしている母鶏を思い出させたのだ。

たしかに、わたしはドイツで、昔ながらのシュヴァーベン風のそのガストハウスよりも、もっとそれらしい、もっと目につく、もっとドイツらしいものを見た。わたしはその地で、多くの町と、大寺院と、記念碑を見た。

しかし、なによりも勝《まさ》ったのは、その尊敬すべき腰を据えた居酒屋だった。わたしには、なぜなのかわからない。ともあれ、それがわたしにとってのドイツなのだ。

＊　＊　＊

または、フランスを思い出すときに人が頭に浮かべうるものを、すべて考えていただきたい。わたしにつきまとうイメージは、こんなことだ。

パリの町はずれ、境界線ぎりぎりのあたり。そこには、何軒かの居酒屋と、野菜づくりの菜園のあいだに、ガソリンスタンドがある。

キャンバス地の小屋根に、「運転手たちの待ち合わせ場所《オ・ランデヴ・デ・ショフール》」と書かれてある居酒屋の前に、淡い鹿毛のノルマン種の去勢馬に引かれた、重い二輪の荷車がある。ゆるやかな青いスモックを着て麦わら帽をかぶった農夫が、居酒屋の前で、厚手のグラスから明るい色のワインを飲んでいる。

それだけだ。そこでは、それ以上の出来事は、なにも起こっていない。ただ太陽は白亜《はくあ》のように白く頑固にぎらぎらと照りつけ、青いスモックの赤ら顔の農夫が、自分のグラスを飲みほすだけ。わたしには、どうしようもない。それがフランスなのだ。

またはスペイン。

＊　＊　＊

それはまた、マドリードの中心地、プエルタ・デル・ソル広場のコーヒー・ショップである。すぐ隣のテーブルには、黒い服を着た黒い髪の母親が座り、小さなまるい頭をして神々しくまじめに見つめる黒い瞳の赤ちゃんを、両腕にかかえている。そして黒いソンブレロを頭の後ろにずらしてかぶった父親が、熱心に、かつおどけて、黒い瞳の自分の赤ん坊《ニーニョ》に、しかめっ面をして見せている。

そこには、なんにもない。旅人が世界じゅういたるところでお目にかかることのできそうなものだけである。

ただ、そこスペインでは、おわかりのように、世界の他の場所よりももっと、母親たちは聖母マリア《マドンナ》のように、父親たちは戦士のように、そして、赤ん坊《ヌナートカ》は秘密の玩具のように見える。

とんでもないことだが、スペインについて読んだり聞いたりしているとき、わたしは、アルハンブラや、アルカサールは、なにも見ておらず、黒い髪のマドンナの腕の中にいる神々しいニーニョを見ているのだ。

＊　＊　＊

または、イタリア。

人はコロセウム、松の木、ヴェスヴィオの火山、または、なにかと想像できるだろう。しかし、とんでもない！　わたしにとっては、おんぼろ列車、がたごと走る各駅停車の、オルヴィエトからローマへだったと思うが、そのおんぼろ列車である。

もう夜で、向かい合いに一人の労働者が居眠りしながら座っていたが、そのぼさぼさ髪のおつむが重たく押さえきれずに、ごつんごつんとやっていた。やがて、そのイタリア男は目をさまし、鼻を鳴らし、こぶしで目をこすり、何か、きみに話しかけた。おぼえているかい？　しかし、きみには相手の言うことがわからず、きみは相手を信用していなかった。すると、その男は、ゆっくりとポケットに手を入れ、紙にくるまったチーズの塊《かたまり》を取り出し、当然だというジェスチャーで、きみに少し切り取れと申し出た。

その土地には、そんな習慣があるのだ。それが、当然なすべきことなのだ。羊の乳で作ったチーズの一片を持ったごついその手、それが、きみにとっての、イタリア全体の印象なのだ。

＊　＊　＊

今日《こんにち》、一つの民族と他の民族との距離は、おそろしく遠くなっている。そして人は、さまざまなことを考える。たしかに、人は民族間の多くの問題に腹を立てて、何が起こったのか、決して、決して忘れないぞと、みずからに言う。

お聞きしたいが、そのいまだかつてなかった距離とよそよそしさに対して、われわれは何を語ることができるだろうか？　するとそのとき、人はたとえばイギリスのことを思い出し、即座に目の前に、ケントの赤い家が見えてくる。

老紳士はまだずっとはさみで茂みを刈り込んでおり、少女はひたむきに、機敏に自転車のペダルを踏んでいる。そして、ほら、きみは実際に、あいさつをしたくなる。はじめまして《ハウ・ドウ・ユウ・ドウ》。はじめまして《ハウ・ドウ・ユウ・ドウ》。よいお天気ですねえ。そうですね《イエス》、とてもよい《ヴェリ・》お天気《ファイン》です——そしてほら、それですべてがうまく片づくだろう。きみはずっと気が軽くなる。

さて、きみは、あのシュヴァーベンの酒場に、石の階段を登って、入って行けるだろう。そして、帽子をハンガーにかけて、あいさつする——こんにちは《グリュス・ゴット》、みなさん《マイネ・ヘレン》。——そこにいる人たちは、きみが外国人だと気づくだろう。そして、しばらくきみをじろじろ見ながら、テーブルでの話し声を少し低くする。

しかし、きみが自分のジョッキの底を、その人たちと同じように、赤いテーブルクロスで拭くのを見て、警戒の念を少しゆるめ、たずねるだろう——どちらから《ヴォーヘル》、

どちらから《ヴォーヘル》、おいでかな、あなた《マイン・ヘル》？——プラハからです《アウス・プラーク》——そう《ゾー》、そう《ゾー》、プラハから《アウス・プラーク》ね

——みんなは不思議がるだろう。

そしてそのうちの一人が、プラハへは一度行ったことがある、と言う。そう、それは、三十年前だった。美しい町です《アイネ・シエーネ・シュタット》、と彼は言うだろう。それで、結局はきみ自身が、いささかうれしい思いをする。

——または、きみは「運転手たちの待ち合わせ場所《オ・ランデヴ・デ・ショフール》」に立ち寄ることだろう。

青いスモックを着たその農夫は、その薄い色のワインを飲みほして、口ひげを手でぬぐう。暑いことだ《フエ・ショー》、ときみは言う。あなたのご健康に《ア・ヴォートル・サンテ》〔乾杯〕！——あんたにも《ア・ラ・ヴォートル》、農夫は言う。それ以上、何かを彼に言いたいと思っても、話せない。いや、おじさん《モン・ヴィユー》、あんたのことを、ほんとうに、悪くなど思っていないんだ——もう一杯、いっしょに飲みませんか？——

そしてまた、きみはそのスペインの赤ん坊に、笑いかけることもできるだろう。まじめな神々しいお目々が、きみをじっと見て、黒い髪の母親は急に、なにかもっと聖母《マドンナ》に似ているようになり、紳士《カバレッロ》である父親は、帽子を頭の後ろにずらしてかぶり、きみにスペイン語でなにやらペラペラしゃべりはじめるが、きみにはわからないだろう。それはかまわない、それはかまわない。ただ、その子供がこわがりさえしなけれ

ば！――

そしてさらに、きみはあの羊乳のチーズの一片を、切り取らねばならない。ありがとう《グラツィア》〔標準的には、〝グラツィエ〟〕、ありがとう《グラツィア》、きみは口をいっぱいにして、もぐもぐ言い、そのお返しに、シガレットを差し出す。そして、ただそれ以上、何もない。

実際に、人びとのあいだがうまくいくように、神のみぞ知るようなことを、なにか余分に話す必要はない。

どうしたらよいだろうか、今や、民族と民族との距離は、おそろしく遠い。われわれはみな、遠くなれば遠くなるほど、孤立する。もはやきみは、自分の家から決して足を引きずって外へ出ないほうがよいだろう。くぐり戸に錠をかけ、窓のシャッターをおろしたほうがよい。

さあ、これでよし。みなさん、わたしたちのことを、どうか好きになっていただきたい。わたしはもはや、どなたのあとをも追いませんから。そして、今や目を閉じて、静かに、まったく静かに、口にすることができる――

はじめまして《ハウ・ドウ・ユウ・ドウ》、ケントの老紳士よ。こんにちは《グリュス・ゴット》、みなさん《マイネ・ヘレン》！　ありがとう《グラツィア》、あなた《シニョール》！　あなたのご健康に《ア・ヴォートル・サンテ》！

（一九三八年）

N
★インヴァネス
スコットランド
マライグ
★フォートウイリアム
★ベン・ネヴィス山
テイ湖
★エディンバラ
★グラスゴー
★ダラム
ウインダーミア湖
湖水地方
★ヨーク
★リヴァプール
★カーナヴォン
★チェスター
★リンカーン
スノードン山
ウェールズ
イングランド
TEA
★イーリー
★ケンブリッジ
★オックスフォード
★ロンドン
★ブリストル
★ソールズベリー
ドーヴァー
フォークストン
ダートモア
★エクセター
プリマス
ドーヴァー海峡
フランス

イラスト・山田詩子
（カレルチャペック紅茶店 http://www.karelcapek.co.jp/）

イギリスだより

I　イングランド

第一印象

「ものごとはなんでも、〝はじめ〟から、はじめなくてはいけませんよ」と、いつだったか、フランスの友人ショリアック画伯〔＊1〕が、わたしに忠告してくれたことがある。しかし、もうすでに十日間も、バベルの塔のように混乱したこの島で暮らしたので、〝はじめ〟をどこかへ見失ってしまった。

さて、何からはじめるべきだろうか。イギリス名物の朝食に出る、いためたベーコンか、ウェンブリーの博覧会か。作家のバーナード・ショー氏のことにしようか、それとも、ロンドンのお巡りさんがいいだろうか。まことにとりとめのない、あやふやなはじめ方だと、自分でも思う。

ただ、このロンドンのお巡りさんに関するかぎり、美と壮大さを基準にして採用されたのだと、断言せざるを得ない。まるで、古代ギリシャの神々もかくやとばかり、死すべき運命の人間よりも頭ひとつ大きく、その力は底知れず、である。

　そんな、身長二メートルもあるお巡りさん、通称ボビー〔*2〕が、ピカデリーの通りで手をあげると、すべての乗り物がストップする。地の神サトゥルヌスはその場に張りつき、天の神ウラノスは天の軌道で一時停止し、ボビーの手がおりるのを待つ。これほど超人的な存在は、かつて見たことがない。

　旅人をいちばん驚かすのは、知らぬ異国で、かつて百回も本で読んだことのあるものや、百回も絵で見たことのあるものが、実際に見つかることだ。ミラノでミラノの大聖堂を見たときや、ローマでローマのコロセウムを見たとき、わたしはたまげた。それは、いささかぞっとするような印象である。なぜなら、夢の中かなにかで、もうここへはいつか来たことがある、もういつか経験したことがある、という感じがするからだ。

　オランダには、ほんとうに水車と運河があり、ロンドンのストランド通りには、ほんとうに、いやになるくらい人が大勢いる、ということに、あなたはびっくりするだろう。二つの、まったくとてつもない印象の結びつきが、そこにある。つまり、思いがけないものにぶつかると同時に、十分に知っているものにぶつかることだ。だしぬけに古い知人に出くわすと、いつも声をあげて不思議がるのと同じである。

だから、テムズ川のほとりで英国国会議事堂を見つけたとき、あちこちの通りでグレーのシルクハットをかぶったジェントルマンを見つけたとき、十字路で身長二メートルもあるボビーを見つけたときなど、わたしはなんとも言えぬ気分だった。イギリスがほんとうにイギリス的なのは、驚くべき現象だった。

しかし、ともかくも〝はじめ〟からはじめるために、ドーヴァー海峡から近づくとイギリスがどんなふうに見えるか、絵を描いてみた。この白いのは、ただの岩そのもので、その上には草が茂っている。たしかに十分がっちりとできていて、イギリスはいわゆる大盤石《ばんじゃく》の上にあるのだが、しかしねえ、足もとに大陸を踏みしめているほうが、もっと安心できるような気分がする。

さらに、フォークストンの絵も描いてみた。ここに入港したのである。フォークストンは西日の中で、城と胸壁《きょうへき》の連続のように見えた。あとでわかったが、胸壁のように見えたのは、煙突である。

上陸してすぐ気がついたのは、驚いたことに、わたしは英語がひとこともしゃべれないし、聞いてもわからないことだった。そこで、いちばん手近な列車にもぐり込むと、幸いにして、それはロンドン行きだった。

列車が進むうち、イギリスだと思いこんでいたのは、じつはイギリスの大きな公園

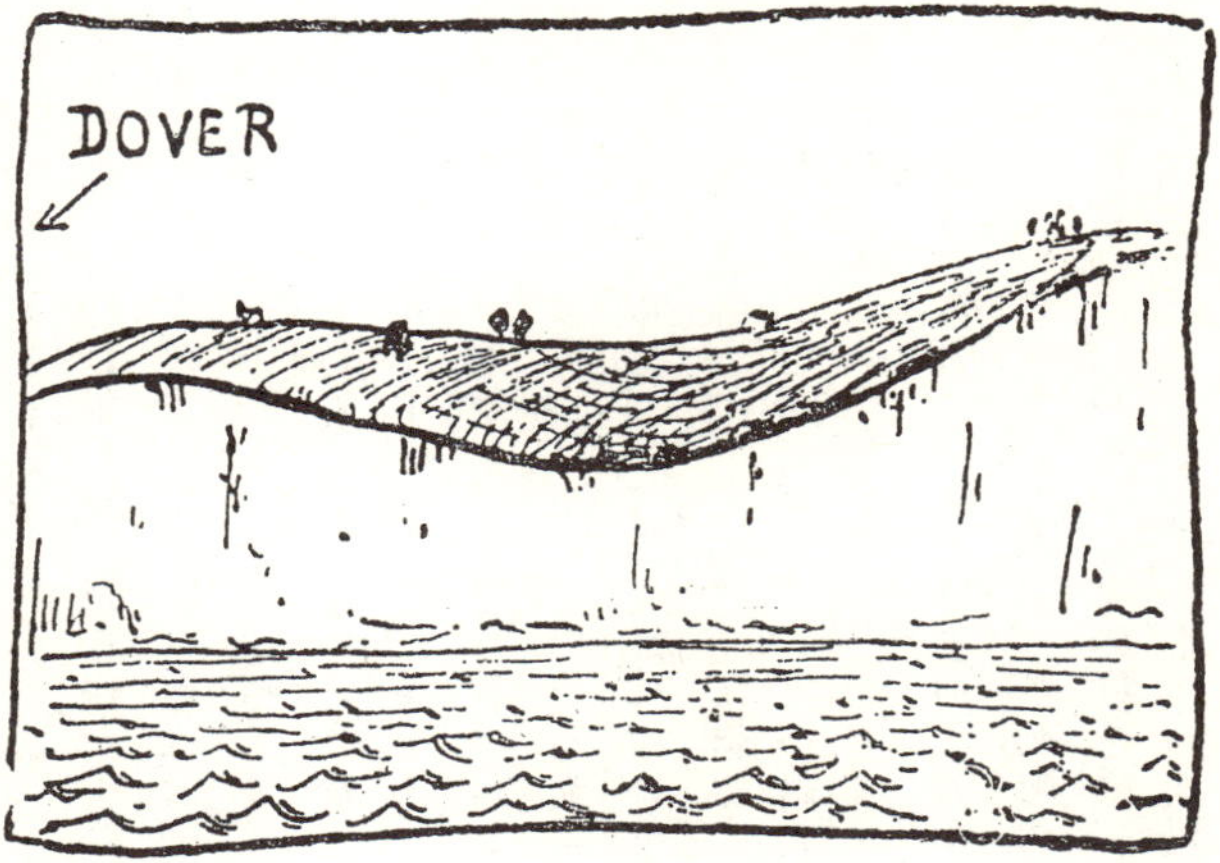
DOVER

FOLKESTONE

にすぎないことがわかってきた。緑地と牧草地ばかりがつづき、すばらしく美しい木々が茂り、何百年も経た野なかの小径が走り、あちこちに羊の群れが見え、まるでハイド・パークのようで、明らかに公園だという印象を高めるのに役立つ。

ここへくる途中のオランダを旅しているときには、まだ、人びとがお尻を天に向け、地面に手を突っ込んで働いているのが見えた。ここでは、あちこちに赤いバンガローがあり、娘たちが生け垣ごしに手をふり、小径を自転車乗りが行くが、それ以外は不思議なくらい、人がまばらである。わが国、チェコの人たちは、寸土《すんど》といえどもあまさずに、誰かが野良仕事をしている光景に慣れているのに。

やがて、列車はついに市街地にはいり、なにか奇妙な家々のあいだを揺れながら走る。百軒もの家が、どれもまるで同じだ。通りのすべての家が同じ形なのである。同じ家、さらにまた同じ家。まるで、複製をつくりたがる熱病にかかっているような印象を与える。

列車は、ある町全体をとびまわるように進むが、その町には、なにか恐ろしい呪いがかかっている。というのは、その町の家は一軒残らず、なにかどうしようもない必要性に迫られて、戸口に二本の柱を立てているからだ。

つぎの区画は、みんなそっくりの鉄製バルコニーをつけるように呪文をかけられている。つづく区画は、残らずグレーの煉瓦《れんが》で作られるべく定められ、つぎの通りは、物悲しくも取り返しのつかぬ運命によって、青いベランダを持つことにきめられている。

それから、ある地域全体が、なにかわからぬ罪のために、戸口にそれぞれ五段ずつの階段をつけさせられている。もし、どこかの家の階段が三段だけだったら、このうえもなくほっとしただろうに。しかし、なんらかの理由で、そんなふうにはならない。そして、つぎにつづく通りは、すべて赤一色である。

その後、わたしは列車を降りて、守護の天使たるよきチェコ人〔＊3〕の腕に抱きとられ、右へ左へ、上へ下へと引き回された。うちあけてお話しするが、それは、怖いものだ。

わたしはさらに列車に積み込まれ、サービトンの駅で取り出され、あいさつされ、食べ物を与えられ、羽根ぶとんに寝かされた。そして、まるで母国の家にいるときのように闇は暗く、家にいるときのように静かで、わたしはありったけの夢を見た。船のこと、プラハのこと、なにか不思議なもののことだったが、今はもう忘れてしまった。

神は讃うるべきかな、つぎからつぎへと五十もの同じ夢を見ることはなかった。天国は讃えられよ、人間の夢は、少なくともロンドンの町の通りのように、十把ひとからげには作り出されないものである。

＊1　チャペック兄弟の、パリ時代（一九一一年）の知人。

＊2　ロンドン警察の創始者ロバート・ピール（一七八八～一八五〇）の名前から付けられた愛称。〝ピーラー〟とも言う。

＊3　O・ヴォチャドロ。当時ロンドンで研究中だったチェコの英文学者。「訳者あとがき」を参照のこと。

イギリスの公園

イギリスでいちばん美しいのは、おそらく樹木だろう。もちろん、牧草地も警官も美しいが、しかし、とくに美しいのは、主として樹木、みごとに肩幅の広い、年輪を重ねた、枝を四方に張りめぐらし、のびのびとした、おごそかな、とても大きな樹木である。ハンプトン・コート、リッチモンド・パーク、ウィンザー、その他、いろいろなところにある樹木だ。

これらの樹木が、イギリスの保守主義、すなわちトーリーイズムに大きな影響を与えている可能性がある。わたしの考えでは、これらの樹木が、貴族的本能、歴史主義、保守性、関税障壁、ゴルフ、貴族たちで構成される上院、その他の特殊で古風なものごとを維持しているのである。

もしわたしが、鉄製バルコニー町とか灰色煉瓦《れんが》町に住んでいるとしたら、たぶん、熱烈な労働党員になるだろう。

しかし、ハンプトン・コートのオークの木の下に座って、おのずから感じたのは、古いものごとの価値、古い樹木の持つ崇高な使命、伝統の調和ある広がりを認めたいというあぶなっかしい気分、そして多くの時代を通じて、みずからを維持するに足るだけの強さを持つ、あらゆるものに対するある種の尊敬の念だった。

イギリスには、このようなとても古い樹木がたくさんあるように思われる。この国で出会うほとんどすべてのもの、クラブにも、文学にも、家庭にも、何百年も経た、おごそかでおそろしくがっちりした幹と葉が、なんとなく感じられる。

この国では、実際、けばけばしく新しいものはなにも見当たらない。ただ地下鉄だけが新しく、おそらくそのために、あんなにみっともないのだろう。

ところが、古い樹木や古いものごとそれ自身には、いたずらな小鬼、風変わりで冗談好きのおばけが住んでいるものだ。

イギリス人自身の内にも小鬼がひそんでいる。イギリス人はかぎりなくまじめで、どっしりしていて、おごそかである。それが突然、体の中で何かがざわめき、なにか奇怪なことを口にし、いたずら小鬼のユーモアがぱらぱらととび出したかと思うと、ふたたび、古いなめし革の椅子のようにまじめくさった顔つきにもどっている。この人たちも、おそらく古い木でできているのだろう。

なぜかはわからないが、このまじめくさったイギリスが、わたしには、これまで見てきた国ぐにのうちで、いちばん、おとぎ話のようで、いちばんロマンチックな印象を与える。これはおそらく、古い樹木のせいだろう。あるいはさにあらず、これは芝生のなせるわざかもしれない。というのは、この国では歩行者用の小径を通るかわりに、緑地の上をじかに歩けるからだ。

われわれ他国の人間は、ただちゃんとした道や歩道の上だけを歩く。このことは、われわれの精神生活にきっと莫大な影響を与えているだろう。

ハンプトン・コートで、芝生をぶらぶら歩いている紳士を初めて見たとき、その人は、山高帽をかぶってはいるが、おとぎ話に出てくる生き物だと思ったくらいだ。今に、角《つの》のりっぱな牡鹿に乗ってキングストンの町へ出かけるか、ダンスをはじめるか、または庭番がやってきてその人をひどく叱りつけるのではないかと、待っていた。でも、なにも起こらなかった。

そこで、とうとうわたしも勇気を出して、この絵の中のオークの木のところまで、芝生をよこぎってまっすぐに歩いていった。その木は、きれいな芝生の園に立っている。わたしが歩いても、さらになにごとも起こらなかった。しかし、この瞬間ほど、

ENGL. PARK

限りない自由を感じたことはない。それは、まことに異例なことだった。この国では、明らかに、人間を害獣とみなすことはないのである。

この国には、人間についてのあの暗い見方、その蹄《ひづめ》の下には草も生えないという考え方は存在しない。この国では、人間は、まるで妖精ルサルカ〔＊1〕か、大地主のように、芝生の上を自由に歩く権利をもっている。このことは、人間の性格と世界観に、いちじるしい影響を与えるだろうと思われる。ちゃんときめられた道を外《はず》れて歩きながらも、同時に、自身のことを害獣、悪漢、または無政府主義者とは考えないという、奇跡的な可能性を開いてくれるのだ。

こんなことをあれこれ、ハンプトン・コートのオークの下で考えていたが、ついには年を経た木の根でさえも息苦しい感じになる。ともかく、そんなイギリスの公園がどんな様子か、絵を送ることにする。牡鹿もそこに描き添えたかったのだが、白状すると、どんな格好か思い出せないのだ。

＊1　スラヴ神話の水の妖精。A・ドヴォルジャークのオペラの題材にもなっている。

ロンドンの街路

ロンドンに関するかぎり、どこへ行っても、ガソリン、焦げた草、そして獣脂《じゅうし》ろうそくの匂いばかりが、ただよっている。これはパリとちがう点で、パリではこれらの匂いに、おしろい、コーヒー、チーズの匂いが加わる。プラハでは、通りごとに異なった匂いがする。この点で、プラハにまさるところはない。

ロンドンの音に関しては、事情はもっと複雑である。市の中心地、ストランドやピカデリーへ行ったら、きっと、何千ものスピンドルのある紡績工場のような感じがするだろう。ゴロゴロ、ガタガタ、ブンブン、ブツブツ、シュウシュウ、ガンガンと、ぎっしりつまった何千ものトラック、バス、乗用車、蒸気トラクターが音を立てている。

バスの屋上席に座っていても、バスは少しも進めず、ただガタガタ揺れているだけである。ガタンとやるたびに、ぐらぐらして、その場でぴょこんととびあがり、まるで、奇妙な詰め物入りのあやつり人形になったようだ。

それから、脇の通り《サイドストリート》、庭園《ガーデン》、広場《スクエア》、大通り《ロード》、並木道《グローヴ》、三日月形《クレセント》の小路があり、それらがノッティング・ヒルのみすぼらしい街並までつづいている。

今わたしは、その場所でこれを書いているのだ。二本柱通り、同一鉄格子通り、各戸前七階段通りなど、さまざまな通りがある。

さて、これらの通りで「イー」と聞こえる、なにか必死のうめき声のようなものはミルク売りの呼び声であり、悲しげな「イェイェイ」は、ただ焚き木のことを意味するだけで、「ウォー」というのは石炭売りのときの声。そして錯乱した船乗りのすさまじい叫び声と思われるのは、どこかの若者が乳母車にキャベツの玉を五個のせて売り歩くのを告げているのだ。

さらに夜になると、ここでも猫どもが、イタリアのパレルモの町の屋根の上と同様に、熱烈な恋をしている。

これは、イギリスの清教徒的な性格についてのあらゆる噂に反するものだ。ただ人間だけが、この国では他の国よりもの静かで、口をわずかに半開きにして語り合い、少しでも早く家に着かないかと、あたりを見まわしている。

そして、この点こそ、イギリスの街路でいちばん不思議なことなのだ。ここでは、尊敬すべき奥様がたが街角に立ちどまって、スミス家やグリーン家で何が起こったかをおしゃべりしたり、恋人たちが手と手を組み合って夢見心地にさまよったり、りっぱな市民がひざの上に手をおいて戸口に座っていたりするのが見当たらない（ついでながら、ロンドン市内では、指《さ》し物《もの》師も錠前屋も、人が働いている仕事場も、職人も丁稚《でっち》も、まだ見たことがない。あるのはただ商店だけ、商店ばかり、ウェストミンスター銀行と、ミッドランド銀行ばかりである）。路上で一杯飲んでいる男も、環状広場の休息用ベンチも、物見高い暇人《ひまじん》たちも、浮浪者も、メイドさんも、年金生活者も、要するに、誰も、何も、まったく見えない。ロンドンの街路は、生活が流れて、少しでも早く家に着くように通っていく、ただの道筋にすぎないのだ。その路上には、いかなる生活のいとなみもなく、見物する人もなく、話し声もなく、立っている人も、座っている人もいない。人びとはただ、街路を通って走り去るのみである。

ここでは、街路は、あの、何千ものすばらしい光景に出会える、何千もの冒険に語りかけられるような、このうえなくおもしろい行きつけの酒場のような場所ではない。他の国では、そういう場所で、人びとは口笛を吹いたり喧嘩をしたり、騒ぎたてた

り、色目を使ったり、ひと息入れたり、詩をつくったり、哲学的瞑想にふけったり、一角にたむろして人生のひとときを楽しみ、冗談をとばしたり、政治を語ったりする。そして二人、三人、家族、群衆となって集まり、ついには革命集団となったりするのだ。

わが国や、イタリアやフランスでは、街路は一種の酒場か公園、村の広場、集会場、遊び場や劇場、家と玄関口の延長なのである。が、この国では、街路は誰のものでもなく、誰をも他人と結びつけはしない。イギリスの街路では、人にも物にも会うことはなく、ひたすらそれらを避けるのである。

わが国では、家の窓から頭を突き出すと、もうそこが街路になる。しかし、イギリスの家は、窓辺の厚いカーテンによってばかりでなく、庭と鉄柵、蔦《つた》、小さな芝生と生け垣、玄関のノッカー、さらに古い時代からの伝統によって、道とへだてられている。

イギリスの家は、自身の庭を持たねばならない。それは、街路が家にとって野性と喜びにみちた庭園でないからである。イギリスの庭には、ブランコや遊び場がなければならない。というのは、街路が遊び場でもないし、すべり台でもないのだから。イギリスの家の詩的なおもむきは、イギリスの街路に詩情が欠けていることの代償なのである。そして、この国では、街路が革命の群衆によっておおいつくされることは決してないだろう。なぜなら、街路が長すぎるからだ。おまけに、あまりにも退屈な場所だから。

それでも、ここにはバス、かの伝説的な砂漠の船、ロンドンの無限につづく煉瓦《れんが》の海をぬけ、人びとを背中に乗せて運んでくれるらくだたちがいる。わたしにとって謎の一つは、当地の曇りぐあいから見て、およそ太陽も星も道筋を示してはくれないにもかかわらず、らくだたちが道に迷わないことである。

どんな秘密の標識によって、運転手がラッド・ブローク・グローヴを、グレイト・ウェスタン・ロードやケンジントン・パーク・ストリートと見分けるのか、わたしにはまだわからないでいる。

バスの運転手が、なぜピムリコやハマースミスへ行くかわりに、イースト・アクトンへばかり行きたがるのか、わからない。

つまり、このあたりは、なにもかもが不思議なくらい同じ様子なのだから、どうして実際にイースト・アクトン専門になったのか、理解できないわけだ。ひょっとすると、そこに、自分の家があるのだろう、戸口に二本柱があって階段が七つついている家の仲間の一つが。

これらの家は、先祖代々の納骨堂にいささか似ている。絵を描こうとしてみたが、どんなに努力しても、その絶望的な様子を十分に表現するにはいたらなかった。そのうえ、その絵に塗りたいと思うグレーの色の持ち合わせもない。

忘れないように書いておこう。もちろん、わたしはベイカー・ストリートを見物に行った。そして、おそろしくがっかりして帰ってきた。そこには、名探偵シャーロック・ホームズの痕跡はひとかけらもない。

例のないくらいりっぱな商業街になっていて、リージェンツ・パークへ通じること以上のりっぱな目的には役立たず、それも、延々と長時間努力してやっとたどり着くのだ。

さらにもう少し、ベイカー・ストリートの地下鉄の駅に触れてみたいと思っても、もはや全精力と、辛抱さえも使いはたしてしまった状態である。

交通機関

ともかく、昔から、わたしは、当地で「トラフィック」と呼んでいるもの、つまり街路上の車の往来が、大のにが手だ。ロンドンの市中へ初めて連れていかれたあの日のことを思い出すと、今でも身ぶるいがする。最初に電車で運ばれ、それから、なにかやたらに広いガラス張りのホールを駆けぬけ、牛や馬の目方をはかる道具のような鉄格子のはまった箱に押し込まれた。これがエレベーターと呼ばれるもので、みにくい鋼鉄張りの深井戸の中をずっと下っていき、その底でひきずり出されると、曲がりくねった地下道を逃げまわるように走らされた。まるで恐ろしい夢のようだった。そこには、トンネルだか、レールの敷かれた運河のようなものがあり、そこへ電車がゴウゴウと音をたてて入ってきた。その中へ投げ込まれると、電車はさらに走りつづけたが、空気は重苦しく湿っぽい状態だった。明らかに地獄に近いからである。

それからまたひきずり出され、新しい地下の墓地、ローマのカタコンベのようなところの中を走って、動く階段に着いた。それは水車のようにガタゴト動いて、みんなといっしょに高いところへ上がっていった。言ってみれば、まるで熱に浮かされているようなものだ。

それから、さらにいくつかの歩道や階段を通って、抵抗したにもかかわらず、ついに路上にひき出されたが、そこでわたしの心は沈み込んだ。延々と四重になった車の列が、休むことなく目の前を動いていく。

バス、息を切らせた古代の象マストドンたちが、背中にちっぽけな人びとの集団を乗せて、群れをなして走っていく。鼻息も荒く走る自動車、トラック、蒸気機関つきの車、自転車乗りたち、バス、バス、宙をとぶ自動車の群れ、駆けていく人びと、トラクター、救急車、りすのようにバスの屋根にのぼっていく人びと、モーターつきの象の新しい群れ、とこんなぐあいだが、今や、それらすべてが立ち往生し、唸《うな》りひびく奔流は、もはや少しも前へ進めなくなる。

わたしも進むことができないまま、それらのあいだを横切って、通りの向こう側へ渡らなければならないと考えていた。あのとき引き起こされた恐怖をまざまざと思い出す。

その横断はまあまあ成功して、以後、かぞえきれないほどロンドンの街路を横切った。しかし、生きているかぎり、連中とは仲よくなれそうもない。

あのときわたしは、打ちひしがれ、絶望的な気持ちになり、心身ともにくたくたになって、ロンドンの市中から帰ってきた。生まれて初めて、現代文明に対して、むしょうにすさまじい抵抗を感じた。この恐ろしい人の集積には、なにか野蛮で破局的なものがあると思った。

このロンドン市には七五〇万人もの人間がいるそうだ。もっとも、人数をかぞえたわけではない。わたしにわかるのは、ただ、この大集団についての第一印象が、ほとんど悲劇的だったことである。わたしは不安だった。そして、このうえなくプラハを恋しく思った。まるで、森の中で迷った小さな子供のようだった。そう、怖かったと白状してもかまわない。

わたしが怖かったのは、迷子になること、バスにひかれること、わたしの身の上に何かが起きること、自分が消えてしまうこと、人生に価値がないこと、人間は大きなバクテリアで、かび臭いじゃがいもに何百万もまとまって群がっているのだということ、それがただの醜い夢にすぎないだろうということ、人類がなにか恐ろしい破局を迎えて消滅してしまうこと、人間は無力であること、なんの理由もなしに、わたしがわっと泣き出すこと、そのわたしをみんなが、七五〇万の人びとみんなが笑うだろうということ、だった。

おそらく、いつか、あとになって、最初のひと目でわたしをこんなに怖がらせ、かぎりなく不安にさせたものが何なのかが、はっきりわかるだろう。

しかし、まあよろしい。今ではわたしもいささか慣れて、歩き、走り、避難し、乗り物に乗り、車の屋根にのぼったり、エレベーターや地下鉄、別名チューブの中をせわしく行き来して、ほかの誰とも同じようにしている。

ただし、ただ一つの代償が必要である。それは、そのことを考えてはいけない、ということだ。まわりで起こっていることを意識しようとするやいなや、なにか悪い、化け物じみた、破滅的な感じがふたたび起こって、どうしようもなくなる。

そして、おわかりだろうが、我慢できないくらい、さびしくなるのである。

時どき、これらすべてが、たとえば三十分ほど停止してしまうことがある。その理由は、単に車の数が多すぎるということだ。

時どき、チャリング・クロスで渋滞の結節ができ、それがほぐれる前に、英国銀行、つまりザ・バンクから、ブロンプトンのあたりまで車がとまってしまう。その間《かん》、車中にあって、二十年後にはどうなるか、つらつら考えることができる。このような渋滞は、明らかに頻繁に起こるので、この問題を考える人の数も多いことになる。

現在のところ、屋根の上を通るのか、地下を行くべきかは、決定されていない。ただ一つ確実なのは、地上はもうだめだということで、これは現代文明の注目すべき成果である。でも、わたしに関するかぎりは、大地から力を得た古代ギリシャの巨人アンテウスのように、地上通行に優先権を与えている。

ごらんのような絵を描いたが、現実にはもっと悪く見える。というのは、まるで工場のようにうるさいのだから。それでも、運転手たちは、ブーブーと、まるで狂ったように警笛を鳴らすこともなく、人びとは決して罵声をあげない。ほんとうに静かな人たちばかりである。

ところで、いろいろのことに加えて、つぎのことがわかった。町の中で、「オエイオー」と野蛮な声をあげているのは、じゃがいものことで、「オイ」は油、「ウウー」というのは、なにか謎めいた物の入った壜《びん》のことだ。時には、大通りの歩道のへりに一団の楽隊が立ち、トランペットを吹き、ドラムをたたいて、小銭を集めている。あるいはイタリア人のテナー歌手が窓の前に起立して、『リゴレット』、『トロヴァトーレ』、または「われとわが身をかきむしったの」というような熱烈な憧れの歌を、ま

NEWS
LET
FURNITURE
BOVRIL
PURVEYORS
HOSIER
FRIDGE
MAPLES
VOICE
FOR SALE
VIROL
TO BE LET
TOBACCO
FOR SALE
LIVER PILLS
UNDERGROUND
SHOES

TRAFFIC

るでナポリにいるかのように歌っている。しかし、そのかわり、口笛を吹いている人間には、一人しか出逢っていない。場所はクロムウェル・ロードで、その人物は黒人だった。

ハイド・パーク

このイギリスの地で、このうえなく悲しい気分になっていたとき――それは、なんともいえぬわびしさにとりつかれた日曜日のことだった。――わたしはオクスフォード・ストリートぞいに歩きだしていた。ただひたすら東の方へ、わが祖国へ少しでも近づこうとしていたのだが、方向がこんがらがって、まっすぐ西の方へさまよい、そのため、気がついてみると、ハイド・パークのかたわらに立っていた。

そこはマーブル・アーチと呼ばれるところで、その理由は、文字どおり、そこに大理石の門があるからだが、その門はどこへも通じていない。なぜそこに立っているのか、ほんとうにわからない。いくぶんあわれをもよおして、わざわざその門を見に行きさえした。すると、同時に目に入ったものがあり、そこには大勢の人が集まっていたので、そちらをのぞきに走っていった。何が起こっているのかわかったとき、わたしばらくすると、何もしはぐっとうれしくなった。

そこはとても大きな空地で、希望者は椅子か演壇をもってきて——または、何ももってこなくてもいいのだが——演説をはじめることができるのだ。しばらくすると、五人か、二十人か、または三百人もの人たちがその演説に聞き入る。

聴衆は演説者の言葉に応じたり、反対したり、頭をふったりする。時には演説者といっしょになって、敬虔《けいけん》だったり世俗的だったりする讃美歌を歌う。時には聴衆の中の反対者が、自分のほうに人びとを横どりしてしまい、自分でいろいろ言葉を並べたりすることもある。時には、群集がなんとなく分裂したり、新しく芽を出したりして、まるで最下等の有機体や細胞の集落のように分かれていく。しっかりとして変わらない一貫性をもつひと握りの群れもあるが、しょっちゅう人がこぼれ落ちたり、あふれたりし、成長したり、ふくれあがったり、いくつかに増殖したり、分かれて散らばったりする群れもある。

いくつかの大きな教団は、それなりの巡回用説教壇をもっているが、大部分の演説者は、じかに地上に立ち、湿った巻き煙草《たばこ》をくわえて、菜食主義や、神様や教育や、賠償問題や心霊論について説教している。こんな様子を見たのは、生まれて初めてだった。

わたしは罪深い人間で、もう長年、どんなお説教にも出席したことがなかったので、耳を傾けに行った。遠慮深い気持ちから、小さい静かな一団に加わったが、そこで話しているのは、きれいな眼をしたせむしの若者で、明らかにポーランド系のユダヤ人だった。かなり時間がたったあとで、その青年の主張するテーマは、学校教育のことにすぎないことがわかった。

そこから大きな人だかりに移ると、そこでは、演壇の上でシルクハットの老紳士がぴょこんぴょこんと、とびあがっていた。確認したところでは、この人は、なにかハイド・パーク宣教師団の代表だった。両手をあまり勢いよくふりまわすので、演壇の小さな手すりを越えてとび出してしまうのではないかと、怖くなるくらいだった。

次の人だかりで説教しているのは、年輩の婦人だった。わたしは、女性解放に決して反対ではないのだが、ご存じのように、女性の声は、要するに、聞くに堪《た》えない。ともかく女性は、公衆の面前で何かするには、生まれながらにしてその肉体的器官(わたしは発声器官のことを言っているのだが)のために、ハンディキャップを負っている。女性が演説するのを聞くと、わたしはいつも、自分が小さな子供で、母に小言を言われているような気がする。この鼻眼鏡をかけたイギリスの婦人が、なぜお小言をおっしゃるのか、よくわからなかった。わかったのは、ただ、われわれ自身をかえりみよ、と金切り声で叫んでいることだけである。

つぎの群れでは、カトリック教徒が、高々とかかげた十字架の前でお説教をしていた。生まれて初めて、異教徒に信仰を説く場面を見たわけだ。たいへんすばらしい説教で、最後は歌になり、わたしは、テナーの高音で歌ってみようとした。ただ、残念ながらメロディを知らなかった。群集の何人かは、完全に歌に没頭していた。そのまん中に、タクトをもった小さな男が立って、キーになる音を示し、群れ全体が実際とても品よく、対位法にかなう歌唱ぶりだった。

わたしはこの教区には属していないのだから、ただ黙って聞いていたほうがよいと思っていたが、隣にいたシルクハットの紳士が、わたしにも歌えとしきりにうながすので、やむなく大声で奉唱し、わが主を、言葉なく旋律なくほめ讃えまつった。

そこへ、ひと組の恋人たちがやってきた。若者は口から巻き煙草を取って歌い、娘もまた歌い、老貴族も、わきの下にステッキをはさんだ若者も、歌いまくった。輪のまん中にいるみすぼらしい小男は、まるでグランド・オペラの劇場ででもあるかのように、優雅に指揮をしていた。ロンドンで、今までにこれほど気に入ったものはない。

わたしはさらに、もう二つ、別の教会でも歌を歌い、社会主義についての説教と、首都世俗協会とやらの福音をも拝聴した。

HYDE PARK
Thy
LORD
calleth
THEE

なにごとかを論じ合っているいくつかの小さな群れのところでも、しばらく足をとめた。なみなみならぬおんぼろ紳士が、保守的な社会原理を主張していたが、とてもひどいロンドンの下町言葉、コクニー訛《なま》りなので、まるっきり理解できなかった。それに反論しているのは、進化論的社会主義者で、これはどこから見ても上等な銀行員だった。

別のグループは、たった五人だけだった。そこにいたのは、褐色《かっしょく》のインド人、平たいキャップをかぶった片眼の男、がっちりしたアルメニア系のユダヤ人、パイプをくわえた無口な二人の男である。片眼の男は、なにかおそろしく悲観主義的な口調で「何かは時どき無である」と主張し、一方、インド人はもっと楽しい意見で「何かはいつでも何かである」と弁じ、それを二十回も、まったく下手な英語でくり返していた。

さらに、一人のおじいさんが立っていて、その手中には「汝《なんじ》の主は汝を呼びたまう」と書いた旗のかかった長い十字架があった。弱々しい声でなにごとかを訴えていたが、誰も聞いてはいなかった。さまよえる異邦人として、わたしもその場に立ちどまり、その人のために一人だけの聴衆となってやった。

それから、もはや夜になっていたので、わが道を辿《たど》って家路につこうとした。すると、神経質そうな感じの男がわたしを引き止めた。なにか言ったのだが、わからない。

そこでわたしはその男に、わたしがよそ者であること、ロンドンとは恐ろしい存在であること、でもイギリス人は好きであること、また、わたしは多少世間を見てきたが、ハイド・パークの演説者たちほど気に入ったものはめったにないことを話してやった。わたしが全部話し終わらぬうちに、十人もの人たちがまわりに集まって、静かに聞いていた。新しい教団を設立しようとすることもできたのだが、十分に過ちのない信仰上の論議は少しも思い浮かばず、そのうえ英語も十分にはできないので、その場を退散した次第である。

ハイド・パークの柵《さく》の向こうでは、羊たちが草を食《は》んでいた。わたしがそちらを見ると、そのうちの一匹、明らかに最長老の奴が、立ちあがってメーメーとお説教をしはじめたので、わたしもその羊派のお説教に聞き入った。お話が終わるのを待って、やっと家路についたが、神様へのお勤めをすませたように、すがすがしい満ち足りた気分だった。

このことを、民主主義、イギリス人の性格、信仰の必要性、その他もろもろについてのすばらしい考察に結びつけることもできるだろう。しかし、この出来事すべてを、その自然のままの美しさにまかせておくほうがいいと、わたしは思っている。

自然史博物館にて

「大英博物館へ行きましたか」

「ウォーレス・コレクションを見ましたか」

「テイト・ギャラリーへは、もういらっしゃいましたか」

「マダム・タッソーの蠟《ろう》人形館は、ごらんになりましたか」

「サウス・ケンジントン博物館は、回って見ましたか」

「ナショナル・ギャラリーへは行きましたか」

はい、はい、はい。どこへも行ってみました。しかし今は、ひと息入れて、なにかほかのことを語らせていただきたい。

さて、何を言いたいと思ったのだろう。そうだ、不思議にして偉大なるかな、自然。そしてわたし、疲れを知らぬ旅人として、絵と彫刻を巡礼してきたわたしは、自然史博物館の貝類と岩石の結晶類が、最大の喜びを与えてくれたことを告白する。

もちろん、マンモスも恐竜も、たいへん美しい。魚、蝶、羚羊《かもしか》、その他、草原の獣も同様だ。しかし、いちばんきれいなのは、二枚貝や巻き貝の仲間である。というのは、その仲間は、遊び心のある、なにかに魅せられた神の霊が、無限の可能性をもってたわむれに創造したように見えるからだ。

ばら色をして乙女のくちびるのようにぽってりしたもの、赤紫、琥珀《こはく》、真珠色、黒、白、斑点《はんてん》入りのもの、かなとこのように重いものや、おとぎ話に出てくる妖精の女王マブの宝石箱のように金銀の線条《せんじよう》入りのもの、ぐるぐる巻いたもの、ぎざぎざのついたもの、とげとげのもの、まるいもの、腎臓や眼や、くちびるや、矢、ヘルメットに似たもの、また、この世のものとも思われないものさえある。さらに、半透明なもの、日焼けしたもの、やわらかいもの、恐ろしいもの、とても筆舌《ひつぜつ》につくせないもの。

さて、何を言いたかったのだろうか？

そうだ、そのあとで人工の宝物や宝石、家具や武器や衣服、じゅうたん、彫刻、陶器、人の手で彫られ、刻まれ、紡《つむ》がれ混ぜられ、穿《うが》たれ、人目につくよう飾られ、彩色され、磨きをかけられ、縁どりされたり編まれたりしたさまざまな品物の収集を見て回ったとき、わたしには、あらためて見えてきた——不思議にして偉大なるかな、

自然。

そこにあったのは、すべてが異なる種類の貝で、それぞれが異なる神のような、そして必要やむを得ざるたわむれによって考案されたものなのだ。

これらすべてを、創造の狂気にうちふるえながら、裸でやわらかいかたつむりの仲間が、自分で創り出したのである。すばらしき小物、日本の根付《ねつ》けや、東洋の織物よ、きみをわが家に置けるとしたら、きみはいったい、わたしにとって何になるだろうか。それは、人類の秘蹟《ひせき》、人間のあかし、異国の言葉、そして優雅な美となるだろう。しかし、このおそろしくはかりしれぬ貝の集積の中には、もはや、個人的なものも、人間の手も、歴史さえもない。存在するのは、ただ、狂気じみた自然、生物創造の天才、時をもたぬ大海原から探り当てられた、美しく不思議な貝類の幻想的な豊富さだけである。

自然の身にもなってみるとよい。創り出せ、創り出せ、不思議な、美しいものを。溝がついたり、巻いたり、派手な色をした半透明なものを。より豊かに、より不思議に、そして、より清らかなものを創り出せば創り出すほど、自然か、さもなければおそらく神に近づけることだろう。偉大なるかな自然。

しかし、鉱物の結晶類、その形態、規則性、そしてその色彩のことも忘れてはならない。大聖堂の柱のように大きな、また、かびのようにやわらかな、そして針のように鋭い結晶類がある。淡く白いもの、青いもの、この世のものとも思われぬような緑色のもの、炎のような色のもの、また、漆黒《しっこく》のもの。数学的な、完全な、頭のいかれた学者たちが組み立てたようなもの。または肝臓、心臓、巨大な性器、そして動物の粘液を思い出させるもの。そこには、鍾乳洞《しょうにゅうどう》や怪物めいた鉱物の糊《のり》の泡がある。そこには、未熟な発酵状態、融合、成長、建築学と工業技術が存在する。

神かけて誓言《せいごん》するが、あのややこしいゴシック建築の教会も、自然の結晶体の中では、もっとも複雑なものではない。われわれ人間界にさえも、結晶化の力は持続している。エジプトはピラミッドとオベリスクの形で結晶し、ギリシャは神殿の柱の形で、ゴシック様式は高い尖塔《せんとう》の形で、そしてロンドンは、黒い泥の煉瓦《れんが》の形で結晶になっている。

構造と構成の無数の法則が、秘密の数学的稲妻《いなずま》として、物質の中を駆けめぐっている。自然と同一水準になるためには、正確で数理的で、そして幾何学的でなければならない。数と幻想、法則と多産が、自然の持つ熱っぽい力なのだ。緑陰に座することではなく、結晶体とアイディアを創造することこそ、自然と肩を並べることを意味する。法則と形態を創り出すこと、神のごとき計算という、きらめく稲妻によって物質を貫通することが重要なのだ。

ああ、それにくらべて、詩とは、なんと奇態に乏しく、なんと大胆さと正確さに欠けるものだろう!

巡礼、さらに多くの博物館をめぐる

全世界のすべての宝物を、豊かなイギリスが引き寄せて、自分のところへ集めてしまった。自身ではそれほど創造の才をもたないのだが、集めてきたものは、じつにおびただしい。

ギリシャのアクロポリスのドーリス式小間壁、エジプトの斑岩《はんがん》や花崗岩《かこうがん》の大柱、アッシリアの浮彫りのある玉石、古代ユカタンの結節のある造形物、ほほえむ仏像、日本の版画と漆器、ヨーロッパ大陸の芸術の成果と、植民地からの雑多な遺物。鉄細工、織物、ガラス、つぼ、嗅《か》ぎ煙草《たばこ》入れの小箱。りっぱな装丁の書籍、彫像、絵画、エナメル、象嵌《ぞうがん》された書物机、サラセンのサーベル、そして、神よ、われを助けたまえ、ほかには何があるかわからない。たぶん、この世界でなんらかの価値があるものすべて、であろう。

かくて、今やわたしは、さまざまな芸術様式や文化を十分に学んだと確信すべきかもしれない。芸術における発展の諸段階について、何ごとかを語るべきかもしれない。嘆賞と学習のため、ここに展示されているすべての資料を、頭の中で分類し、組み分けすべきかもしれない。しかし、そのかわりに、わたしはみずからの虚飾を破りすて、みずからに問う――人間の完全性はいずこにありやと。

実際、それがどこにでも存在するのは、恐ろしいことだ。実際、人間の完全性が、人間の存在の当初からさえ発見できることは、ぞっとするような現象である。それは、最初の石斧《せきふ》の創造の場合にも、アフリカのブッシュマンの絵の中にも、中国でも、フィジー諸島でも、古代アッシリアのニネヴェの町にも、そして、人間が自分の創造生活の遺品を証拠として残したすべての場所で発見される。そんなに多くのものを見たのだから、せめて何かすぐれたものを選ぶことならできるだろう、と思われる。

よろしい、こう申しあげよう――最古の屑入れのつぼがつくられたときと、有名なポートランドのつぼに装飾がほどこされるときと、人間としてはどちらがより完全で、より高度で、より魅力的かは、わからない。穴居人《けっきょ》であることと、ロンドンのブルジョア地区ウェスト・エンドのイギリス人であることと、どちらがより完全であるかは、わからない。ヴィクトリア女王の肖像をキャンバスの上に描くことと、火の国フェゴ

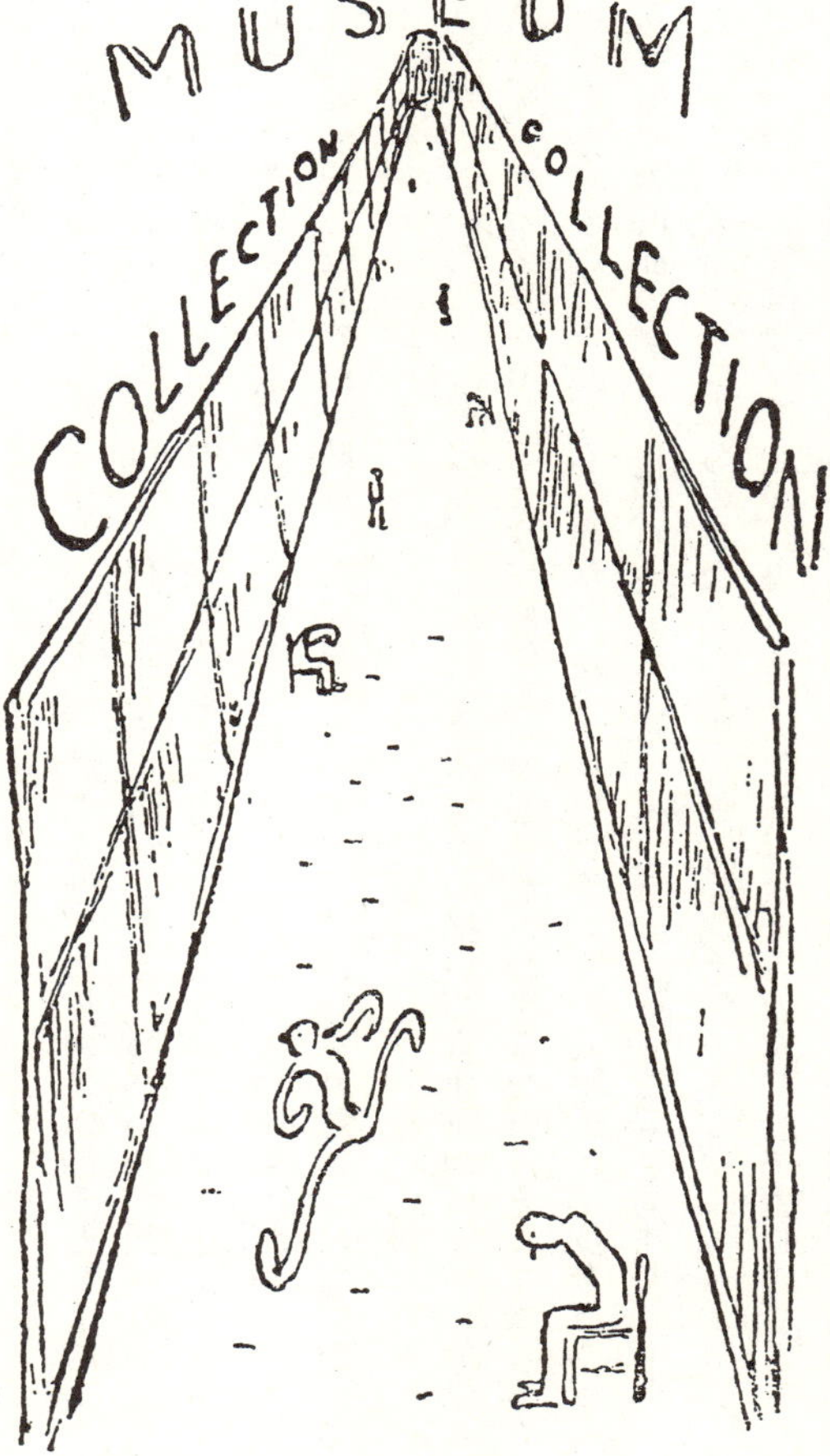
MUSEUM
COLLECTION
COLLECTION

島の原住民がするようにペンギンの姿を空中に指で描くことと、どちらがより高度で神々しい芸術なのか、わからない。

それは恐ろしいことだ、と申しあげたい。時間と空間の相対性は恐ろしいものだ。しかし、もっと恐ろしいのは、文化と歴史の相対性である。われわれの後にも前《さき》にも、人間の静穏《せいおん》と理想、十分な内容と完全性をもつ絶対的な点は、どこにも存在しない。なぜなら、そのような点はどこにでもあると同時に、どこにもないものだから。人間が作品を固定させた空間と時間のどの点をとっても、それは乗り越えられないからである。

そして、わたしには、もはや、巨匠レンブラントの描いた肖像画のほうが、アフリカの黄金海岸のダンス用仮面より完全なものかどうか、わからない。あまりにも多くのものを見すぎた。それでも、われわれは、レンブラントの人物画と、黄金海岸または象牙《ぞうげ》海岸の仮面の優劣を比較しなければならない。それは進歩でもなく、〝上昇〟でも〝下降〟でもない。あるのはただ、無限に新しい創造性のみだ。

これが唯一の実例で、それが歴史、文化、収集、全世界の宝物殿を生むのである。狂気のごとく創造せよ、たゆみなく創造せよ。この場所で、この瞬間に、人間の作品の最高にして完全なるものを創り出さねばならない。五万年前のように、またはゴシックの聖母像の場合のように、または、イギリスの画家コンスタブルが描いたあの嵐の風景画におけるように、人は高く高く上昇しなければならない。一万もの伝統があるとしたら、実際には、なにも伝統がないのと同じである。それだけ豊富なものの中から何かを選ぶことは、とてもできない。その全体に、今までなかったものをつけ加えることができるだけなのだ。

ロンドンの収集展示物の中に、象牙の彫刻や刺繡のある煙草入れの袋を探そうと思えば、見つけられる。人間の作品の持つ完全性を求めようとすれば、インドの博物館やバビロンの画廊の中に、フランスの画家ドーミエ、イギリスの画家ターナー、フランスのロココの画家ワトーなどの絵、イギリスの政治家であり考古学者だったエルギンのもたらした古代ギリシャの大理石像の中に、見出される。

しかし、そのあと、この買収による世界の宝物の収集から脱け出て、何時間も何マイルもバスの背に乗って、ロンドンの市街を、イーリングからイースト・ハムへ、クラハムからベスナル・グリーンへと旅することもできる。しかも、その間《かん》、人間の作品のもつ美と高揚に目を楽しませるところは、ほとんど見つからない。

芸術は、画廊や博物館のガラスの背後と、金持ちの部屋の中に飾られるものになっている。芸術は、ここ、町の中を走り回らず、きれいな出窓ごしに目を見張っていることともなく、記念碑のように街角にも立たず、親しみ深い、または心に残るような言葉であいさつもしてくれない。わたしには、何かよくわからない。たぶん、この国を芸術的に干からびさせたのは、ただのプロテスタンティズムなのだろう。

巡礼、動物と有名人を見る

動物園と大植物園キュー・ガーデンへ行かなかったら、恥ずべきことだろう。とにかく、なんでも見てやろうというわけだ。

そして象が水浴びするのを、豹《ひょう》たちがやわらかなおなかを夕陽に向けてひなたぼっこしているのを見、巨大化した牛の肺に似ている、恐ろしい河馬《かば》の口の中をのぞき込み、キリンが老嬢のごとくデリケートに遠慮がちにほほえむのをあやしみ、ライオンが眠る姿を、猿が交尾する様子を、われわれ人間が帽子をかぶるようにオランウータンがかごを頭にのせるところをのぞいた。

インドの孔雀《くじゃく》は、わたしのために尾羽根をいっぱいに開いて、誘うように爪で地面を引っかきまわし、水族館の魚たちは虹の七色に輝き、犀《さい》は、その体よりもっと大きく縫われた皮の中に閉じこめられているようだった。

もう十分、もう十分になるまで数えあげた。もうこれ以上、何かを見たいとは思わない。

しかし、先日は、鹿を描こうとしたが思い出せなかったので、リッチモンド・パークへ出かけた。そこには、たくさんの鹿が群れをなしている。鹿たちは怖がる様子もなく人に近づくが、菜食主義者がとくに好きで寄ってくる。鹿を正当に扱うのはむずかしい仕事だが、一群全体を描くのに成功した。

群れの背後の芝生の上では、ひと組の恋人たちがいちゃついていた。わたしは絵の中に彼らを入れなかった。二人のしていることは、わが国の恋人たちのすることと同じだったから。ただ、わが国では、あんなにおおっぴらに、していないだけである。

その後、キュー・ガーデンの温室に入って、椰《や》子《し》やつる草や、あの狂った大地をおおうすべてのものに囲まれて、汗を流した。ロンドン塔の前では、大きな熊毛帽をかぶり、赤い上衣を着た兵士が、速足で歩くのを見た。その兵士は、方向を変えるたびに、まるで犬が後足《あとあし》で砂を掻《か》くような格好をして、地面を足で蹴《け》っていた。マダム・タッソーの館へも行った。どんな歴史的事件がこの特別な習慣と結びつくのか、それは知らない。マダム・タッソーの館というのは、有名人たち、つまり、その人たちの蠟人形の博物館である。

そこには、王室ご一家（アルフォンス王もおいでだが、いささか虫に食われている）、マクドナルド内閣、フランスの歴代大統領、作家のディケンズとキプリング、元帥閣下たち、フランスのテニスの女王ラングレーヌ嬢、前世紀の有名な殺人鬼たち、ナポレオンの遺品、たとえば靴下やガードルや帽子などが置かれ、さらに不名誉な場所にドイツのヴィルヘルム皇帝と、オーストリアのフランツ・ヨーゼフ皇帝が飾ってあるが、その年齢のわりには、まだ新鮮に見える。

とくにすばらしい、シルクハットをかぶった紳士の人形のそばに立ちどまり、いったい誰なのかと、カタログの人名を探していると、突然、その紳士がぴくりと動いて出ていった。ぞっとするような出来事だった。

二人の娘さんが、しばらくのあいだ、カタログをあちこち見て、誰をあらわす人形なのか探していたのは、わたしのことだった。

このマダム・タッソーの館で、少し不愉快なことを認識した。それは、わたしが人間の顔についてなにも読みとれないのか、または、人相学とは嘘っぱちなものか、どっちかだということである。たとえば、十二番の山羊ひげをはやして座っている紳士が、ひと目でわたしをとらえた。カタログの中で発見したのは、次の文句である。

「十二番。トマス・ニール・クリーム。一八九二年処刑。ストリキニーネを用いて、マチルダ・クローヴァーを殺害。さらに、三人の婦人に対する殺人罪で告発された」

実際、その顔は、とてもあやしげだった。

「十三番。フランツ・ミュラー。列車内でブリッグス氏を殺害」

うん、なるほど。

「二十番」ひげをきれいに剃った紳士で、ほとんどまともな人に見える。「アルトゥル・デブロー。一九〇五年処刑。〝トランク殺人者〟と呼ばれ、犠牲者たちの死体をトランクにかくしていた」

恐ろしいことだ。

「二十一番」――いや、この尊敬すべき聖職者が「レディングの幼児殺しのダイヤー夫人」であるはずがない。見なおしてみると、わたしはカタログのページをまちがえていたので、自分の印象を訂正せざるをえなかった。

十二番の、座っている紳士は、作家のバーナード・ショー氏であり、十三番はフランスの飛行士ルイ・ブレリオで、二十番はイタリアの物理学者グッリエルモ・マルコーニにすぎない。

もう今後、二度と、人間を顔で判断しないようにいたしましょう。

クラブ

このことをお話しするのに、遠慮せねばならぬわけがあるだろうか。そうなのだ、わたしは、ロンドンのもっとも閉鎖的な高級クラブのいくつかに紹介されるという、身にあまる栄誉を与えられた。これは、どの旅人の身の上にも起こるようなことではない。そこで、どんな様子なのか、説明を試みよう。

あるクラブの場合は、こんなだった。その名は忘れてしまい、どの通りにあるのかもわからない。ただ、まるっきり中世風のアーケードをぬけて、左へ右へ、さらに別のほうへと連れて行かれ、窓が完全にふさがっている家に着き、その内部へ案内されたが、それはまるで物置小屋のようで、そこから地下室へ下りると、そこにそのクラブがあった。

そのクラブには、ボクサーたちと文士連《れん》と美しい娘たちがいて、樫《かし》の木のテーブルと、クレイの床があり、まるで手のひらのように小さな場所で、奇怪な恐ろしい穴ぐらだった。そこでわたしは殺されるのだと観念した。ところが、瀬戸物の皿にのせた食べ物が提供され、みんなやさしい、よい人たちばかりだった。

そのあとで、南アフリカの走り幅跳びのチャンピオンが、わたしを外へ連れ出してくれた。今日《こんにち》でも、あのクラブでわたしからチェコ語を習ったきれいな娘さんのことを、おぼえている。

二番目のクラブは、とても有名で、創立百年の歴史があり、限りなくおごそかである。このクラブには、ディケンズ、ハーバート・スペンサー、その他多くの有名人が籍をおいた。その人たちの名前を、そこの給仕長か執事か、あるいはドアマンか（さもなければ、いったい、何だったのだろう）が、わたしにすべて教えてくれた。

その人物は、その作家たちの作品を全部読んでいるらしい。とても貴族的で威厳にみちていて、まるで文書記録保管所のお役人のようだった。その人が、この歴史的な御殿《ごてん》全体を案内してくれた。図書室、読書室、古い金属彫刻、暖房つきの化粧室、浴室、由緒ある肘《ひじ》かけ椅子、紳士がたの喫煙用サロン、書き物をしたり喫煙したりする別のサロン、喫煙したり物を読んだりするもう一つのサロン。どこへ行っても、名誉と古い革の肘かけ椅子の匂いが漂っている。

そうだ、聞いてもらいたい。わが国にもこんな古い革の椅子があったら、伝統も維持されるだろう。

もし、演劇学者フランチシェク・ゲッツが、ザークレイスの椅子に、詩人シュラーメクがシュミロフスキーの椅子に、また、たとえば哲学者ラードル教授が故ハッタラ教授の椅子に〔*1〕、それぞれ座れるとしたなら、どのような歴史的連続性が生ずるか、ご想像いただきたい。

わが国の伝統は、こんなに古い、同時に、座り心地のよい安楽椅子の上には置かれていない。座るべきものがないので、伝統は宙に浮いてしまっているのだ。そんなことを考えたのは、由緒ある椅子の一つに座る名誉を与えられたときだった。わたしにとっては、少しばかり歴史的な固苦《かたくる》しい出来事だったが、その点を除けば、まったく座り心地のよいものであった。

わたしは、そのあたりにいる歴史的人物たちを、それとなくのぞいてみた。その人たちの一部は壁にかかっており、一部は安楽椅子に身を沈めて、『パンチ』誌や紳士録を読んでいた。誰もひとこともしゃべらず、ほんとうに威厳にみちみちている。わが国も、このように沈黙にみちた場所を持つべきである。一人の老紳士が、二本のステッキをついて部屋の中をとぼとぼ歩いているが、「すばらしい格好だよ」などと悪

CLUB

意にみちたことを口にする者は、誰もいない。別の人物は新聞にすっかり埋没して(その顔は見えない)、誰かと政治について語ろうなどという、強い必要は感じていないようだ。

ヨーロッパ大陸の人たちは、語ることに最大の重要性をおくが、イギリス人は、沈黙をもって尊しとする。このクラブにいる人たちは、全員、王立学士院の会員か、有名人の死体か、または元大臣たちであるように思えた。誰も、何もしゃべらないのだから。

わたしが入っていったときも、誰もわたしのことを見なかったし、出てきたときも、誰もふり向かなかった。わたしもこの人たちのようになろうとしたが、目のやり場に困ってしまった。わたしは、何もしゃべらないときは何かを見ているし、何も見ていないときは、なにか妙なことか冗談めいたことを考えている。そこで、つい声を立てて笑ってしまうという不始末をしでかした。それでも、誰もわたしのほうをふり向かなかった。

これには、まいった。この人たちは、なにか儀式を執《と》り行なっているのだ。この儀式には、パイプで煙草《たばこ》を吸うこと、紳士録を丹念に調べること、そして同時に、沈黙することがつきものになっている。

この沈黙は、孤独な状態にある人の沈黙ではなく、ピタゴラス派の哲学者の沈黙でも、神の前での沈黙でも、死の沈黙でも、瞑想《めいそう》にふけるための沈黙でもない。それは特別な、社交的な洗練された沈黙で、紳士の中の紳士の沈黙なのである。

わたしは、そのほかにも、いくつかのクラブに行った。当地には、さまざまな毛色と目的をもつ何百ものクラブがあるが、いちばん上等のものは、すべてピカデリーまたはその周辺に存在し、古い革の肘かけ椅子と沈黙の儀式をもち、完全無欠のウェイターがいて、さらに女人禁制である。おわかりのように、これはたいへんすぐれている点だ。

そのほか、これらのクラブは、古い様式の石造りで、スモッグのために黒ずみ、雨のために白っぽくなっている。内部には、りっぱな調理室、大きなサロン、静寂、伝統、給湯設備、各種の肖像画と、ビリヤード台、その他、多くの記憶に残るものがある。

また、クラブと名のつくものには、政治クラブや、女性のクラブ、ナイトクラブもあるが、そういうところへは行かなかった。

この場所、つまりクラブにふさわしいのは、社交生活、男の修道生活、上等の料理、古い肖像画、イギリス人的な性格、その他、関連するさまざまな問題について瞑想にふけることである。しかし、旅にある人間としては、さらに新しい知識へ、新しい知識へと、進んでいかなければならない。

＊1　いずれも当時のチェコスロヴァキアで有名な学者や詩人。

最大の模範的見本市　大英博覧会

1

ウェンブリーの博覧会で、何がいちばん多いかを、まずとり急ぎ言わねばならぬとしたら、それは決定的に人間だ、ということになる。それと、修学旅行団である。

わたしは、大衆や有性生殖や、子供たちや、学校や、実物教育やらの味方ではあるが、白状すると、この狂ったような、押し合いへし合いし、走りまわり、足踏みならす、椰子《やし》の実頭《み》にまるいキャップをかぶった男の子たちの群れや、迷わないように手をつなぎ合った女の子たちの鎖の中を通りぬける道を開くために、機関銃を手にしたいと、しばし考えたくらいだ。

時間をかけて、かぎりなき忍耐力を発揮して、やっと陳列仕切りの近くまでたどりついた。そこでは、ニュージーランドのりんごが売られ、オーストラリア産の稲穂や、バーミューダ製のビリヤード台が展示されていた。

そしてついに、カナダ産のバターでつくられている英国皇太子プリンス・オヴ・ウエールズの像と会見することに成功したが、これはわたしを遺憾《いかん》の念でみたした。なぜ、ロンドンの記念物の大部分も、このようにバターで作られていないのだろう。

しかし、その後はまた、人の流れのままに運ばれて、目の前の太った紳士の首すじや老婦人の片耳を見つめ、身をまかせていた。べつに、なにも文句を言っているわけではない。オーストラリアの冷蔵室のどこかに太った紳士たちの首が展示されたり、ナイジェリアの粘土の御殿の中に老婦人たちの乾いた耳の入った籠《かご》がならべられたら、さぞ人びとが押しかけることだろうに。

ウェンブリーの博覧会の挿し絵つき案内書を書こうなどという考えは、力およばずとあきらめている。どのように、この、商品がかくも豊かに流れ出る「豊饒《ほうじよう》の角《つの》」〔＊1〕を描くべきだろうか。

そこにあるのは、剝製《はくせい》の羊、乾いたプラム、フィジー製の安楽椅子、ワニスを取るマレー半島のダマルの樹脂や、錫《すず》の鉱石の山、羊のもも肉の輪、大きな鳥の目に似た

INDIA
CANADA
NIGERIA
ROOM
TEAS
LUNCHEONS
DINNERS
RESTA
GENTLEMEN

乾燥コプラ、缶詰のピラミッド、ゴム製のシェード、南アフリカの工場生産の古期イギリスの家具、シリアの干しぶどう、砂糖きび、羽も生えそろわぬひなどりとチーズ。それに、ニュージーランドのブラシ、香港《ホンコン》からの菓子、マレー産の何かのオイル、オーストラリアの香水、錫鉱山《すずこうざん》の模型、ジャマイカ製の蓄音器、そしてカナダからのバターの山脈。

おわかりのように、これは世界一周の旅か、むしろあまりにも巨大な市場めぐりである。これほど大きな見本市に行ったのは、初めてだった。

美しきかな、機械類の大殿堂。そして、イギリスの造型芸術のなかでもっとも美しい作品は、機関車、船、ボイラー、タービン、トランス、額に二本の角があるなんとも不思議な機械、いろいろなやり方で、ぐるぐるまわり、ガタガタふるえ、ドシンドシンとぶつかる機械類で、それらは、自然史博物館にある先史時代の恐竜よりも、はるかに幻想的で限りなく優雅である。

何という名で、どんなふうに用いるのかは知らないが、とにかく美しい。時には、ただの、ねじのおっかさん、母型機（重さ百ポンド）が形態的完成度の頂点におさまっている。

機械には、パプリカのように赤いもの、どっしりした灰色のもの、縞《しま》入りの真鍮《しんちゅう》製のもの、黒くて墓石のように壮大なものがある。そして、不思議なのは、あの「各戸前二本柱七階段」を案出した時代が、このように尽きせぬ驚異を、形態と機能における美さえも、金属の形をかりて創作したことだ。

今、想像してほしいのは、これらの機械類が、プラハのヴァーツラフ広場よりも大きいところにぎっしりつめ込まれていること、これは、フィレンツェのウフィツィ美術館とヴァチカン博物館の収集品をいっしょにしたよりも多いこと、その大部分が、ぐるぐる回り、シュウシュウ音をたて、オイルを注入されたスライドバルブで物を砕《くだ》き、鋼鉄のあごをガタガタ鳴らし、油の汗を流し、真鍮色の光を放っていることである。

これは金属時代の神話だ。現代文明が達成した、なみなみならぬ完全性は、機械的なものである。機械類はすばらしく、完全無欠だ。しかし、それらに仕える、またはそれらに奉仕される人生は、少しもすばらしくはなく、輝かしくもなく、機械より完全でもなければ、機械よりうるわしくもない。機械類の作り出すものも決して完全ではないが、ただ、彼ら、機械類だけは、神のごとくである。

おわかりになるように説明すると、わたしはその実際のモデルを、この博覧会の工業技術館で発見した。それは、まるい絶対安全金庫で、そのピカピカ光る装甲の球体が、黒い祭壇の上に鎮座して静かにぐるぐるまわっているのだ。これは不思議であり、いささか不気味でもある。

わたしを故国へはこび去ってくれ、フライング・スコッツマン号〔*2〕よ、すばらしき百五十トンの機関車よ。海を越えて、わたしを故国へ連れて行ってくれ、白く光る汽船よ。

かの故国で、わたしはイブキジャコウ草の匂いにつつまれながら、ごつごつした地面に座り、目を閉じるだろう。わたしの体内には、農民の血が流れており、自分で見たものが、いささか不安を呼び起こしたからである。人間的完全性を生じえないこの物質的完全性、この重く、買収不可能な生命をもつ輝く機械は、わたしをすっかり意気消沈させる。

フライング・スコッツマン号よ、おまえの隣に、きょう、わたしにマッチを売りつけたあの盲目の乞食をおいたら、どう見えるだろうか。あの男は盲目で、体じゅうに疥癬《かいせん》ができていた。それは、とても劣悪な故障した機械だった。それこそまさに、ただの人間にすぎなかったのである。

2

機械類のほかに、ウェンブリーの博覧会には、見るべきものが二つ展示されている。それは、原料と製品である。原料のほうが、一般に製品となったものより美しく、おもしろいものだ。純粋な錫のかたまりは、彫られ削られた錫の皿よりも、なにか完全なものをもっている。

ガイアナかサラワクのどこかの、赤や朱色をおびた灰色の木材は、ちゃんとできあがったビリヤード台よりはっきりと魅力的だし、セイロンかマレー産のつるつるした半透明の生ゴムは、ゴムのカーペットやゴムのビフテキより、実際にはるかに美しく神秘的だ。

ほかにも、まだ述べていないものがたくさんある。さまざまなアフリカの穀物、どこやらからの堅果《けんか》、漿果《しょうか》、種子、核果《かっか》、果物、果物の核、薬草の根茎《こんけい》、穀物の穂、けしの頭、球根、豆のさや、茎の髄、繊維と根と葉、乾いたもの、濡《ぬ》れたもの、油っぽいもの、葉のようなもの、それらはあらゆる色と種類の物質でできていて、その名前の大部分はとても美しいのだが、忘れてしまい、その用途はなんとなく謎めいている。

わたしの考えでは、結局、機械に塗る油となるか、小麦粉のようになるか、またはフランスのリヨンの食物大研究所で作られる変なタルトの油脂分になるかである。燃えるような、縞目《しまめ》のついた、ブルネットの、暗色の、金属的な音のする木材からは、もちろん、古期イギリスの家具が作られ、黒人の偶像や祠《ほこら》はおろか、黒人や褐《かっ》色《しょく》人の王様の玉座などは、ひとつも作られない。

さらにもっとすばらしいのは、靭皮《じんぴ》の籠《かご》や袋で、その中には大英帝国の豊富な商業製品が入れられ、持ち運ばれるが、それらは黒人やマレー人の手仕事について、なにごとかを語っている。その物語が、不思議で美しい技術という手書きの原稿のかたちで書き込まれているのだ。

他のすべては、ヨーロッパの製品である。でも、嘘をつかぬようにしなければ。他のすべて、ではない。はっきりわかる異国の産物がいくつかある。たとえば、インドの大仏像、中国の扇、カシミールのショール、またはダマスカスの剣、これらはヨーロッパ人の好むものだ。――そして今、シャカムニの座像、アニリン塗料、輸出用の中国陶器、象牙製の象、〝牛の舌〟の木や滑石《かっせき》のインクスタンド、木彫りの皿、真珠製のつまらないアクセサリー、その他、保証つきの正真正銘の異国製品が大量に作られている。

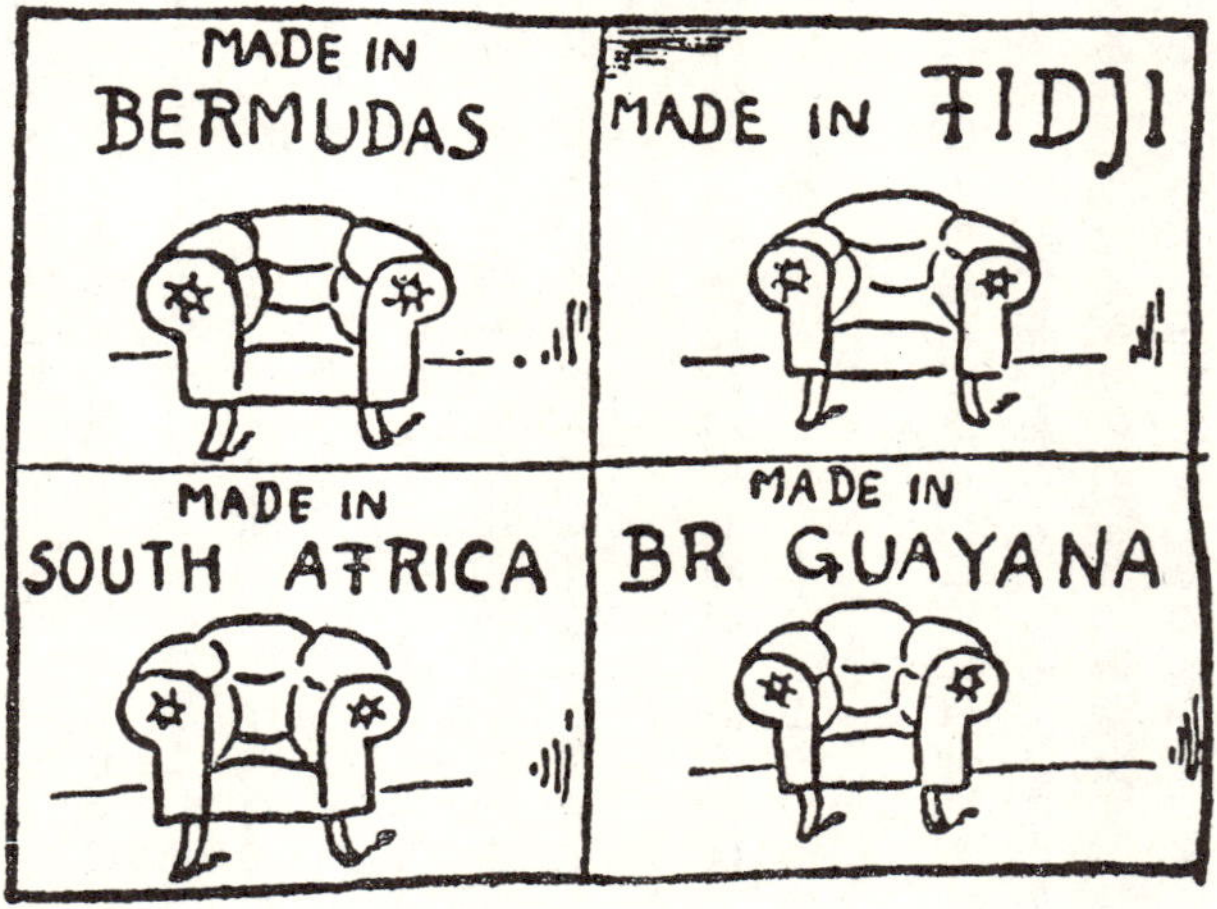
MADE IN
BERMUDAS
MADE IN FIDJI
MADE IN
SOUTH AFRICA
MADE IN
BR GUAYANA

ここには、もはや大衆的民族芸術は存在しない。ベニンの黒人は象牙を刻んで人形を作り出すが、まるでミュンヘンの職業アカデミーを卒業したかのようだ。木材を与えたなら、安楽椅子さえ作り出すだろう。なんたることか、明らかにかれは、野蛮人ではなくなってしまった。そして——実際、何になったのだろうか。そう、文明社会の産業に属する職業人になったのである。

四億の有色人が大英帝国内に存在している。そして、この大英博覧会場で見られるのは、その四億のうちのひと握り、宣伝用の案山子《かかし》役の人間と、少数の黄色人や褐色人の売り子、さらにわずかばかりの、ここでなにか好奇心と遊びの対象となった古い記念物にすぎない。

これが有色人種の恐ろしい衰退を示すものか、あるいは、四億の人間の恐ろしい沈黙なのか、わたしにはわからない。そしてまた、この二つのうち、どちらがより怖いものかもわからない。

大英帝国博覧会は、巨大で過密である。ここには何でもある。剝製にされたライオンも、絶滅したオーストラリア産の鳥エミューも。ここに欠けているのは、ただ、四億の人間の魂である。これはイギリスの産業の博覧会で、ヨーロッパの人びとの関心の層を薄切りにしたプレパラートである。その関心は、底には何があるかを深く気にもせず、全世界を徘徊《はいかい》してきたのだ。

ウェンブリーの博覧会は、四億の民がヨーロッパのために何をしているかを、また部分的には、ヨーロッパがその人たちのために何をしているかを示す。しかし、その人たちが自分自身のために何をしているのかは、ここには示されていない。その多くは、大英博物館に行っても見られない。最大の植民帝国が、ほんとうの民族学博物館を持たないとは……。

しかし、そんなつまらない考えよ、おさらばだ。それよりも、人の流れに乗って、ニュージーランドのりんごからギニアの椰子へ、シンガポールの錫から南アフリカの金鉱へと、場所を変えて進んでいこう。遠くを、地球一帯を、地球の生む鉱物や農作物を、動物や人間の記念物を見よう。

これらすべてから、結局、さらさらと音をたてる、手の切れるようなポンド紙幣がしぼりだされるのだ。ここには、お金に換えられるあらゆるもの、買ったり売ったりできるすべての物、ひと握りの穀物から豪華なサロン客車、石炭のひと塊《かたまり》から青狐《あおぎつね》の毛皮まである。

わが魂よ、この世界の宝庫から、何をあがなわんと欲するか。何も、実際に何もいらない。

わたしは、あの幼いころにもどりたい。そしてまた、あの昔のように、東ボヘミアのウーピツェの町の、なつかしいプロウザの乾物屋の店先に立って、目をまるくしながら、黒い香辛料入りのパン、胡椒、生姜、ヴァニラ、そして月桂樹の葉を眺め、ここには世界の宝物のすべてが、アラビアの薫りのすべてが、そして遠い国ぐにからの草根木皮がすべてあると考え、驚き、匂いを嗅ぎ、そして、不思議な、遠い、なみなみならぬ地域を描いたジュール・ヴェルヌの長篇冒険小説を読もうと走っていきたい。なぜなら、わたし、この愚かな魂は、世界を今とは別のものだと想像していたのだから。

＊1　コルヌコピア。ゼウスが乳を飲んだ山羊の片角で、豊饒の象徴。
＊2　ロンドンとエディンバラを結ぶ、イギリスでいちばん伝統ある列車。

イースト・エンド

この地域は、世界の中心、すなわちイングランド銀行、証券取引所、および他の銀行や両替所の密林からほど遠からぬところからはじまる。このロンドンの黄金海岸は、東ロンドンの黒い波に洗われんばかりなのだ。

「案内人なしであそこへ行っちゃ、いけませんよ」と、高級住宅地ウェスト・エンドの住民が忠告してくれた。「それに、お金もたくさん持っていかないように」

でも、それはきっと言いすぎだろう。わたしの趣味から言えば、アイル・オヴ・ドッグズや、チャイナタウンがある悪名高きライムハウスよりも、またユダヤ人から船乗りから、川向こうの貧しいロザーハイス地区まで、いつでもなんでもそろっているポプラー全体よりも、ロンドンの中心地にあるピカデリーや、新聞街フリート・ストリートのほうが、もっと悪い蛮地《ばんち》である。

イースト・エンドでわたしの身の上にはなにごとも起こらず、無事に帰ってはきたが、ひどく悲しい思いだった。プラハのコシージェの悪所への警察の手入れ〔*1〕も、マルセイユやパレルモの港町の嫌らしさも、実際に現場で見たことがあるにもかかわらず。ほんとうに、それらの街並はとても醜悪で、汚い煉瓦《れんが》でできていて、舗道には子供たちが群がり、不思議な中国風の人物が、さらに不思議な店から店へと影のように走り回り、船乗りが酔っ払ってどなりたて、慈善施設があり、血なまぐさい若者たちがたむろし、焦げ臭さと、ぼろの悪臭にみちている。

でも、わたしはもっと悪い場所を、貧困が猛威をふるい、潰瘍《かいよう》のように汚なくくずれかかっている状態を、言葉に表現できないくらいの悪臭を、そして狼の洞穴よりも恐ろしい悪の巣窟《そうくつ》を経験してきた。

しかし、問題は、そんなことではない、そんなことではない。東ロンドンで恐ろしいのは、目で見たり、鼻で嗅《か》いだりできることではなく、それが途方もなく広がっていて、いくらお金を出しても処理できぬくらいたくさんあることなのだ。他の場所では、貧困と醜悪さは、ただ二軒の家のあいだにあるごみ捨て場、汚れた街角、汚水溜《おすいだ》めや不潔なごみの山程度にすぎない。

それがここでは、何マイルも何マイルもにわたって、暗い家々、絶望を呼ぶ通り、ユダヤ人の店また店、かぞえきれぬ子供たち、焼酎《しょうちゅう》酒場、そしてキリスト教会の施設ばかりだ。

何マイルも何マイルも、ペカムからハクネイへ、ウォルワースからバーキングへ。バーモンジー、ロザーハイス、ポプラー、ブロムリー、ステプニー・バウ、それにベスナル・グリーン、労働者やユダヤ人、コクニーと呼ばれるロンドンの下町っ子や、それにドックで働く沖仲仕たちなど、貧しく望みを失った人びとの住む地域ばかり——どこへ行っても同じようにすべてが無で、暗く、むき出しで際限がなく、騒々しい乗り物の往来する汚ない通りに横断され、いつでも同じように慰めがない。

そして南に、北西に、北東に、また、何マイルも何マイルも黒い家々が立ちならんでいる。そこには、通り全体が、かぎりなく平べったい安アパート、工場、ガスタンク、鉄道の線路、土がむき出しの共有地、物を入れる倉庫と人間を入れる倉庫が、際限もなく希望もなくつづいている。

確かに、世界全体を見れば、もっとひどい区域や、もっと貧しい町が存在する。貧乏自体もここでは比較的高い水準を保ち、いちばん貧しい乞食でさえも、まだそうひどいぼろをまとってはいない。

しかし、神よ、なんということだろう。こんなにも多くの人びと、何百万もの人びとが、このロンドンの大半を占める区域に、この短く切れた、みな同じ形の、喜びを失った町々に住み、まるでかぎりなく巨大な腐肉にたかる蛆虫《うじむし》のように、ロンドンの地図をむしばんでいるのだ！

そしてまさに、これがイースト・エンドの悲哀なのである。あまりにも多すぎる。やりなおしができない。人の心をためす役の悪魔でさえも、こんな言葉を口にする勇気は持たないだろう――「もし汝が望むなら、わたしはこの町を破壊し、三日で新しい町につくり変えてやろう。――新しく、よりよい町に。こんなに暗い町ではなく、こんなに機械的でもなく、こんなに非人間的で荒れ果てた町ではないように」もし悪魔がそんなことを言ったら、わたしはたぶん、その場にひれ伏して、彼を拝むだろう。

わたしがイースト・エンドでさまよい歩いた町々は、ジャマイカ、広東《カントン》、インド、あるいは北京《ペキン》を連想させる名前を持っている。すべてが同じようで、すべての窓にはカーテンがかかっている。その様子は、品がよいとさえ言えるであろう、もし、そんな簡易住宅が五十万もなかったとしたら。

これだけ圧倒的な数になると、それはもう人の住む場所ではなく、地理的な形状にすぎないように見える。この黒いマグマは、工場によって吐き出されるものだ。でな

KWANG
LEO BLUMENTHAL
LI TSHENG
TONG TSHO
YUAN
ASYL
S. POLLACK
LIME-
HOUSE

ければ、商品の集積で、あそこのテムズ川ぞいに白い船に積まれて漂ってきたのである。または、煤煙《ばいえん》と塵埃《じんあい》によって築かれた山なのだ。

オクスフォード・ストリートや、リージェント・ストリート、またはストランド街へ行って、商品や工業製品や、とにかくいろいろな品物を入れるために、どんなにりっぱな家を人びとが建てたかを見てほしい。人間がつくり出した品物は、それだけの価値があるからだ。もしも、イースト・エンドの、こんな灰色でむき出しの壁のところで売られたなら、上等なシャツもその価値を失うだろう。

だが、人間はこんなところでも生活できるのだ。すなわち、生き、眠り、むかつくような食べ物を食べ、子供を生むことができるのである。

おそらく、誰かもっと物知りの人間だったら、もっと美しい場所にご案内できるだろう。そこでは、ごみさえもロマンチックで、悲惨さも絵になるであろう。しかし、わたしはたいへんな数の小路に迷い込んでしまって、出口がわからない。いったい、この無数の黒い通りがどこへ通ずるのか、はっきりと見通しがつくものであろうか。

＊1　「警察の手入れ」（『チェコスロヴァキアめぐり』所収）を参照のこと。

カントリー（田舎）

　さて、列車の座席に腰を落ちつけて、どこかへ向かって旅に出よう、「どこかへ、どこかへ」と車輪の音に合わせて歌いながら。〝同じ家〟通り、ガスタンク、鉄道の交差点、工場、墓地が、ずっとパレードのように過ぎていく。やがて、この無限の都市に緑地の帯が入り込み、市電の終点が見え、静かな郊外になり、緑の草地と、食事のために永遠にいとなまれる自然の儀式として、大地に頭を垂れる羊の最初の群れが見える。

　それからさらに半時間すると、世界最大の都市の外に出る。そして、どこかの駅で下車すると、そこには

お客を喜ぶ人たちがあなたを待っている。そこがイギリスのカントリー、つまり、田舎なのである。

さて、イギリスの田舎の静けさと緑の持つ魅力を表現するのにふさわしい美しい言葉を、どこで選んだらよいだろうか。

わたしはロンドンから南下してサリー州に、また北上してエセックス州にも行った。生け垣で仕切られた道を歩きまわった。というのは、生け垣ばかりだが、それはイギリスをほんとうのイギリスに仕立てている。生け垣は、囲いにはなっているが、少しも圧迫感を与えないからである。少し開かれた門は、自然の森よりも深いパーク、つまり公有私有の庭園の、数百年を経た小径《こみち》に通じている。そこには高い煙突のついた赤い家、木々のあいだにそびえる教会の塔、美しくおごそかな眼を向ける牛の群れ、馬の群れの遊ぶ牧場がある。

さらに、掃かれたような小径、睡蓮やあやめの咲くビロードのようにつややかな沼があり、庭園、城、牧場また牧場がつづいている。畑は一つもなく、人間の労苦を大声で告げるようなものは全然ない。ここは天国で、神様がみずからアスファルトと砂の道をお作りになり、古い木々を植え、赤い家々にかぶせる蔦のおおいを編んでくださったのだ。

チェコの農民であるわたしのおじさん、あなただったら、この世界でいちばん美しい牧場で遊ぶ赤や黒の牛の群れを見ると、きっと憤激して頭をふり、こうおっしゃるだろうね。

「こんな見事なこやしを、なんて、もったいないこった」

そしてまた、こうも指摘するだろう。

「どうして、ここにかぶを植えないんだろう。それからここに、いいかい、ここにゃ、小麦を。ここにゃ、じゃがいもを。そしてここには、こんな藪《やぶ》のかわりに、赤と黒のさくらんぼを植えられるだろ。それから、ここにうまごやしを、ここに燕麦《えんばく》を、それにこの一画は、ライ麦か油菜だ。ほんとうに、こりゃいい土だ。なあ、パンに塗ったっていいくらいだよ。それだのに、ここの連中は、ただ牛や馬のえさ場のままにしておくんだからなあ！」

でもおじさん、ここでは、そんな仕事をする価値がないということですよ。おわかりでしょうが、小麦はオーストラリアからこの国へきますし、砂糖はインドから、じゃがいもはアフリカかどこかからきます。おじさん、このあたりには、もう小作の百姓はいないんです。ここはもう、こんなふうな庭園になっているだけです。

「でもおまえ、知ってるだろうが」とおじさんはおっしゃるだろう。「おれには自分の国のほうがもっといいな。たかが、かぶらを作っているにすぎなくても、少なくとも、仕事をしてるのが見られるよ。ここじゃ、ほんとうに、誰も牛や羊の番をしてないじゃないか。盗むような奴は、ひとりもいないってのかい。なんてこったろう、おまえ。ほんとうに、人っ子ひとり見えねえな。ただ、あすこを誰かが自転車で来るし、こっちでは、見ろよ、また誰かがあのうるせえ自動車を乗りまわしてらあ。おい、おい、いったい、この土地じゃあ、誰も仕事をしねえのかい」

わたしが自分のおじにイギリスの経済組織を説明するのは、至難のわざだろう。おじの手は、重い鋤《すき》の刃を動かしたくて、我慢できぬくらいむずむずしているようだ。イギリスの田舎は、仕事のためにあるのではない。それは、目の保養のためにあるのだ。イギリスの田舎は、庭園そのもののように緑にみちて、天国のように汚れを知らない。サリーの草深い小径をぬって、なまあたたかい雨に打たれながら、黄色く咲いたえにしだと、明るい色の羊歯《しだ》の葉がくれに咲いている赤紫のヒースの花のあいだをさまよい歩いたこともある。そこには、空と、まるっこい小さな丘以外には、なにもなかった。人の住んでいる家々は、木々のあいだにかくれて、そこからは食事の仕度の楽しげな煙が立ちのぼっているだけだった。

頑丈《がんじょう》な梁《はり》の天井と、巨大な炉をそなえた、古きよき家よ、われはきみを忘れず。そ

Cuckoo
RABBIT
EASTON GLEBE

の家で、ずぶぬれの男が心地よく身を落ちつけることができるのだ。テーブルは樫《かし》でできていて、陶製のジョッキから飲む、サリー州の町ギルドフォード産のビールと、イギリス風のベーコンとチーズを前にしての陽気な人びとのおしゃべりは、このうえなしのごちそうだった。もう一度お礼を言って、さらに進まねばならない。

わたしは妖精のようにエセックスの草原をさまよい、柵を越えて殿様の荘園にしのび込み、暗い池に咲く睡蓮の仲間を見、屋根裏部屋でできもしないダンスを踊り、教会の塔を這いあがって、一日に二十回も生活の調和と完全性に驚嘆したが、イギリス人は、家庭の中で、そういうものに囲まれているのだ。

イギリスの家庭、それは、テニスとお湯、食事の合図に鳴らされるどら、書物、芝生、数百年の年月によって選ばれ、固定され、祝福されてきた居心地のよさ、子供の自主独立と親たちの家父長的態度、客のもてなし方のよさと、ドレッシング・ガウンのようにくつろげる形式主義で示される。

要するに、イギリスの家庭はイギリスの家庭で、そのため、私はその思い出に、郭《かっ》公《こう》と兎を入れた絵を描いた。この家の中では、この世でもっとも知性に富む人物の一人、H・G・ウェルズ氏が生活し、物を書き、外では郭公が一度に三十回もつづけて鳴いている。これで、イギリスの風物で最良のものについての物語を終わりにする。

ケンブリッジとオクスフォード

いちばん初めに受けるのは、なにか地方都市のような印象である。そして突然、おや、この古いお城は誰のものだろう、ということになる。

これはカレッジと呼ばれる学生の寮で、中庭が三つ、専用の礼拝堂、学生たちが食事をする王宮のような大広間、付属の庭園、運動場、さらに、わたしの知らないその他もろもろをそなえている。

そしてここには、もう一つ、前述のカレッジのよりももっと大きなカレッジがあり、それは中庭を四つ、バックと呼ばれる川向こうの庭、専用の大聖堂、もっと大きなゴシック式の食堂、五百年も経た天井の梁《はり》、古い肖像画のかかった画廊をもち、さらに古い伝統と、さらに名誉あるかずかずの人名とむすびついている。

そして三番目のカレッジはいちばん古く、四番目は科学的研究で有名であり、五番目はスポーツ面でのレコードを持ち、六番目にはいちばん美しい礼拝堂があり、七番目は……もう、なんだかわからない。

最低でも十五あるのだから、すべてがごちゃごちゃになってしまった。わたしが見たのは、ただ四角四面の建築様式のお城のような館で、とても大きな中庭があり、そこでは学生諸公が黒いガウンを羽織り、房のついた角帽子をかぶって行き来している。この学生たちはみな、このお城の翼状の部分に、それぞれ二、三室、専用の部屋をもっているのだ。

プロテスタンティズムのおかげで腑《ふぬ》抜けにされたゴシック式の礼拝堂、学寮長や教師たち、つまり、マスターやフェローたちが座る一段高い特別席デイスのある宴会場、そこを卒業した貴族や政治家や詩人たちのおごそかなくすんだ肖像画を見物し、ケンブリッジのカレッジ特有の有名なバック、すなわちカム川ぞいにあるカレッジの後庭を見る。

この数百年をへたカレッジ所有の庭園に入るには、カム川にかかる橋を越えていくのだ。バックや公園をぬけて流れるおだやかなその川の中を舟で漂いながら、わたしは、わがチェコの学生たちのことを考える。そのやせてへこんだおなかと、講義から講義へと回るのにとぼとぼと引きずられていくぼろ靴のことを。

ケンブリッジよ、われは汝《なんじ》に腰まで身を屈して最敬礼する。あの特別な舞台デイスの上で、博学なる教授たちに伍して食事するという名誉を与えられたがために。広間は巨大で古めかしく、まるで夢見心地だった。

ケンブリッジよ、われは諸手《もろて》をあげて汝にあいさつを送る。学生、教授、その他若者たちと、有名なホテル、ハーフ・ムーンのレストランにおいて、陶器の深皿に盛られたごちそうを食べるという喜びを与えられたがゆえに。わたしはその人たちといっしょにいて、よい気分だった。

そしてわたしは、マスターたちは入ってもよいが、学生たちは入ってはいけない芝生、卒業生はビー玉遊びを許されるが学生は許されないという階段を見た。また、兎の毛皮や、エビのように赤いガウンを着た、プロフェッサーたちを見たり、卒業生たちが副総長の前にひざまずき、その手にキスするのを見た。

これら不思議なもののうちで、やっと一人だけ、尊敬すべきプロヴォースト、つまり、学寮長先生を描くことができた。この人は、少なくともあの政治家の老ピット〔一七〇八～七八〕くらい古いシェリー酒をグラスについで、わたしにごちそうしてくれた。

記憶をたよりに、何回かわたしの心に浮かんだままに、ケンブリッジの学生寮も描

CAMBRIDGE
VENERABLE
PROVOST

いた。実際はもっと大きく、もっと美しいのだが。また、時どき、あのケンブリッジで見た兎のことが夢に浮かぶ。その兎の脾臓《ひぞう》がどんな答を出すか知るために、何かのガスを吸わせていた。その兎が死にかけて、はあはあと忙しく息をし、目をくるくるさせているのを見た。今は亡霊となって夢につきまとい、わたしを怖がらせる。神よ、この耳長き魂に御慈悲あれ。

さて、オクスフォードについては、なんと悪口を言うべきだろうか。いったんケンブリッジをほめたからには、オクスフォードを讃えるわけにはいかないのだ。ケンブリッジとむすんだ友情は、高慢なるオクスフォードに、懲戒《ちようかい》の硫黄《いおう》と炎を雨あられと降らせるよう、わたしに強制する。

ところが残念ながら、わたしはオクスフォードがたいへん気に入ってしまった。そのカレッジは、ケンブリッジより大きく、おそらくもっと古い。そしてここには、美しく静かな庭園、ケンブリッジと同様に有名な先輩の肖像画の並ぶ画廊、大宴会場、記念物、さらに権威ある門衛《もんえい》が付属している。

しかし、この華やかな見世物のパレードと伝統は、万人のためのものではない。それらの目的は、学識ある専門家の養成ではなく、紳士の養成だと思われる。ご想像い

Oxford

ただきたいのは、たとえてみれば、わが国の学生たちが、最低限あのプラハの名所ヴァルトシュテイン宮殿の大広間で、どっしりした古い銀の食器を使い、お仕着せに身を固めたウェイターに給仕されて食事をし、いろいろな種類の安楽椅子や、肘《ひじ》かけ椅子や、長椅子の整備された講義室で、住込みの教授たちに試験のための勉強を教えてもらっている光景である。

どうぞご想像を——いや、けっこうです。若いみなさん、どうぞ、そんなことを気になさらないで。

巡礼、大聖堂を歴訪

大聖堂都市とは、大きな聖堂のある小さな町のことで、聖堂の中では、無限に長いお祈りが行なわれている。そのうえ、教会の番人がやってきて、旅行者に、天井や柱をきょろきょろ見ないでベンチに座り、聖歌隊の合唱を聴くようにと指示するのだ。こんな習慣をもっているのは、イーリー、リンカーン、ヨーク、ダラムの各聖堂の番人たちだが、ほかのところではどんな様子か、知らない。行ったことがないから。私はたいへんな量の連禱《れんとう》、祝歌、讃美歌、その他の歌を聴き、次のような、いろいろなことに気がついた。

すなわち、イギリスの大聖堂は、ふつう天井が木造になっているので、その結果、わが国に見られるような大陸式ゴシック建築の飛梁《とびはり》組織が発展していないこと、イギリス風の四角な柱は、複雑な水道管のように見えること、プロテスタントの教会番は、

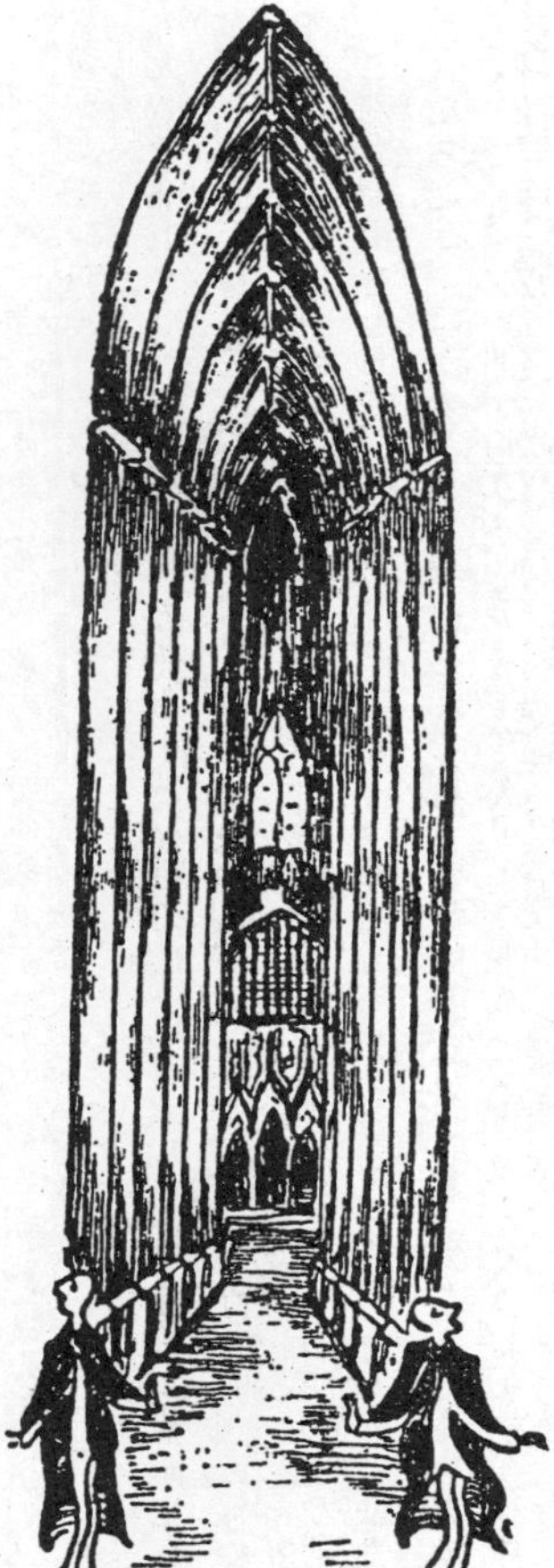

カトリックの教会番よりも頑固で、イタリアの教会番と同じようにチップに執心するが、ただ——紳士たちだから——もっと、もらいが多いにちがいないこと、十六世紀のイギリスの宗教改革は、彫刻の頭をぶちこわし、教会から絵画その他の異教的な偶像崇拝を禁止するという、けがらわしい豚のような行為をやってのけたことである。

そんなわけで、イギリスの大聖堂は、むき出しで妙な感じになり、人間が誰も住みついていないようだ。そしてもっと悪いことに、本堂の中央部に、司祭と助祭、そして教区のお偉方のため、囲いのある一段高い聖歌隊席が設けられている。一般の人たちは下に座るので、せいぜい、聖歌隊席のさまざまに彫刻された壁とオルガンの裏側ぐらいしか見えない。それで、本堂は完全に分断され、空間全体が二つに分けられている。

こんなに愚劣なものは見たことがない。——しかし、聖歌隊席ではさらに何かを歌いつづけているので、気をとりなおして外へ出て行かねばならない。

「イリ、イリ、ラマ、サバクタニ」（主よ主よ、なぜ我を見捨てたまうのか）と叫んだ十字架上のキリストにならって、わたしも、「イーリーの町よ、イーリーの町よ、なぜ、わたしを見捨てるのか」と叫ぶ。

イーリーの町よ、きみはわたしを裏切った。ロマネスクの大聖堂の足下に横たわるこの死の町は、午後の五時に、疲れ渇《かわ》いたこのわたしが、茶店や酒場、ビールのスタンド、タバコ屋と文房具屋などのドアをたたいても、あけてはくれなかった。午後五時のイーリーの町は、眠っている。残念ながら時間がなくて、午後の三時か午前十時のイーリーの町はどうしているのか、調べられなかった。おそらく、同じように眠っているのだろう。

わたしは、公園の中のうまごやしのあいだに座って、神を讃えるためにそこに立つ、おごそかな大聖堂を見つめさえした。その塔のまわりに群がる小さな烏《からす》どもは、生前、教会に巣食っていた番人たちの亡霊だろうか。

リンカーンの町は、小さな丘に向かって走り、お城と大聖堂と、ローマ人たちの遺跡がある。その遺跡とは何か、忘れてしまった。大聖堂は暗く美しく、そこではなにかのお祈りの歌が、三人の番人のために歌われていた。三人は遺恨ありげにわたしを見守っていたが、わたしに何ができるだろう。さらば教会番よ、わたしはヨークの町を見物しに出かけるのだ。

ヨークの大聖堂は、もっと美しい。内部をずっと見て回りたいのだが、まもなくお祈りがはじまるからやめるようにと、教会番が言う。そこを出て、ぐるっと回ってお城へ行き、そこから、ミサが内部で行なわれているのに、おかまいなしにヨークの教

会を描いた。この悪業のために、きっとわたしはイギリスの地獄へ落ちることだろう。
　その周辺は美しいヨークシャー地方で、どっしりした牛と有名な豚の産地であり、イギリスのハムとベーコンの生産の中心地帯である。そしてヨーク市内の通りは古く美しく、突き出た切妻《きりづま》と黒い棟木《むなぎ》の家々がならんでいる。ヨークの歴史については、いろんなことが言えるが、これからダラムへ行かねばならない。
　ダラムの大聖堂は、このうえなく古く、高い岩の上にそびえている。その中では、お説教と歌と教会番つきのお祈りが行なわれている。それでも、『英国教会史』の著者ビード師の墓、のしかかるような大柱、十字にまじわる身廊と翼廊、きれいなアメリカ女性の旅行団を見た。この大柱は、深く刻まれた縦溝におおわれ、それは特別な、ほとんど極彩色の印象を与える。

そのほか、この地には、伝道師カスバート〔＊1〕の墓、古い城、古い石の家々、そして丘から丘へとつづくきれいな小さい町があるが、それ以上は知らない。

さて、イギリスの教会建築は、全体的に見て、大陸の建築よりも絵にならず、造型性にも乏しい感じである。かつて、ノルマン人の征服以前のブリテン島の住民たちが、木造の天井つきの巨大な教会内の本堂を造ることを工夫すると、それはゴシックの時代にも残るようになった。これは、明らかに、昔ながらの保守性のためである。そしてまた、その教会は、大きな窓のついた、やたらに大きい広間となり、円天井も交差穹窿《きゅうりゅう》もなく、大きく張り出した支え柱の組織も、アーチも、軒蛇腹《のきじゃばら》その他のあらゆる造型的熱狂も存在しない。

イギリスの教会は、四角な塔が入口に二つ、十字架形の交差点上に一つあり、宗教改革のために彫像は一掃《いっそう》され、彫刻による装飾は乏しくなり、内部の空間は聖歌隊席とオルガンでそこなわれ、そして全体的な印象は、教会番たちの存在のために、ひどく戦慄的なものになる。

しかし、聖歌隊席も教会番もない小さな教会よ、あなたがたのことをもうひとこと、つけ加えよう。樫の木の屋根のある飾りけなく冷たい神前への控えの間《ま》、周囲にある草深い墓地、木々のあいだの四角い塔、これらは、わが国の田舎にある玉ねぎ型の屋根の教会と同様に、イギリスの田舎にとって典型的なものである。そして鐘楼よ、きみは永遠に変わらぬ教会の歌を、永遠に変わらぬ死者の奥津城《おくつき》の上にひびかせて、時の鐘を打っている。

＊1　聖カスバート（六三四／六三五〜六八七）。リンディスハーンの司教。

II　スコットランドへの旅

エディンバラ

そして今は、北へ、北へ。州から州へと進んで行く。ある州では牝牛が横たわり、別の州では立っている。ところどころで羊が草を食《は》み、ところによっては馬が、ところによっては烏《からす》だけがいる。灰色の海、岩山、そして濡《ぬ》れた大地が現われ、生け垣が姿を消し、そのかわりに石の塀《へい》が長くつづく。石の塀、石の村、石の町、ツィード川の彼方は、石の国である。

『マンチェスター・ガーディアン』の編集者でエディンバラについての著述のあるジェームズ・ボーン氏が、エディンバラは世界でもっとも美しい町だと宣言したのは、まさに当を得たことだった。

たしかにこの町は美しく、石造りで、神秘的である。他のどこかでは川が流れるところに、鉄道が走り、一方には旧市街、他方には新市街があり、どこにも見られない

ほど広い大通りがあり、見通しのきくところには必ず彫像か教会がある。旧市街には、イングランド地方ではどこにもない、おそろしく高い家々が建ちならぶ。街路の上にかかる細い棹にかけられた、万国旗のようにはためいている洗濯物——これも南のほうのイングランド地方にはないものだ。

町中の通りにいる汚れた赤毛の子供たち、これもイングランドでは見られない。鍛冶屋、指し物師、それに、あらゆる種類のおっさんたち。これもイングランドにはいない。ワインド（wynd）、またはクロース（close）と呼ばれる不思議な小径《こみち》も、イングランドにはなく、髪をもじゃもじゃにした小さな太ったお婆さんたちも、イングランドにはいない。この地までくると、ナポリやわが国にいるような人たちが、また現われはじめるのだ。

特別だと思われるのは、当地の古い建物には正面にたくさんの煙突があり、まるで塔のように見えることで、その様子を絵にしてみた。これは、エディンバラをのぞいて、世界じゅうどこにもない。

この町は、いくつもの丘の上にある。この町のどこかへ行けば、足もとに深い緑の谷があり、きれいな川が下を流れている。歩いていると、突然、頭の上に橋があって、別の道が走っているのは、まるで、イタリアのジェノアのようだ。歩いていると、清潔な円形の広場に行き着くのは、まるでパリのようだ。

議事堂にもぐり込んでみると、たくさんの法律家たちが走り回っているが、みんな頭の後ろに小さなしっぽが二つついたかつらをかぶっている。まるで何百年も昔のようである。

垂直に立つ岩壁の上に絵のように建っているお城を見に行くと、途中で、バグパイプを鳴らしながらやってくる楽隊と高地の人びと、ハイランダーズの一行に出会う。

高地人たちはタータンチェックの半ズボンをはき、リボンのついたキャップをかぶっているが、バグパイプの楽隊は黒と赤のスカートをはき、その上に羊皮の袋を置いて、笛をめえめえと鳴らし、小太鼓の一団の伴奏で、勇ましい気分をかりたてる曲を演奏する。小さなばちが鼓手たちの上を飛び、旋回し、不思議なくらい猛烈なダンスをする。バグパイプ隊は軍歌を鳴らし、お城の大通りを、バレエの踊り子のような小幅な足どりで、裸のひざ小僧を見せて行進していく。

そして、バン、バン。ばちがいっそう速く回り、十字を描き、とびあがり、そして一気に、悲しげな行進曲から、バグパイプの演奏はかぎりなく長く引きのばされたメロディに変化する。高地人たちは気をつけの姿勢でそこに立つ。その背後には、スコ

ットランドの王様たちの城があり、さらにもっと背後には、この国の血なまぐさい恐ろしい歴史のすべてがある。

　そしてバン、バン。ばちは人びとの頭の上で、猛烈で巧みなダンスをする——この土地では、音楽がまだ大昔のようにすばらしい見世物のままでいたのだ。バグパイプの一隊は夢中になっていて、まるで戦場におもむく軍馬がこらえきれずに躍りあがるのに似ている。

　イングランド地方とは異なる国と、異なる人びと。ここは一地方にすぎないが、記念碑にみちている。より貧しい土地だが、生き生きとしている。人びとは一般にブルネットでごついタイプだが、南に下ったイングランドよりもきれいな娘たち、かわいい洟《はな》たらしの子供たちがいて、厳格なカルヴァン主義にもかかわらず、のびやかな男らしい生活がある。

　誓って言うが、ここは大いに気に入った。そしてさらに、リースやニューヘイヴンの海の模様を、ちょっぴりお伝えしよう。冷たい鉛色の海、思い出の青い貝殻、そして釣り人の舟のあいさつ。

　そしてまた、まったく古風で絵のような、小さな町スターリングのこともつけ加えよう。そこには、スコットランドの王様たちの城がある。城の見張り地点にある古い

大砲のかたわらに立てば、スコットランドの山並に入り込む鍵を手中に収めることになる。ここで何を眺めるべきだろうか。

城の前には、着剣した銃を持ち、チェックのキルトをはいたバレエダンサーが踊っている。門へ向かって十歩前進、十歩後退、気をつけ、検閲、捧《ささ》げ銃《つつ》。バレエダンサーは、スカートをひるがえし、踊りながら後退する。

南には、独立のため戦ったスコットランドの王ロバート・ブルースの古戦場、北には青い山々。眼下には、緑の牧野を曲がりくねるフォース川。まるでこの世界でこんなに曲がりくねっている川はないとでもいうようだ。

わたしは、この川も描いてみた。この川がどんなに美しく楽しいか、どなたにもわかるように。

テイ湖

もしわたしが、チェコ人の中でも、カレル・トマンや、オトカル・フィッシェルのような詩人だったら、今日は、長くはないが美しい詩を書くことだろう。それは、スコットランドの湖のことを述べ、スコットランドの風に漂い、スコットランドの日ごとの雨にしとどに濡《ぬ》れるようになる。その詩の中では、青い波、ヒースの荒野、羊歯《しだ》、そして憂愁の小径《こみち》のことが述べられるだろう。ただ、それらの憂愁の小径がすべて垣根に囲まれていることは言いたくない。これはどうも、魔女たちが踊りながら進んで行けないようにするためらしい。

だが、ここがどんなに美しいかを、残念ながらわたしは、なまの散文で言わなければならない。裸の山々のあいだにある、青いすみれ色の湖——この湖はテイ湖と言い、そしてどの谷もグレンと呼ばれ、どの山もベンで、どの人もマックという名である。

青い平和な湖、稲妻《いなずま》のように吹きわたる風、牧場にいる黒や赤のもじゃもじゃの毛の牡牛たち、まっ黒な急流、牧歌的で人気《ひとけ》のない、草やヒースの生い茂る丘――これをどんなふうにお伝えすべきだろうか。韻文で書くのがいちばんよいのだろうけれども、わたしには〝風〟つまり、チェコ語の〝ヴィートル〟と韻の合う語が一つも思いつかない。

昨夕、この風がわたしをフィンラリクの城へ連れて行った。わたしは、お城の老守衛をひどく驚かせた。というのは、ちょうど昔の処刑台の掃除をしていたので、おそらく、わたしを亡霊と思ったのだろう。

気を落ちつけると、その人は特別な方言で説明してくれたが、処刑台の話になると、大いに喜んでいた。そこには穴があり、そこから打ち落とされた頭が地下へ落ちていったのだ。わたしの考えでは、その話はほんとうで、この穴と地下室は汚水溜めに非常によく似ていて、血まみれにならぬようにという自然な目的に用いることができると思う。

いっしょにいたアメリカ人は、この話全体に懐疑的で、それがあからさまな作り話ででもあるかのように、薄笑いを浮かべていた。アメリカ人たちは、古い国ぐにの秘密に対して、好ましい態度を持たないものだ。

守衛のおっさんは、自分の城になみなみならぬ誇りを持っていた。いろいろな木々や古い蹄鉄《ていてつ》や石を示し、ゲール語らしい言葉で、とめどなく長ながと、マリー・スチュアート女王、バロックビュイック侯爵、そしてスコットランドの歴史について説明してくれた。城内には彫像がいくつもある部屋がある。像の一つはマリー女王、一つはキャンベルという名の騎士、一つは女王の道化師を表わしている。その道化師を、ここに描いてみた。

とても変わっている別の像があり、それを城番のおっさんは、古い民謡を引用して、おしゃべり女を示すのだと説明してくれた。そのおしゃべりの被害がずっとつづいたので、土地の保安官は、被害者全員が公衆の面前でその女の尻を叩くように決定した、ということをその像が意味するのだと言う。

この土地の権威者とは意見がちがって、わたしには、その像が、民謡に出てくる保安官、おしゃべり女、さらにフィンラリクの城よりも、はるかに古いもののように見えた。この像は、なにか古代の、地獄に落ちた人びとの苦しみでも表わしているのだと思う。ところで、その彫像を辛抱しながら描いてみた。

わたしはまた、スコットランド人の男女ひと組も描くのに成功した。スコットランド人は、だいたいぽっちゃりした体格で、花のような顔《かんばせ》と頑丈な首をしている。そして大勢の子供たちと、気心の知れた昔からのクランの、つまり、氏族の名前をもっている。スカートまたはキルトをはくのは、ただ戦争のときか、バグパイプを演奏するときだけだ。あの格子縞《こうしじま》はタータンと呼ばれ、ほんとうは何かの紋章である。各氏族が異なる色のタータンを持つ、そのこと自体が、実際にかつては十分な理由とされて、異なる格子縞の氏族同士が互いに殺し合うようになっていたのだ。

スコットランドの日曜は、イングランドの日曜よりももっと悪くて、スコットランドのミサは無限という観念を呼びおこす。牧師たちはもじゃもじゃのひげを生やしていて、イングランドの聖職者たちほど血色がよくなく、やさしくもない。

スコットランド全体にわたって、日曜日は列車が運行を中止し、駅は閉鎖されて、まるっきりなにも行なわれない。時間さえも止まるのではないかと、疑いたくなる。ただ風だけが、むき出しになったなだらかな山々の峰のあいだに散在する、るり色やはがね色の湖にさざ波を立てている。

そのような湖の一つに、舟を浮かべて漂いつつあったのだが、そのうちに、わたしの小舟は浅瀬に入り込んだので、ペンを置き、鉄条網の張られた柵のあいだを走る憂愁の小径をさすらいに行った。

そして、灰色の空の下に、もう一つのスコットランドが現われた。荒れた長い谷間に、くずれた石の掘立小屋があり、石の塀がかたわらを走り、何マイルも何マイルも、ほとんど石つづきで、無人の家がつづいているようだ。ところどころに燕麦《えんばく》の畑があり、指ほどの長さの穂がついているが、他にはすべて、ただ羊歯《しだ》と石と苔のように固い草だけである。

時どき、羊飼いの見張りなしで丘辺に草を食《は》む羊たちが鳴き、時どき、鳥が悲しげに声を立て、下には、ごつごつした樫の木のあいだを、黄色く泡だちながら黒いドハート河が流れている。

不思議な、がっちりした、歴史以前の土地、黒雲が山々の頂《いただき》に垂れこめ、雨のヴェールが暗く人気《ひとけ》のないあたりをおおっている。そこは、これまで人の手に屈したことのない地域である。そしてその下を、黒い石の上を、黒いドハート河が音高く流れていく。

〃ビノリー、オー・ビノリー〃〔＊1〕

湖の女王よ、われを運びて、灰色に青きテイ湖の切り立つ岸を回らせよ。青空の下なだらかに盛りあがる無人の峰々を縫《ぬ》いて。峰々は雨と陽光をもってわれを迎えり。けがれなき小舟よ、われを運びて、テイ湖の輝く絹のごとき水面《みなも》を滑らせよ。赤き郵便馬車よ、われを運びて、緑の中でももっとも緑濃き谷間を、節多き木々の茂る谷間を、泡だつ川の流れゆく谷間を、むく毛の羊の群がる谷間を、北欧的な豊かさにみちたる谷間を、スコットランドのグレンを縫いて走らせよ。しばし待て、風にそよぐ白銀のポプラの木よ、しばし止まれ、枝を張り巻き毛をふるわす樫の木よ、黒き松よ、豊《ゆた》けき榛《はん》の木よ。しばし待て、激しき眼《まなこ》の乙女よ。いな、然《しか》らず。音高く煙吐く列車よ、われを北へ北へと、黒き山々のあいだをはこび走れ。緑の谷にのしかかる青く黒き山々。赤毛の牛の群がる谷間、明暗の交錯する

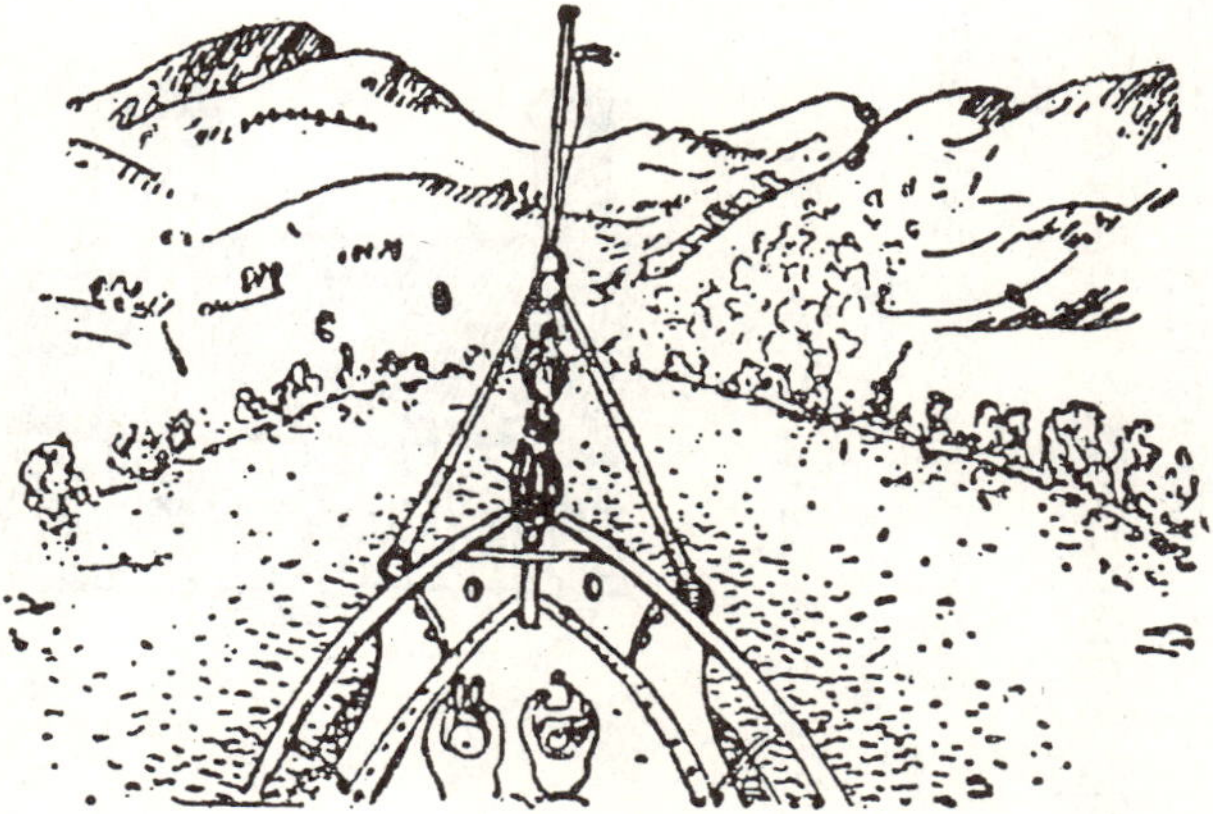

草木の緑、輝く湖水と北欧的な美しき岸辺。限りなくつづく、各所に小さき谷や窪地《くぼち》をかかえし、なだらかにして優雅なる、まるき峰々、木々の茂る谷と、ヒースに赤く色づきし山腹。牧場の北国的な美しさ、白樺の林。そして北の方《かた》、北の方には、鋼鉄の刃《やいば》のごとく輝く海面——。

インヴァネス、すべてがばら色の御影石《みかげいし》で造られた鱒《ます》と高地人の町。その家々は、とてもきれいに削られた切り石で積みあげられているので、それをお見せしようと描いてみた。ドアの上の小さな屋根さえも、インヴァネスにしかないものである。そして今、山々の懐《ふところ》へ、この地の奥へ、ゲール語の地域へ。神よ、このように悲しげで恐ろしい地域がこの世にあろうとは。どこへ行っても裸の山ばかり、ただますます高く、ますます恐ろしくなっていく。小さな白樺の木以外はなにもなく、やがてそれも消え、黄色い灌木《かんぼく》とヒースになり、ついにはそれもなくなり、水をしたたらせる黒い泥炭《でいたん》とかわり、その泥炭の上に沼地の綿《ボッグ・コットン》がこまかくふりかかるが、それは聖ヨハネのひげと呼ばれる。やがてそれも見えなくなり、石が現われ、まさに石そのものとなり、ところどころ、いぐさの厚い茂みがあるばかり。

黒雲が灰色の禿げた山々にたなびき、冷たい雨が降りかかり、黒い岩場の上にもやがのぼっていくと、犬の遠吠えのように悲しげな、暗いスコットランドの谷が現われる。何マイルも何マイルも、家も人間も見えない。たまたまある家を通り過ぎるときに見ると、それはあの岩のように灰色の石造りである。そしてさびしさ、何マイルものさびしさ。漁夫の姿のない湖、水車小屋の番人のいない小さな流れ、羊飼いの見えぬ牧場、旅人の影もない道。ただ、比較的豊かな低地には、毛深いスコットランドの牡牛が草を食んで、雨の中にたたずんだり、濡れた大地に寝そべったりしている。おそらくそのために、この絵でお見せするように、こんな毛むくじゃらの姿で大きくな

っているのだろう。
そして、スコットランドの羊は、体全体をかくす羊毛でできたインヴァネス風のコートを着て、顔には黒いマスクのようなものをかけている。誰も見張りはしていないが、ただ低い石の塀《へい》が人気《ひとけ》のない山腹を走っていて、人がどこかにいるのを示す。この塀のところまでが、放牧権の認められる範囲なのだ。
そして今は、完全に荒れ果てて、ここには牧畜の群れも所有権もなく、ただ見捨てられた家と、褐色《かっしょく》がかった苔の生えた斜面を持つ、くずれ落ちた谷があるだけだ。まさにこの世の果て。
ここでは、おそらく一万年ものあいだ、なにも変わらなかったであろう。ただ、人びとが道をつけ、鉄道を敷いただけで、大地は変わらなかったのだ。どこにも、木も茂みもなく、ただ、冷たい

湖と、とくさと羊歯《しだ》、果てもない褐色のヒース、果てもない黒い石、激流の銀色に糸を引くしぶきに刻まれる墨を流したような山々の峰、泥炭層の黒い泥、むき出しの山々の背のあいだから黒々と煙《けぶ》りながら顔を出す谷間、そしてまた黒い泥炭のある湖、鳥も見えぬ水面、人影もない地域、理由もない心配、目的なしの旅、何を求めているのかわたしにもわからないが、この状態は、ついに孤独のきわみである。

この限りなき悲哀を、人びとのあいだに帰る前に飲みほせ、孤独をはらんでふくれあがれ、満たされざる魂よ。汝はこの荒廃より大いなるものを見たことがなかったのだから。

そして今、列車はわたしを谷あいの平地に連れていく。境目には、えにしだの黄色い花が火花のように咲き、這松《はいまつ》が頭をもたげ、ちぢんだ白樺が御影石の断片にしがみついている。黒い激流が谷間をぬってとび、すでに松の林が現われ、赤紫に咲く石楠花《しゃくなげ》と赤いきつねのてぶくろの花がある。樺、松、樫、そしてポプラ、北欧的な荒野、帯状に茂る羊歯、そして針葉樹の原生林。太陽が雲のあいだから顔を出し、下では、険《けわ》しい山々のあいだから新しい海の深い裂け目が輝く。

＊1　スコットランド民謡のリフレインの一つ。

極北の地《テラ・ヒュペルボレア》〔＊1〕

わたしが今いる場所は、スカイ、つまり〝空〟という名のところである。しかし、天国にいるわけではなく、ただのヘブリデス群島で、そのあたりの島々のうちでは大きな不思議な島に、フィヨルド式の海岸、泥炭《でいたん》、岩、そして切り立つ断崖からなる島にいるのだ。

わたしは青や金色の貝殻の中から、いろいろな色の二枚貝をあつめ、天の特別なお恵みで野生の大鹿の糞さえも見つける。これはゲール伝説のニンフに乳を与える動物である。

山の中腹は、水を吸い込んだきのこのように湿って、ヒースが足にからまるが、それから、みなさん、ご注意を。ラーサイとスカルペイ、ルムとエイグの島々が見え、それから不思議に原始的な名前の山々、たとえばベイン・ナ・カイリヒと、スグル・

ナ・バナフディフと、レアカン・ニヘアン・アン・ト・シオサライフというような山々、または、ついにはドルイム・ナン・クレオフドが見え、そこには裸のまるい山、ただのブラヴェンという名の、まったく単純なブラヴエンという山がある。そしてここの小川は、単にアーン・レイデー・ムホイレで、あそこの砂の多い入江は、スロン・アルド・ア・ムフライクという単純な名前である。これらと他のすべての不可解な名前は、スカイ島の美と神秘性を示しているのだ。

この島は、美しくて貧しい。ここでの原初の小屋は、まったく歴史以前のように見え、まるで今は亡きピクト人たちが建てたかのようである。ピクト人たちのことは、よく知られているように、なにも知られていない。

II スコットランドへの旅

GLORIA IN EXCELSIS

Loch Coruisk and Cuillin hills

やがてそこに、ゲール系のカレドニア人たちが到着し、さらにノルウェーのどこかからヴァイキングたちがやってきた。首領のハーコン王は結局、死後ここに石の城を残したので、その場所をキーレ・アキン、つまりハーコンの城と呼ぶ。

それ以外、この島に住んでいた人びとはすべて、スカイ島を原初の状態、神の手から離れたときそのままにしておいた。野性的で人気(け)がなく、そして浸蝕され濡れそぼち、しかも堂々と、おそろしくもまた愛らしい状態に。石造りの小さな小屋は草と苔が生い茂り、またはくずれおち、人びとから見捨てられている。

週に一度、太陽が顔を出すと、そのときには、山々の頂(いただき)が現われ、言葉にあらわせぬ、ありとあらゆる青の色合が見られる。るり色、真珠色、かすみ色、または藍《あい》色、黒色、ばら色、それに緑色を帯びた青色である。深い、そこはかとない、もやのような、稲妻《いなずま》のような、または、なにか美しくひたすら青いものを思わせる青色。

これらすべてと他の無数の青色を、クイリンの青き峰々の上で見たが、そこにはまた、さらに青い空と青い海の入江があって、もはや、どう説明することもできない。お話ししたいのは、この無限の青の光景を見たとき、それまで知らなかった神々しさをうやまう気持ちが、わたしの身内に起こったことである。

しかし、やがて黒雲が谷間と山にたなびき、海は灰色に変わり、そして冷たい雨が湿っぽい斜面に立ちこめる。お世話になった親切な人たち[*2]の家では、暖炉《だんろ》の中で泥炭が燃え、昔風の夫人がスコットランド民謡を歌い、わたしは、ほかの人たちと不思議な古い歌を歌う。

サ・ティギン・フォドハム、フォドハム、フォドハム、
サ・ティギン・フォドハム、フォドハム、フォドハム、
サ・ティギン・フォドハム、フォドハム、フォドハム、
サ・ティギン・フォドハム・エィリグ

それから、みなが輪になって手を組み、別れや再会を述べるスコットランド的な民謡を歌う。島々の岬のあいだに、大西洋に開ける海の狭い水筋が見える。そこを鯨捕りたちが、アイスランドやグリーンランドへ向けて航行するのだそうだ。この大西洋に開ける海の水筋を見たとき、悲しみに襲われたのは、なぜだろうか。

さらば陸地よ、お達者で、もはや、きみと会うこともないだろう！

ああ、わたしは青い燃えるような海となめらかな浜辺、それに、るり色の波に影を落とす椰子《やし》の木々も見てきた。しかし、あの灰色の冷たい湖水は、なんと印象深かったことか。

見ていただきたい、あそこでは海草の中で鶴が水をはね、かもめか海つばめが鋭く激しい叫びをあげながら波の上をすべっていき、ヒースの荒野の上では、しぎがキイキイ鳴き、つぐみの群れがはばたいて飛びわたり、とぼとぼ歩む牡牛が不思議そうに人を見、木のない丘では羊が草を食《は》み、遠くから見ると、すべてが黄色っぽくなっている。

そして、夕刻とともに何億万ものこまかい羽虫が現われ、人の鼻の中に這い込むが、一方、ほとんど真夜中の時間まで、北国の昼はつづいている。

そして、あのるり色の、しぶきをあげる足もとの海、そしてあの北へ向かう海の大西洋に開ける道……。

＊1　古代ギリシャでの空想上の幸せの国。極北にあるとされた。

＊2　シートン＝ワトソン氏の家族。「IV　ふたたびイングランドで」の「いくつかの顔」を参照。

〝でもわたしは、ロッホロヤンのアニーよ〟〔＊1〕

しかし、この小汽船の船長は、その北へ向かう大西洋に開ける道に誘惑されはしなかった。船長は慎重な人で、グリーンランドやアイスランドのかわりに、ただマライグの港に航行しただけだった。きっとジャック・ロンドンの小説を読んだことがないのだろう。

なぜ、われわれを追うのか、かもめよ、鋭き声の海の従者よ。

もし、わたしがおまえたちのように空を飛べたら、スコットランドをよぎって、さざ波を浮かべるまるい湖で羽を休め、それから海を越えてハンブルクへ飛んでいくだろう。

そこにはエルベ川があり、その上を、わたしは強い羽ばたきで川上へ飛んでいく。北ボヘミアのムニェルニークの町のあたりで、やっと別の川、エルベの分流ヴルタヴ

ァ〔モルダウ〕川に沿って飛びはじめ、プラハまで行くだろう。

　そして、ヴルタヴァにかかるすべての橋がつくる凱旋門《がいせんもん》を、喜びのあまり、叫んだり笑ったりして飛びまわるのだ。

「みなさん、わたしはスコットランドからまっすぐに飛んで帰ってきました。あたたかいヴルタヴァの水の上で、白いおなかをあたためたくて。かの地、カレドニア、または、作家スティーヴンソンの国と呼ばれるあの国は、美しく不思議にみちています。しかし、どこか悲しげで、陰気なところがあります。この地、つまりプラハには、湖はありませんが、そのかわりに、ヴァーツラフ広場があります。ここには、ラドハル・ベインの山はありません。しかし、ここには、アカシアの茂る河岸と、伝説に名高いヴィシェフラト、それに、ペトシーンの丘があります。そして、わたしは、今ちょうどスコットランドのスリート・サウンドを航行中の、ある旅人からのごあいさつを、みなさんにお伝

Loch Eilt.

えしなければなりません」

わたしは、そのスリート・サウンドと、ラドハルの山を、お目にかけるように描いてみた。また、マライグの波止場も描いた。それに船乗りを一人つけ加えたが、それは、わたしが船と船乗りについて何か言わないでいるのだとか、ありのままの世界を描いていないのだとか、誰にも言われないようにするためである。

列車よ、わたしをカレドニアのあらゆる地域へ連れて行け。この地は心地よく、わたしの心に寂しさを感じさせるから。モラルの湖も、シールの湖もある。そして山々の頂《いただき》、山峡《やまかい》や谷間、巨大な斜面をもつ肩幅広い山々、それは限りなく巨大な石造の原始獣のようで、そのむき出しの体の腋《わき》の下と、褶曲《しゅうきょく》には、豊かな緑の茂みがある。アーモンド・ケーキのように岩が埋めこまれた頂、エイルト湖のような、愛らしい島々を浮かべながら、きりっとした湖。どこへ行っても湖があるが、そこには、それに加えて長くつづく輝く水、そよ風にさざ波を立てる水面、その上を走る水の精の銀色の通り道が見られる。こまかい御影石《みかげいし》でできた、岩だらけの、または、まるく盛り上がった山々、縞《しま》模様の、畝《うね》のようになった、河馬《かば》のようにつるつるの、青や赤や緑の頂、そしていつまでも、限りなく、また人もなき荒涼たる山々。

最後に、フォート・ウィリアムがある。これは昔、叛乱《はんらん》を起こす山の民を押さえる

Loch Eil

Ben Nevis

ために作った、鉄壁の関所の一つである。

そしてその上に、この山国の最高峰、ベン・ネヴィスがある。これは、海のフィヨルドの入江にのしかかる、圧倒するような雲のかかった陽気なベン、つまりおっさんで、そのてっぺんのあたりの雪原から、白い滝が何本か落ちている。

さらに山また山、谷また湖、影をもつ谷間、黒い水の峡谷、神が固い材料でこね上げ、その上で人間が人間と戦うようにと人間にお渡しくださった土地がある。なぜなら、人間は岩ともヒースの荒野とも戦うことなどできないのだから。

*

そして、この短いたよりは、グラスゴーの町よ、きみについてのものである。美しさのない町、騒音と商業の町、工場とドック、いろいろな品物の出入りする港の町よ。きみについて何を語るべきだろうか。

工場、ドックと倉庫、港のクレーン、鉄工所の塔、ガスタンクの群れ、品物を運ぶ騒々しい車、高い煙突とシュウシュウ唸《うな》る蒸気ハンマー、丸太と鉄でできた建物、水に浮かぶブイ、そして石炭の山、いったい、それらが美しいかどうか。

あわれな罪人としてのわたしは、これらすべてがとても美しく、絵のようで、記念

SHIPPING
TAYLOR
TOILET SALOON
HAIRDRESSER
BAR
DAIRY
AGENCY
TEMPERA
PAWNBROKER
BAR
TOBACCO

碑のようにりっぱだとさえ考え、そして見ている。

しかし、そこから生まれる生活、街路、人びと、工場や事務所で見られる人びとの顔色、人びとの住居、子供たちと食べ物、つまり生活、言ってみれば、これらの大きく強力なもろもろの物によって支えられる生活は、少しも美しくなく、絵のようでもない。

それどころか、それは神の息吹きに見捨てられ、なまなましく、汚なく粘っこく、うるさく、悪臭にみちてむっとするような、無秩序で重苦しい、飢えよりも重苦しく、貧困よりも無秩序なものである。

そして、わたしの上には、何十万人もの疲労がのしかかってきた。そこでわたしは逃げだしたのだ、グラスゴーよ、とてもまともに見くらべる勇気がなかったから。

神よ、われに考えぬく力を与えたまえ。

＊1　悲恋を歌ったスコットランド民謡の一節。サー・ウォルター・スコットの作品の題材などになっている。

湖水地方

湖はスコットランドにしかない、と言われそうだが、イングランドにもちゃんと湖があり、ある地方では、そのほとんど全体を湖水が占めている。

そこには、ダーウェント・ウォーター、バッセンスウェイト、ウェスト・ウォーター、サールミア、グラスミア、ウィンダーミア、アルスウォーターと、その他もろもろの湖があり、いわゆる湖水詩人たちが住んでいたが、故ワーズワースは、グラスミアの曲がりくねった木々の谷間にある、樫の木の天井を持つ美しい古い教会のかたわらに、小さな墓をいまだに持っている。

今述べたこの文は、とても長いが、この楽しい湖水地方のあらゆる喜びを表現したものではない。たとえばケズウィックは、この世界の他のあらゆる町と異なって、純粋に緑の石で作られた町である。でも、緑の色の持ち合わせがないので、せめてもと思い、公会堂の絵を描いた。これも同様にきれいである。

観光客を呼ぶために、ここにはスキドーの山があり、それから木立と荘園のあいだに愛らしいダーウェント・ウォーターの湖がある。夕方、その絵を描いたが、あまりの心地よさと静けさに、胸がつまるくらいの喜びを感じた。沈みゆく日は、黄金の光の櫛で、縮れ毛の髪のようなさざ波の乱れをとき、巡礼の旅人は、そこの静かないぐさの上に座り、もはや家へ帰ろうとも思わなかった。それくらい、その湖の水は人を酔わせて平穏なのである。

『湖水地方案内書』には、さまざまな山、峠、ワーズワースが座ることをならわしとしていた石まで含めて、美しい眺望地点やその他の景勝地があげられている。わたしとしては、いくつかの巡礼地を見つけて巡礼を行なった。

1羊への巡礼

イギリスでは、どこへ行っても羊がいるが、しかし、この湖水地方の羊は特別な縮れ毛をしていて、絹のようになめらかな草の上にありながら、それを食《は》み、天国にある祝福された魂を思い出させる。見張る者は誰もなく、草を食み、夢を見、神々しい思考にふけることに時をついやしている。

その羊たちを描いたが、その中には、万年筆で達成できるかぎりの、静かで心地よい生命の喜びを注入した。

2牛への巡礼

湖水地方の牛は、他の地方とちがって、特別な赤味を帯びている。その他、草を食んでいるその地域の優雅さと表情のおだやかさで、他の牛と区別がつけられる。一日じゅう、このエリジウム、つまり天国の原を散歩して回っている。そして横になると

きは、感謝を捧げる言葉をゆっくりと、おごそかに反芻《はんすう》するわけだ。
　絵の中で、この牛たちを湖水地方のありとあらゆる美で囲んでみた。鱒《ます》が泳ぐ小さな川が下を流れる橋、やわらかい茂み、波打つ木々、まるく親しみ深い木立と生け垣のある丘、カンバーランドの山の背の連なり、そして最後に、もやと光にみちた空が見える。木々のあいだには、赤っぽい、または緑をおびた石造りの家々の切《きり》妻《づま》が顔をのぞかせている。
　そして、湖水地方の牛であることは、あらゆる生物のうちで、もっとも神聖で、もっとも価値あるものにしか得られない大きな恩恵であることも、おわかりだろう。

3 馬への巡礼

イギリスの馬は、一日じゅう草を食むか、美しい草の上を歩きまわるか、それ以外のことは何もしていない。

それは馬などではなく、スウィフトの述べたフウイヌム、つまり、賢くて、半ば神のような種族なのだ。商業に従事せず、政治に加担せず、ついには、アスコットの競馬にさえ興味を持たない。人を見る眼は好意にみちて、ほとんどなんの抵抗の色もない。非常に知的である。あるときは瞑想《めいそう》にふけり、あるときはしっぽを立てて走りだし、またあるときはとても大らかに、おごそかに見つめるので、そばにいると、自分がまるで猿になってしまったように感じるくらいである。

馬を絵にすることは、わたしがこれまでにぶ

＊これが、わたしのスケッチブックを食べたがった馬

つかった最大の難事だった。それを試みていると、馬たちがわたしを囲み、その中の一頭が、一生懸命にわたしのスケッチブックを食べてしまおうとする。遠くから絵を見せてやっても、満足しようとしないので、退却せざるをえなかった。

湖水地方には美しいものがまだたくさんある。特に、たとえば左右にうねって流れる川、豊かに茂った堂々たる木々、リボンのように曲がりくねった道、山の呼び声と谷の安らぎ、さざ波をたたえた静かな湖。

そしてこの曲がりくねった道を、観光客を満載した観光バスがあえぎながら走り、自動車がとび回り、自転車に乗った女たちが滑っていく。そしてただ、羊たち、牛たち、そして馬たちだけが、瞑想にふけりながら、少しも急がずに自然の美を反芻《はんすう》している。

III　北ウェールズとアイルランド

北ウェールズからの手紙

ウェールズ語の聖書は、次のごとく述べている。
「アケフ・ア・サェドス・ヘフィート・ウルス・ア・ボブロイス。パン・ウェロフ・グムル・アン・コーディ・オー・ゴフレウィン・アン・ア・ファーン・ア・ドウェドフ、ア・マイ・カウォード・アン・ダフォド。アク・フェリ・ア・マイ」(イエスまた群衆に言いたもう。汝《なんじ》ら雲の西より起こるを見れば、ただちに言う「急雨《はやあめ》きたらん」と。果たして然《しか》り。/ルカ伝第十二章五十四節)
ここでウェールズ語の聖書は、西風のことを言っているが、西風の吹くときに、わたしはスノードンの山、すなわち、正しくはエリリ・ア・ウィッスファの頂《いただき》にいて、ウェールズの土地全体を見ようとしていた。
「アク・フェリ・ア・マイ」(果たして然り)

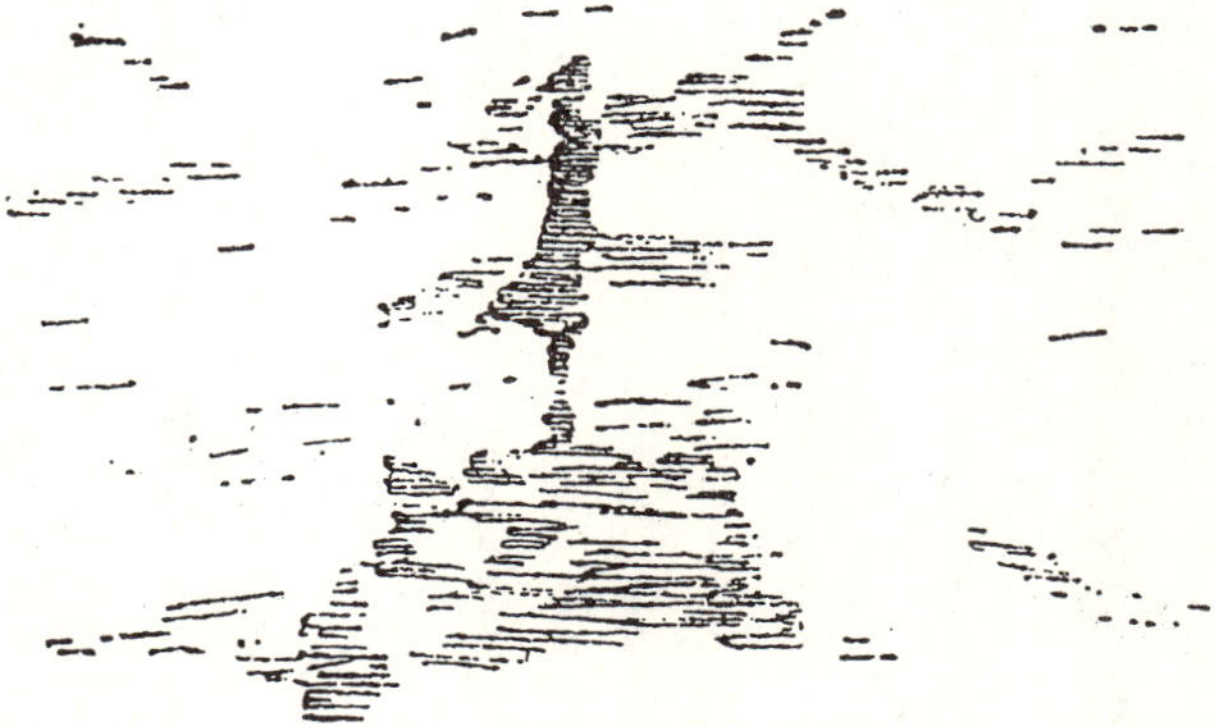

The * * Splendid View from the Top
of Snowdon

雨が降っているばかりでなく、霧にまかれ、たいへんな寒さにつつまれてしまい、スノードンのてっぺんでストーブのそばへ避難した。火はとても美しく見え、赤く燃える石炭のそばで、とてもすばらしいことをたくさん考えることができた。

前述の案内書は、スノードンの山からの美しいさまざまな眺めを賞讃している。わたしは白や灰色の厚い雲を見て、それがついにはシャツの下にまで入ってくるのを感じた。見たところ、あたりの光景は、そのままみっともない眺めではない。というのは、全体に白い色だから。でも、あまりさまざまな眺めとは言えない。にもかかわらず、フリウェッスとモェル・オフルン、さらにクミ・フランや、フリン・フィノン・グワスや、グリブ・イ・スイスギルも、この目でたしかめたいものだという願いが起こった。それらの美しい名前が、少しばかりの雨、嵐、寒さ、それから霧に耐えることに値しないかどうか、教えていただきたい。

ウェールズの人たちの言葉は、少しばかり理解困難である。学のある友人が説明してくれたところでは、複雑でもある。たとえば、父親のことを、ある場合は〝ダド〟、別の場合は〝ダド〟、また別の場合は〝ヌハド〟と、情況によって呼び分けるのだ。これが複雑な言葉であることは、次の例でもわかるだろう。

アングルシに近いある村の名前は、なんと「フランヴァイヴァルプーフルグウィンギ

イフルゴウゲラフフウェルンドロウブーフルフランディシリオウゴウゴウゴウフ」〔おおよその意味は、〝赤い洞窟の近くの聖ティシリオ教会の激しい渦巻きの近くの白いはしばみの谷のほとりの聖マリア教会〟。イギリスでいちばん長い地名とされた〕というのである。

おおわかりのように、ウェールズのケルト語は、きれいに聞こえる。とくに濃い色の髪をした、ほとんどフランス風のタイプの娘たちのくちびるから聞くときには。

しかし、ウェールズの老女は、遺憾にも、男の帽子をかぶっている。これはどうも、土地の衣裳の名残りとなる物で、昔はその衣裳に加えて、女たちはやたらに高い男物風のシルクハットをのっけていたのだ。

それ以外には、ウェールズそのものは、その地名のように不思議でも恐ろしくもない。ある場所は

「パエンマエンマウル」という名前だが、そこはただ、石切り場と海辺の温泉場があるにすぎない。ある名前がわたしに魔法のような効果を与えるのは、なぜかわからない。わたしはフランドノを見なければならなくなり、みじめな気分になった。それは、最初はどうも、ちがうふうな印象で発音されるのだが、二度目の感じでは、ただ、この島の他の海辺の温泉と同じで、ただのホテルと岩と砂の集積にすぎない。

ウェールズ人の首都カーナーヴォンへもたどり着いた。とても遠い土地なので、そこでは郵便局へ行ってもわが国チェコスロヴァキアのことがわからず、七時になっても夕飯が食べられない始末だ。なぜ、そこに、まる二日もいたのかわからない。

　そこにはプリンス・オヴ・ウェールズ、つまり、英国皇太子のための大きな古い城がある。それを描こうとしたのだが、大きすぎて紙の中にはいらなかった。それでも、少なくともその塔の一つを描いてみた。ちょうど自主独立の小烏《こがらす》〔＊1〕の議会が開かれていた。とにかく、こんなに多くの小鳥の群れを見たり聞いたりしたことはなかった。カーナーヴォンへぜひ行ってみるべきだ、と申しあげたい。

ウェールズは、山々と名政治家ロイド・ジョージ、鱒《ます》、休暇を楽しむ人たち、黒い牛、スレート、お城、雨、吟遊詩人、そしてケルト語の国である。

そこの山々は、まる裸ですみれ色をし、不思議な形で、石ばかりだ。ホテルには、

のど自慢コンテストの組織者たちのすっかり濡れた写真があり、これらのコンテストは今日《こんにち》、なにか民族的にとくに愛好されるものである。

ウェールズの羊は、長いしっぽをもっている。そして、たとえ「もっと言え」と怒られて切り刻まれようとも、北ウェールズについてわたしが知っているのは、これで全部である。少なすぎるとお考えの方は、どうぞ、カーナーヴォンまでお出かけを。バンゴーでお乗り換えです。

*1　チェコ語で kavka（カフカ）、英名（Jack）daw、和名コクマルガラス。上半身に灰色の部分があり、群生する。チェコの作家 F.Kafka（カフカ）の姓と関連する。

アイルランドについての手紙

1

わたしは、ほんとうはアイルランドへ行って、アイルランドからの手紙を書きたかったのだが、結局、そこへ行くには、みじめにも、ほんの数時間しか割り当てられないようだ。

なぜそこへ行かれないのか、わたしにもまるっきりわからない。そうなるのは、アイルランド問題、つまり、アイルランドについての質問のなせる罪だと思う。

わたしは、ほとんど会う人ごとに、イングランド人にも、スコットランド人にも、ウェールズの原住民キムル人にも、ゲール人にも、アイルランドについて質問してみた。その人たちに、アイルランドで何を見るべきか、どちらへ向かうべきかをたずねたのだ。

この質問は、相手にとってなにか不愉快であるらしく思われる。みんな、オクスフォードか、シェイクスピアのゆかりの地ストラットフォード・オン・エイヴォンか、海辺の温泉場へ行ったほうがよいと、わたしに言った。

わたしの好奇心は、それでますます強く燃えあがった。

「北の方へ行きなさい」一人が、わたしに忠告した。

「西の方へ行きなさい」もう一人が、なにか熱意のない言い方ですすめた。

「南の方へ行きなさい」三番目が言った。「わたしはそこへ行ったことがないのだが、でも、あなたがそちらへ行きたいのなら……」

2

問「わたしは、アイルランドをちょっと見たいと思っています。ご意見はいかがですか」

答「アー・エー・エー・オー・オー。エー?」

問「何ですか」
答「あそこは、まったく形勢不穏だということです」
問「そんなに悪いのですか」
答「うーん、それにあそこでは、よく橋が風にもっていかれて、列車が通ると――」
問「どの列車も空中に舞いあがるのですか」
答「（いくぶん不確かに）いいえ、どの列車もというわけではありません。おわかりですか。ベルファストへおいでなさい。あそこはだいたい、ここと同じようなところです……」

3

バーナード・ショー氏は、そのとき、アイルランドでただ一つの特別な場所をすすめてくれた。それは、南のほうにある小さな島で、その名前は忘れてしまった。その島には、身心ともにとてもりっぱな人たちがいるそうだ。
「残念ながら」とショー氏はつけ加えた。「今言った島には、上陸することができないのです」

4

よろしい、それでは、アイルランドを自分の手の上で見てやろう。アイルランドの案内書をなにか買って、いくつかきれいな場所を選んで、アイルランドからの手紙を書いてやろう。

グラスゴーを皮切りにして、あらゆる本屋を走りまわり、アイルランドの案内書を買おうとする。

しかし、本屋の人は、あぶない、あぶないというように、頭をふる。――いや、アイルランドの案内書はない。コーンウォールとダッカリー、スノードンとウェンブリーの博覧会の案内書はあるが、たまたまアイルランドについては、まったくなにも。ソーリー、お気の毒だが、まったくない。

「わたしたちは、あそこへは行かないのです」

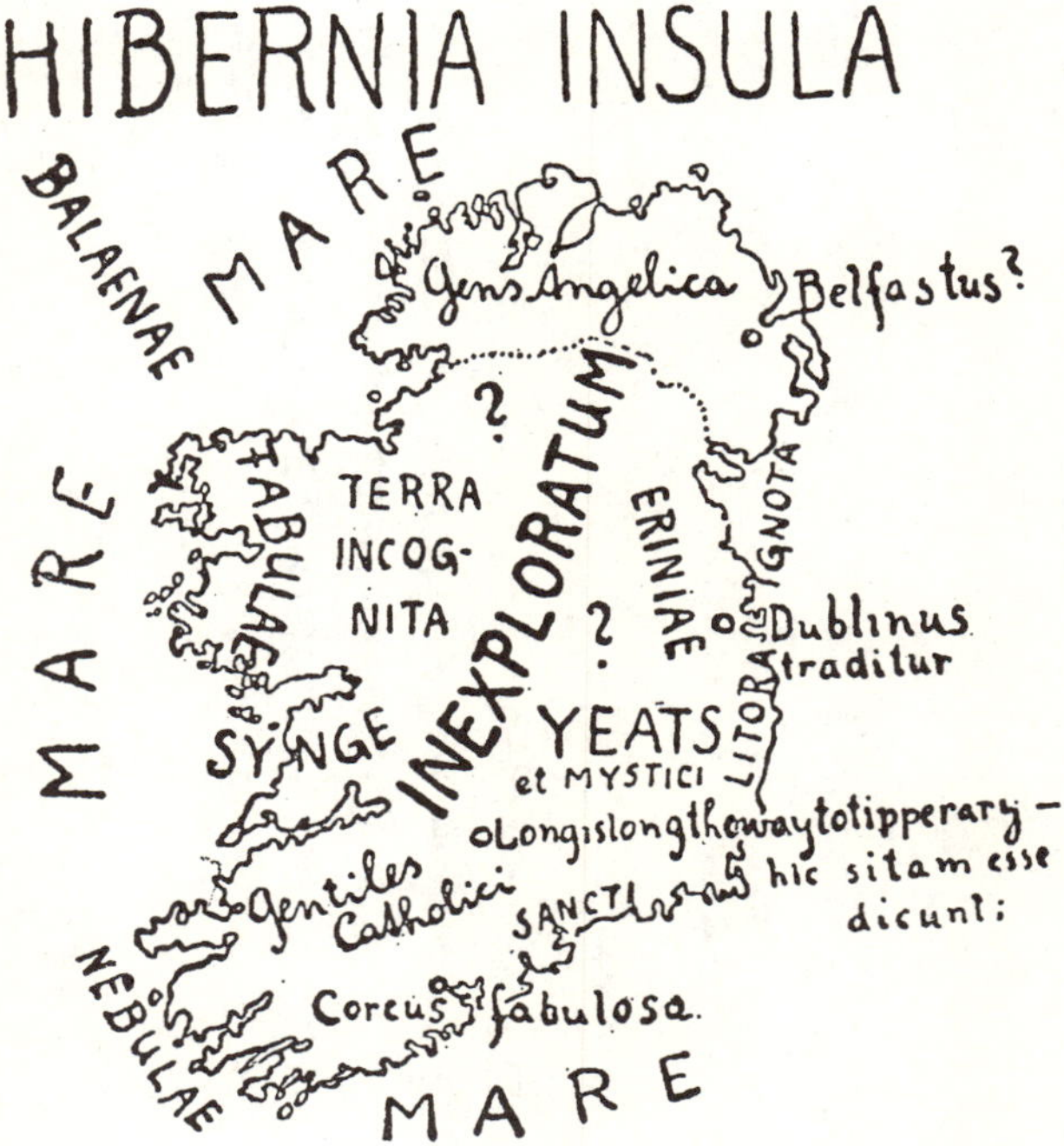
HIBERNIA INSULA
BALAENAE
MARE
MARE
Gens Angelica
Belfastus?
?
TERRA
INCOG-
NITA
INEXPLORATUM
?
ERINIAE
IGNOTA
FABULAE
Dublinus
traditur
LITORA
SYNGE
YEATS
et MYSTICI
Longislongthewaytotipperary – hic sitam esse dicunt:
Gentiles
Catholici
SANCTI
NEBULAE
Corcus fabulosa
MARE

5

アイルランドへ実際に行くには、みじめにも数時間しか当てられない。それでも、教えていただきたい、まったく理由もなしに、無駄に、わたしにしてみれば、この国がつつまれている恐ろしい秘密を投げすてるべきだろうか。

これからも、わたしは時どき、愛と喜びをもってアイルランドの地図を見るだろう。

「ほら、これは、わたしが自分でヴェールをはがしてやらなかった国だよ」

Ⅳ　ふたたびイングランドで

ダートモア

さて、わたしはあらゆる物を見た。山と湖、海、牧場、それに、まるで庭園のような地方も見た。ただ、ちゃんとしたイングランドの森は見なかった。というのは、こんなふうに言いたいのだが、ここでは木そのもののために森というものがないのだ。わたしは、地図に〝ダートモア・フォレスト〟、つまり「ダートモアの森」と書かれてある場所へも行ってみた。

ついでながら、ダートモアは、文学史のことでわたしがまちがっていないなら、あの、シャーロック・ホームズの『バスカヴィル家の犬』の舞台となっているところだ。

途中でわたしは、スティーヴンソンの『宝島』に出てくるイスパニョラ号は宝島へ向かってどこから出発したのかと自問した。それはブリストルの市内のどこかで、いちばんそうらしいのは、その桟橋《さんばし》のところである。そこにはオレンジの香りのするブリッグ、つまり、二本マストの横帆《おうはん》の船が置いてあった。それ以外には、ブリストルには何もなかった。ただきれいな教会があり、そこでは、何かお祈りをしていたし、大聖堂でもちょうど歌とお説教つきの礼拝中で、最後に古い病院があり、そこで、支柱にあるひげの彫像、ひげもじゃの幻想的なキマイラの像の絵を描いた。これがブリストルで十分おもしろかったものである。

エクセターでは、雨と連合したイギリス風の日曜日に襲われた。エクセターの日曜日は、じつに徹底的で神聖で、教会さえも閉じられる。そして食についての肉体的な幸福のことを言えば、かくのごとく冷えたる馬鈴薯《ばれいしょ》をさげすみ拒みたる旅人は、空腹をかかえてベッドにおもむかざるをえない。いったい、こんなことで、エクセターの

わが主、神がどんな特別な喜びをお持ちになるのか、わからない。その他の点では、ここは、心地よい静かな雨と、古いイギリス風の家々のあるきれいな町だ。またいずれ、その家々にもどることにしよう。今はダートモアの森へ急いでいるところだから。

そこへ行くには、このうえなく草木の生い茂った緑濃い地帯を縫《ぬ》い、まるい丘を越えて走る美しく曲がりくねった街道を通っていく。この地域には、わたしが見たうちでいちばんびっしりとした生け垣、いちばん大きな羊、そしてもっとも多量の蔦《つた》、下草、さんざし、いちばん枝を張った木と、いちばん厚いわらぶき屋根の小屋がある。デヴォン州のこのような老木は、岩のようにきっちりとして、彫像のように完全である。

それから、小さな木さえ一本もない、なだらかな、裸の、荒れた丘に到着する。これが、ダートモアの森である。ヒースの荒野のあちこちに、御影石《みかげいし》の丸石の山が、まるでなにか巨人か恐竜の祭壇のように突き出している。

わかりやすく説明すると、これがいわゆる〝トアズ〟つまり、ダートモアで有名な岩山である。時どき、その岩山のあいだに赤い色の小川が流れ、よどんだ水溜りが黒くなり、大きく広がった沼地が光る。その沼地に馬を乗り入れると、人馬ともに跡かたもなく沈み込んでしまうと言われる。しかし、馬を持っていなかったから、わたしには実験できなかった。

低い峰々は何かに隠されているが、それはたなびく雲が落ちかかっているのか、つねに盛りあがる大地が煙を吐いているのか、わからない。もやのような雨のヴェールが御影石の岩の地帯と沼地をおおい、黒雲が重くあたりをつつみ、悲劇的な薄明かりが、瞬間的に、ヒース、這松《はいまつ》の茂み、そして羊歯《しだ》の荒野原を照らしだす。そこは、かつては抜けがたき森であった。

人がそのような恐怖と郷愁の地を見て、息をひそめるのはいったい、人間の中に何があるからだろうか……それは美しいものだろうか。

上へ下へ、上へ下へ、緑のデヴォン州を縫って、わが国にある香草の香り高き畦道《あぜみち》のように、広い地域を四角に区切る生け垣が作る二つの壁のあいだを、そして、たえまなくつづく古い木々のあいだを、家畜の群れのかしこそうな眼のあいだを、上へ下へ、デヴォンの川の赤い岸辺へと、道は進んでいく。

港

もちろん、いろいろな港も見物してきた。あまりたくさん見たので、今はごちゃごちゃになっている。そう、待ってください、フォークストン、ロンドン、リース、グラスゴー、これで四つ。それからリヴァプール、ブリストル、プリマス、ほかにも、もっとあるかもしれない。

いちばんきれいなのはプリマスで、これは岩と島のあいだにきれいにはまり込んでいる。そこのバービカン地区には古い港があり、正真正銘の船乗り、漁師がいて、黒い帆船が浮かんでいる。そして、新しい港がホー・プロムナードの下にあって、そこには船長たち、彫像、縞《しま》模様の灯台が存在する。

その灯台を描いたが、絵の中に見えないのは、薄青い夜になっていること、海上にはブイや船の緑や赤の光が明滅していること、わたしが灯台の下にすわって、黒い猫

――ほんものの猫だ――をひざに乗せていること、そして、海、にゃん子、水上の小さな灯、さらに全世界を愛撫しながら、わが身がこの世にあるという愚かしい喜びにふるえていることである。

そして眼下のバービカンでは、あの昔のサー・フランシス・ドレイクや、のちに作家となったマリヤット船長のころと同じように、魚と海の強い臭いが漂っていて、海は平和で、広びろとして、そして輝きにみちている。――申しあげるが、プリマスの港こそ、いちばん美しい港である。

でも、リヴァプールは、いいですか、リヴァプールはいちばん大きい港である。その大きさに免じて、この町がわたしに与えた損害を、今は許してやろう。というのは、何かの大会か、王様のご訪問か、とにかく、ほんとうは何であったにせよ、この町は、この旅人に一夜の宿をすすんで与えようとしなかったのだ。そして、ローマのカラカラ大浴場の遺跡のように大きな絶望的な、新しい大聖堂でわたしをびっくりさせ、真夜中になると清教徒的な暗闇で、みじめな木賃宿に行く道を見つける邪魔をした。その宿は、まるでキャベツを漬ける樽《たる》のような、湿った酸っぱい臭いのするベッドをわたしに与えた。

――でも、リヴァプールよ、これらの仕打ちをすべて許してやろう。というのは、ディングルからブートルのあたりまで、さらに反対側のバーケンヘッドの波止場までのあいだで、見るべきものを見たからだ。

黄色い水、汽笛を鳴らしていくフェリーボート、曳舟《ひきふね》、波の上に揺られている太鼓《たいこ》腹《ばら》の黒い豚のような姿の船、大西洋航路の白い定期船、ドック、貯蔵タンク、塔、クレーン、サイロ、エレベーター、煙を吐く工場、沖仲仕《おきなかし》、帆船、倉庫、船着き場、桶、荷物箱、樽、貨物、煙突、マスト、網一式、列車、煙、混乱、警笛の音、鐘の音、が

んがん鳴る音、はあはあ喘《あえ》ぐ音、裂けた船腹、馬や汗や小便や世界各地からのごみの悪臭。

もう半時間、言葉を積みあげても、その数量、混乱および規模の大きさには、とても達しないだろう。それが、リヴァプールと呼ばれる存在なのだ。

美しきかな汽船、そが太き煙突より煙を吐き出しつつ汽笛を鳴らし、高き胸にて水を押し分け突き進むとき。

美しきかな、アーチ型をなす水平線の海原の広き肩の背後に、煙のヴェールを引きつつ消え去るとき。

美しきかな、距離と目標、人よ、ただ舳先《へさき》に立ちて出でゆかん。

美しきかな、波の上をすべりゆく帆船。

美しきかな、出船、入船。

わが祖国よ、汝は海をもたず、その地平線はいささか狭からずや。

また、遠き国ぐによりのざわめきに欠くるにあらずや。しかり、しかり。

しかし、われわれの頭のまわりにさざめく空間の広がりは、実際に存在しうる。波に漂うことはできなくとも、少なくとも、ものを考え、精神の翼で広く高い世界をうねって進むことはできるのだ。探険すべき、精神の大船の進むべき余地は、まだ十分

Liverpool

にあると言える。そうだ、つねに航行をつづけることが必要なのだ。海はどこにでも、勇気あるところにはつねに存在する。

しかし、舵取る人よ、どうぞ、反転せぬように。まだ帰路につくのではない。もう少し、このリヴァプール港外の投錨地《とうびょうち》に立って、帰る前にすべてを見させてほしい。ここは巨大で、汚なく、そして騒々しい。

いったい、ほんとうのイギリスは、どこにあるのだろうか。あのおそろしく古い木々と伝統につつまれた、静かで清潔な小屋《コテジ》の中にだろうか、完璧で平和で洗練された人びとの家の中にだろうか、それとも、この汚水の波の上にか、ガンガンひびくドックの中にだろうか、マンチェスターか、イースト・エンドのポプラーか、グラスゴーの港のブルーミイローか。

よろしい、白状するが、それはわからない。あのイギリスは、あまりにも完全で美しすぎる。そして、ここはあまりにも……

よろしい、わたしにはわからない。イギリスは、まるで一つの国でも一つの民族でもないかのようだ。

さて、さあ船出しよう。海のしぶきに身を洗わせよう、風に身を打たせよう。わたしは、あまりにも多くのものを見すぎたような気がしている。

メリー・オールド・イングランド

でも、もう一度立ちどまらなければならない。どこにあの楽しき古きイギリス《メリー・オールド・イングランド》がほんとうにあるのか、ちょっと見ておかねばならない。

古いイギリス、それは、たとえばシェイクスピアゆかりのストラットフォードであり、チェスターであり、エクセターであり、その他、なおわたしの知らないところだ。ストラットフォード、ストラットフォード、ちょっと待って、いったい、その町へ行ったことがあったっけ。いや、行ったことはない。シェイクスピアの生家も見なかった。たとえ、その家が土台からすっかり建てなおされているばかりか、そもそもシェイクスピアなる人物が全然存在しなかったかもしれないということを考慮に入れたとしても。

でも、そのかわりに、ソールズベリーへ行った。そこでは、まったく、まちがいな

く劇作家のマシンジャーが十七世紀初期に活躍したのだ。また、存在したことが保証つきの小説家ディケンズがいたことのある、ロンドンの法曹《ほうそう》地区のテンプルにも、また、歴史的に確実なワーズワースが暮らしていたグラスミアー、その他、多くの人物の出生地と活動地に行ったが、それらは、記録のうえで論議の余地のないものである。

よろしい、わたしは、あの楽しき古きイギリスをいろいろと発見した。それは、目に見える面で言えば、黒い垂木《たるき》と家の刻み目というかたちで残っており、その結果、きれいな黒白の縞《しま》模様になっている。あまり無鉄砲な仮定はしたくないのだが、イギリスの警官の制服の袖口にある黒白の縞は、この絵で示されるように、古いイギリスの家々の縞模様そのものの中に起源があると思われる。

イギリスは、まったく歴史的伝統の国である。そ

して存在するものはすべて、なんらかの理由を持っている——これは哲学者ジョン・ロックの教えだったと思うのだが。

いくつかの町、たとえばチェスターでは、警官たちが白いコートを着ているので、外科医か床屋のようだ。これはローマ人の時代からの伝統かもしれない。

さらに、古いイギリスは、いろいろに突き出た階上と切妻《きりづま》を好んでいたので、そのような家は、上階のほうがつねに広がっている。さらにそのすべてに加えて、窓さえも外へ突き出して、半分引き出された机の引出しのようである。そこで、そんなかたちの上階、屋根裏、張出し窓やひさしのついた家は、大きな組立て玩具か、古い引出しつき書き物机のようで、夜になると閉めて鍵がかけられるような、そんなふうだ。

チェスターには、そのうえ、〝ロー〟(rows)と呼ばれる建築物がある。これは屋根つきの渡り廊下だが、ただ二階にあって、街路からそこへ行くには階段をのぼることになる。で、店は下にあったり、上にあったりする。これは世界じゅうを見ても、他所《よそ》にはないものだ。そしてチェスターには、さらに、ばら色の石でできた大聖堂があるが、一方、ヨークには褐色《かっしょく》の大聖堂、ソールズベリーには魚のかますのような青色のもの、エクセターには黒と緑のものがある。

ほとんどすべてのイギリスの大聖堂には、水道管のようなかたちの大柱、ま四角な内陣、本堂の中心におかれた恐ろしいオルガン、そして扇形の骨がついた円天井《まるてんじょう》がある。清教徒たちが改革のときに、そんななかでも破壊せずにおいたものの息の根を、建築家の故ワイヤットが、その様式的に純粋なゴシック風の改革で、すっかりとめてしまったのだ。

たとえば、ソールズベリーの大聖堂は、絶望的に完全なので、息苦しくなるくらいである。そしてソールズベリーの町を、あのアキレスがヘクトルの遺体を引いてトロイの町を回ったように三回も回り歩いても、まだ汽車が出るには二時間もあるということがわかり、三人の片足の老人のあいだに割り込んで町の中のベンチに腰をおろし、土地のお巡りさんがほっぺたをふくらませて、乳母車の中の赤ん坊を笑わせようとしているのを見るはめになる。

とにかく、全体的に、小さな町の中で雨に降られるほど、恐ろしいことはない。

ソールズベリーには、タイル張りの壁の家もある。タイル職人を楽しませようと、その絵を描いた。この手紙は、きっとその人たちの眼にもはいるだろうから。

北部の諸州では、きれいな灰色の石で家を建てる。そのために、ロンドンではほとんどすべての家が、汚ない灰色の煉瓦《れんが》で建てられることになる。

バークシャーとハンプシャーでは、見境なしにパプリカ色の赤い煉瓦作りになっている。そこで、ロンドンにも赤煉瓦の通りができて、まるで死の天使がそれで血をぬぐったように見える。

ブリストルでは、ある建築家が、奇妙な、少しムーア帝国風のアーチのついた窓を何千と作った。

また、タヴィストックでは、どの家にも、ダートモアの近くの、プリンスタウンの監獄にあるような戸口のドアがある。

これでイギリスの建築の多様性を全部書きつくしたかどうか、気がかりではある。

イギリスでいちばん美しいのは、しかし、樹木、家畜の群れ、そして人びとである。

それから、船もそうだ。古いイギリスは、あのばら色の肌をしたイギリスの老紳士た

ちで、この人たちは、春から灰色のシルクハットをかぶり、夏にはゴルフ場で小さな球を追い、とても生き生きとして感じがよいので、わたしが八歳だったら、いっしょに遊びたいくらいである。そして老婦人たちは、いつも手に編み物を持ち、ばら色で美しく、そして親切で、熱いお湯を飲み、自分の病気のことなどはなにも話さないでいる。

要するに、もっとも美しい子供と、もっとも生き生きした老人たちを作り出すことができた国は、涙の谷である現世《げんせ》の中で、もっともよいものを確かに持っているのだ。

巡礼、人びとを観察する

イギリスでは、牛か子供になりたいものだ。しかし、成長して成人した男として、わたしはこの国の人びとを観察した。

さて、イギリスの男たちが全部チェック模様のスーツを着て、パイプをくわえ、あるいは頬ひげを生やしている、という話は、ほんとうではない。この最後の点について、ほんとうのイギリス男子と言えるのは、プラハにいる英米法の権威、ボウチェク博士である。イギリスの男はみな、ゴム引きのレインコートを着るか、雨傘を持ち、鳥打ち帽をかぶり、手には新聞をかかえている。イギリスの女なら、ゴム引きのレインコートを着るか、テニスのラケットを持っている。

イギリスの自然には、異常なくらい、毛むくじゃら性、全面繁殖性、密集発毛性、羊毛性、はりねずみ性、その他、ありとあらゆる種類の毛を生やすのに向いた性質がある。そこでイギリスの馬は、脚全体に毛の房が生えそろい、イギリスの犬は、おかしな巻き毛でできた小包み以外のなにものでもない。ただ、イギリスの芝生とイギリスの紳士だけは、毎日、刈り込んで手入れをしている。

イギリス紳士とは何か、簡単には言えない。最低、イギリスのクラブの給仕《ウェイター》、駅の出札係、とりわけ警官を知らなければならないだろう。

紳士とは、沈黙、善意、権威、スポーツ、新聞、そして正直さを調合した集成物である。列車内で向き合った男が、二時間ものあいだ、こちらを見る価値もないもののように知らん顔をして、いささか憤激させる。ところが、突然立ちあがって、こちらの手にとどかないところにあるトランクを取って、渡してくれる。

この国では、人びとがいつもたがいに助け合うすべを心得ているが、ただお天気のこと以外には、なんにも口をきかない。イギリス人たちがいろいろなゲームを発明したのは、そんなわけでだろう。ゲームのあいだは、しゃべらなくてもすむのだから。

彼らの沈黙たるや相当なもので、政府、列車、または税金のことさえ、人前では決してのしらないくらいである。全体的には陽気とは言えない閉鎖的な人たちだ。座って飲んでしゃべりまくる居酒屋のかわりに、イギリス人たちは、立って飲んで黙っているバーを発明した。より多弁な連中は、ロイド・ジョージのように政治の道に入

HAIR

るか、または作家業に身を投ずる。だから、イギリスの本は、少なくとも四百ページはなければならないのだ。

たぶん、このまったくの沈黙好きのためだろうが、イギリスの男たちは、どの単語も半分は呑み込み、残りの半分は、なんとなく押しつぶしてしまう。何を言っているのか、理解困難でさえある。わたしは毎日、ラッドブローク・グローヴの駅へバスで通っていた。車掌がやってきて、わたしが言う。

「レッドブルルック・グルレーヴまで」

「……？　ええ？」

「レッドブーク・グヘーヴ！」

「……？　ええ？」

「ヘヴーヴ・ヘヴ！」

「ああ、ヘヴーヴ・ホヴ」

車掌は満面に笑みを浮かべて、ラッドブローク・グローヴへの切符をわたしにくれる。これは、一生かかっても学習しきれないことである。

しかし、イギリス人と親しくなってみると、非常に親切で、やさしい人たちである。決して多くのことを語らないが、それは、自分自身のことを決して語らないからだ。

まるで子供のように他愛なくたわむれるが、しごくまじめな、なめし革のような顔つきをしている。きちんとしたエチケットがたくさんあるが、同時に、子犬のようにのびのびしている。火打ち石のように固く、融通《ゆうずう》をきかすことができず、保守的で、忠実で、少しばかり近寄りがたく、つねに何かを表に出して伝えるようなことをしない。彼らは自分の皮から出ることができないのだが、それはしっかりした皮で、どこから見てもすばらしいものである。この人たちと話をしていると、かならず昼食か夕食に招かれる。聖ユリアヌスのように、よくもてなしてくれるが、人間と人間との距離を決して越えることはない。

時には、この親切で善意にみちた人びとに囲まれながら、なにか孤独な感じがして、不安になることもある。でも、もし小さな男の子だったら、自分自身よりもこの人たちのほうが信頼できることがわかるだろうし、この国では、この世界のどこでよりも自由で大事にされることだろう。お巡りさんは、笑わせようとしてほっぺたをふくらませ、老紳士はいっしょにボールで遊んでくれ、白髪の婦人《レディ》は、読みかけの四百ページの長篇小説をわきへ置き、その灰色のまだ若々しい両眼で、好ましげに見守ってくれるだろう。

いくつかの顔

さて、描いてお見せしなければならない顔が、まだいくつかある。

これは、中欧およびバルカン史の専門家、シートン＝ワトソン氏、別名スコトゥス・

ヴィアトル氏である。この人のことは、みなさん、ご存じだろう、われわれの味方として、わが国の独立のために、大天使ガブリエルのように戦ってくださったのだから。

この人の家はスカイ島にあり、今、セルビア人の歴史を書いていて、夜になると泥《でい》炭《たん》の火があかあかと燃える暖炉のそばでピアノラを演奏する美しく背の高い奥さんと、水に濡れても平気な二人の息子と、青い眼の赤ん坊がいて、海や島々の見える窓と、子供のような口と、先祖の人たちやチェコの絵でいっぱいの部屋を持っている。繊細な、ためらいがちな人物で、このきびしく正義感の強いスコットランドの巡礼者について、読者が予期なさるであろうよりも、はるかに微妙な横顔の持ち主である。

これは、ナイジェル・プレイフェア氏、演劇人だ。

わたしの作品をイギリスに持ってきたのは、この人である。ただ、もっといい仕事もしている。もの静かで、芸術家で、企業家で、イギリスでは数少ない、真に現代的なプロデューサーの一人である。

これは、ジョン・ゴールズワージー氏で、一方では劇作家、他方では小説家だ。
というのは、申しあげると、この両方面でこの人を知らなければならないからだ。とても静かで繊細で、お坊さまかお奉行さまのような顔をした非の打ちどころのない人物で、気転と慎しみ深さと反省的なはにかみでできていて、限りなく真面目だが、

ただ眼のまわりには注意深く刻まれたしわがあって、微笑みを示している。氏にとてもよく似た奥さんがあり、その本は、感受性にみちたいくぶん悲しげな観察者の書いた、完全で賢明な作品である。

これは、作家G・K・チェスタートン氏である。わたしは空中を飛んでいるこの人を描いた。一つには、あっというまに飛び去って束の間の印象しか持てなかったからで、また一つには、その天国のような豊かさのためである。不幸にもこの瞬間は、いささか公式の状況だった。たぶん、なんとなくかしこまっていたのだろう。ただ微笑するだけだったが、その微笑は、まさに他の人の三人分に匹敵する。

その著作について、その詩的民主主義性について、その天才的楽天性について書くことができれば、このわたしの手紙の中でもっとも楽しいものになるだろう。だが、わたしは自分自身の目で見たものしか書くまいと頭の中にたたき込んでいたので、巨大な紳士を描く。あのチェコの作家ヴィクトル・ディクを思い出させるような見事な体格をし、三銃士のようなひげを生やし、鼻眼鏡の下に控え目ながら機敏な眼を光らせ、太った人たちがよく持っているとまどったような両手をし、ひらひらするループ・タイを締めている。

この人は、子供と巨人、縮れ毛の小羊と巨大な野牛とをみんな兼ねている。考え深くて気まぐれな表情の大きなブルネットの頭をしていて、ひと目で、わたしの心の中に気恥ずかしさと深い愛着を起こさせた。

だが、ただ一回だけ、そのときしか会えなかった。

そしてこれは、H・G・ウェルズ氏だ。一方は人前での様子で、他方は家にいるときの姿である。大きな頭、がっちりした広い四角な肩、力強くあたたかい手のひら。農民、労働者、父親、そしてこの世界のすべての人間に似つかわしい人である。細くてくぐもった、雄弁家ではない人間の声、思索と労働によって刻まれた顔を持ち、調和のとれた家に住み、小鳥のひわのように活発な、きれいな小柄な奥さんと、二人の大きなふざけ好きの息子たちがいて、太いイギリス的な眉の下に閉じられたヴェールのかかったような眼をしている。

率直で賢明、健康で力強く、非常に博識で、この単語の持つ上等で肝心なすべての意味を含めてだが、非常にありふれている。偉大な作家と話をしているのだということを忘れてしまうのは、考え深い万能の人と話をしているからだ。

どうぞ、お達者で、ミスター・ウェルズ。

これはほとんど超自然的な人物、バーナード・ショー氏である。たえず動いてしゃべりまくっているものだから、これ以上よく描けなかった。おそろしく背が高く、細くてまっすぐで、半分神様のようで、半分は非常に意地悪な半獣神サテュロスのようだ。

このサテュロスは、何千年にもわたる昇華作用のおかげで、自然に近すぎるものをすべて失ってしまった。白い髪、白いひげ、非常に血色のよいばら色の肌、人間とは思われぬほど明るい眼、がっちりした好戦的な鼻を持ち、ドン・キホーテの騎士のようなところ、キリストの使徒的なところ、そして、この世の中のすべてを、自分自身

までを、からかって喜んでいるようなところがある。

こんなにふつうでない生物は、見たことがなかった。ほんとうのことを言うと、怖かった。これはなにかの化け物で、ただ有名なバーナード・ショー氏のふりをしているのだとさえ思った。この人は菜食主義者だが、主義主張によるものか、食道楽のためかは、わからない。人が主義をもつのは、ほんとうになにかの主義によるのか、または、個人的な楽しみによるのか、決してわからないものだ。

ショー氏には、考え深い奥さん、静かな音色のハープシコード、そしてテムズ川に向いた窓がある。生命の火花を散らせながら、自分について、スウェーデンの劇作家ストリンドベリについて、フランスの彫刻家ロダンについて、またその他のおごそかなことどもについて、多くを語ってくれる。その話を聞くのは、喜びと恐ろしさと、半々である。

わたしは、わたしが会った、もっと多くの注目すべき美しい顔を描くべきであろう。男性、女性、きれいな娘たち、文学者、ジャーナリスト、学生、インド人、学者、クラブの人たち、アメリカ人、その他、世界じゅうのいろいろな人たちがいた。

だが、チェコのみなさん、もはや、この地に別れを告げねばならない。あれがみなさんの見納めだった、と信じたくはないものだ。

退却

最後に、恐ろしいと思うことを、いくつか、うち明けたい。

たとえば、イギリスの日曜日には、ぞっとさせられる。日曜日はどこかへ出かけて自然と親しむためにあるのだ、とイギリスの人びとは言うが、これはほんとうではない。人びとが自然の中に出かけるのは、イギリスの日曜日の猛烈なパニック状態から身を守るためである。

土曜日には、すべてのイギリス人が、どこかへ逃れたいというやみくもな本能に襲われるが、それはまるで、地震が近いことを知った獣たちが逃げだすときの盲目的本能と同様だ。逃げだすことのできなかった人は、少なくとも教会に身を隠して、祈りと讃美歌で恐怖の日をやりすごそうとする。

日曜は、誰も料理を作らず、乗り物に乗らず、観察をせず、考えごともしない日である。神がイギリスに日曜という週一回の罰をお与えになることに決めたのは、いったい、言葉にも表わせぬいかなる罪によるものか、わたしにはわからない。

イギリスの料理は、二種類ある。〝上〟と〝並〟だ。〝上〟のイギリス料理は、まさにそのままフランス料理である。〝並〟のイギリス人用の、並のホテルの並の料理は、イギリス的な沈鬱《ちんうつ》と沈黙をまことによく説明してくれる。

悪魔的なマスタードを塗りたくったプレスド・ビーフをくちゃくちゃ嚙《か》んでいるときには、誰も顔を輝かしたり、声をふるわせて歌を歌ったりできない。ぶるぶるふるえているタピオカのプディングを歯からはがしているときには、誰も大きな声を出して喜ぶことはできない。ピンク色の糊のようなソースのかかった鮭を出されたなら、人はおそろしく真面目になってしまうだろう。

また、生きているときは確かに魚だが、食膳にのぼる憂鬱《ゆううつ》な状態になるとフライド・ソール、つまり舌びらめのフライと呼ばれるものを、朝、昼、晩と三回食べたなら、黒いお茶で一日三回、胃袋になめしをかけられたなら、また、沈みこんだ生ぬるいビールを飲んだなら、なんにでもかける同じソース、缶詰の野菜、カスタードクリーム、そしてイギリス風マトンを味わったなら、さあ、おそらく〝並〟のイギリス人の肉体的楽しみのすべてを経験したことになり、イギリス人の閉鎖性と真面目さと、きびしい道徳的態度がわかりはじめるだろう。

これに反して、トースト、焼きチーズ、そしていためたベーコンは、確かに楽しき古きイギリス《メリー・オールド・イングランド》の遺産である。おなじみのシェイクスピアは、お茶のタンニンに自分の体を浸したことはなく、おなじみのディケンズは、生涯、缶詰ビーフを楽しんだことはなかったと確信する。あのスコットランドの清教徒、おなじみのジョン・ノックス師については、あまり確かではないのだが。

イギリスの料理は、ある種の軽さと華やかさ、生ける喜び、豊かなメロディ、そして罪深き悦楽を欠いている。これらは、イギリスの生活全体にも欠けていると言いたい。イギリスの街路は、楽しみをそそらない。普通の、平均的な生活は、陽気な騒音、さまざまな匂い、そして目をみはるような光景にまぶされていない。普通の日々は、見事な偶然、微笑、事件の芽できらめいてはいない。イギリスの街路、人間、人声と親しむことはできないだろう。友情を込めて親しくウィンクしてくれるものが、何もないのだ。

恋人たちは公園で重々しく、噛みつくように、そして無言で愛し合っている。飲み助たちはバーで、それぞれ勝手に飲んでいる。普通の人たちは、家へ乗り物で帰るのに新聞を読み、右や左をのぞきもしない。自宅には暖炉、小さな庭、そして人に侵さ

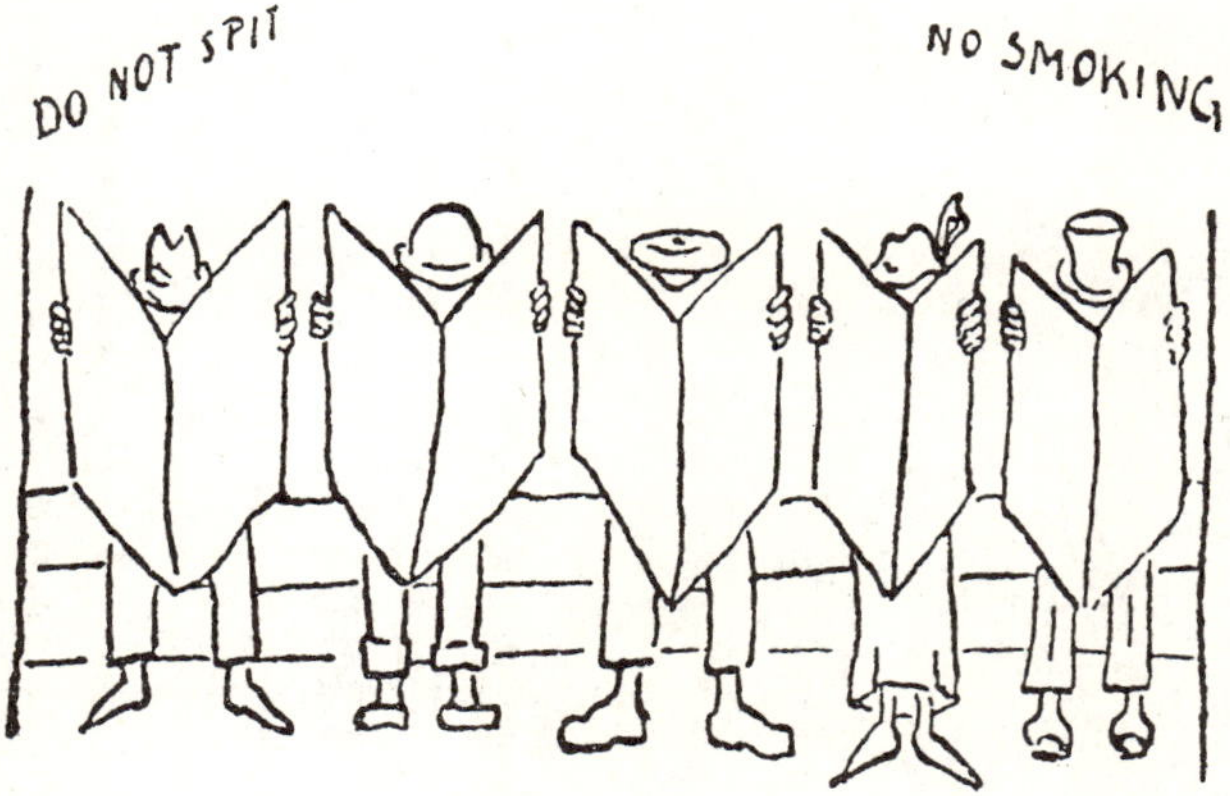
DO NOT SPIT
NO SMOKING

れることのない家族のプライバシーがある。そのほかには、スポーツとウィークエンド、週末の行楽が大事に保護されている。普通のイギリス人の生活について、それ以上は確かめられなかった。

ヨーロッパ大陸は、もっとうるさく、もっと不勉強で、もっと汚なく、もっと怒りっぽく、もっと神経がこまかく、もっと情熱的で、もっと親しみやすく、もっと愛情にとみ、楽しみを求め、生命力豊かで、荒っぽく、おしゃべりで、拘束されず、どこかもっと不完全なのだ。どうぞわたしに、このまま大陸へ行く切符をください。

船上で

岸辺にいる人は、出ていく船の上にいたいと思う。船上にいる人は、遠くにある岸辺にいたいと思う。イギリスにいたときはいつも、故国はなんと美しいものかと考えていた。故国へ帰ったら、たぶん、イギリスには他のどこよりも上等でよいものがあると考えるようになるだろう。

わたしは大きさと力、富、福祉と比類なき発展性を見た。それでも、わが国が世界の中で小さな不備な一部にすぎないことを悲しく思ったことは一度もない。小さく、未整備で不完全なことは、りっぱな堂々たる使命に値する。

三本マスト、一等船室、浴室とぴかぴか光る合金製の船体をもつ、大きく豪華な大西洋航路の定期船もある。また、大きな海で揺れに揺れる、黒煙を吐く小さな蒸気船もある。

Largo

みなさん、このような小さな乗り心地の悪い船であることは、すばらしい勇気を必要とする。そして、わが国の規模が小さいことは言わないでほしい。わが国のまわりにある宇宙は、神のお恵みで、大英帝国の周囲の宇宙と同じように大きいのだ。このような小さな船を、あのように大きな汽船と同じに考えてはいけない。でもねえ、ハッハッハッ、そんな船でも、同じように遠くまで、またはどこか他の場所に航行できるんですよ。それは、乗組員しだいである。

わたしの頭の中では、まだいろいろなものが音をたてている。それはちょうど、大きな工場の騒音の中から出てきたとき、外の静けさに、一瞬、耳が聞こえなくなるようなものだ。

そしてしばらくすると、神に捧げるイギリスのありったけの鐘の音がひびいてくるような気がする。

しかし、もうわたしの頭の中では、その鐘の調べに、まもなく耳にするであろうチェコの言葉が混じってきている。

われわれは、小さな国の国民である。そのため、一人ひとりが直接の知り合いであるかのように思える。わたしが最初に会う人物は、ヴァージニア煙草《たばこ》をくわえ、でっぷりしたやかましい男で、不満たらたらで、怒りっぽく、せっかちで、話し好きで、心臓をお盆の上にのっけたような、口をあけてはらわたを見せるような、あけすけな人間かもしれない。

でも、まるでおたがいに知り合いのように、こんにちは、とあいさつしよう。

この絵にある低い帯のようなもの、それはもうオランダで、風車、並木道、そして黒白まだらの牝牛が見える。平らなきれいな国で、親しみやすい、ねんごろな、居心地のよいところだ。

イギリスの白い崖は、いつのまにか消えてしまった。残念ながら、別れを告げるのを忘れた。だが、故国に着いたとき、わたしの見たものすべてをよく思い返すだろう。そして、どんなことについてでも、たとえば子供の教育とか交通問題とか、文学とか、人間の人間に対する敬意とか、馬とか安楽椅子とか、人びとがどのようであるとか、どのようにあらねばならぬとか、そんなことが話題になったら、わたしは物知り顔に口を切るだろう。

「それはね、イギリスでは……」

でも、もう誰も、わたしの話などに耳を傾けないことだろうな。

HOLLAND

V

イギリス人のみなさんへ

イギリス人のみなさんへ
——『デイリー・ヘラルド』紙のアンケートに応えて

今よりもっと若かった頃、わたしは、イギリス人としては、二つのタイプしか知りませんでした。

一つは、ジョン・ブルという名前で、太って赤ら顔で、ブーツと乗馬ズボンをはき、普通はブルドッグをしたがえていました。

もう一つは、スミス氏とかそんな名前で、細長くて骨ばっていて、チェックの服を着て赤い頰ひげを生やし、機会があればいつでも机の上に足をのせる特徴を持っていました。

この両者とも、主に戯画と喜劇の登場人物だったのです。

のちになってイギリスへ来てみると、期待に反して目に入ったのは、イギリスの人たちは圧倒的に多くの場合、チェックの服を着ないし、頬ひげも生やさず、机の上に足ものせぬこと、さらに（バーナード・ショー氏を除いて）目立って細長い人もなく、また（G・K・チェスタートン氏を除いて）目立って太った人もいないことでした。

そこで、若き日の幻想は、今や失われています。

それに反して確信したのは、芝生と蔦《つた》からはじまって、大学または国会に至るまで、ほとんどすべての点でイギリスが大陸と異なっていることでした。スペインのセビーリャと、ロンドンのノッティング・ヒルがどんな点で違うか、こまかい点まで書きあげることができるでしょう。

しかし、イギリスと呼ばれる星の住民たちが、ヨーロッパ大陸と呼ばれる星の住民たちと、一般にまた例外なしに、どんな点で違うかを書き出さなければならないとしたら、困ってしまいます。

慣習と生活水準について言えば、平均的イギリス人と、たとえばマケドニアの農民のあいだには、確かに大きな相違があります。ただ、わたしの考えでは、同じくらい目立つのは、議会の上院の平均的イギリス人と、貧民街ドッグ・アイランドのイギリス人とのあいだの違いです。

この二種のイギリス人たちが、同じ国民的優秀性と、同じ民族的欠点を持っているかどうか、わたしにははっきりしません。

しかし、伝統あるアセニアム・クラブで気がついたかぎりのイギリス人のすぐれた点についての物語を、また、旅行者としてイタリアで見たかぎりのイギリス人の愉快でない面について、それぞれ書くことは、できるでしょう。

それでも、アセニアムも、またシシリーとリヴィエラをふくむ全イタリアも、まだイギリスのすべてには相当しないことを、わたしは十分に意識しています。

わたしは、イギリス人とその国について、批判しうるかぎりのすべてを、イギリス人に対してあからさまに心の底から語るようにという、うれしくなるお誘いを受けました。わたしは自分の記憶の中で、いくつかの暗い経験を見つけました。たとえば、イギリスの日曜日、イギリスの料理、イギリス流の発音と、その他いくつかのまったくイギリス的な慣習です。

しかし、考えてみると、イギリス人たちが、これら、または似たようなことに満足しているなら、それがわれわれ他国民にとって、いったい、何だというのでしょうか。タピオカのプディングを食べたり、イギリス貴族を尊敬するおそろしい習慣があるからといって、なぜ、その人たちを非難するのでしょうか。

わたしは、フィジー島の島民の慣習であろうが、大ブリテン島の島民の慣習であろうが、あらゆる民族的慣習に特別な共感を持っています。スコットランド人の銀行家たちがキルトをはいてひざをまる出しにし、バグパイプを演奏しながら行進したなら、または、サヴォイ・ホテルのイギリス人たちが、フォックストロットのかわりに剣のダンスをしたなら、わたしはとてもうれしくなることでしょう。

わたしには、あらゆる民族的特性を、この世界を極度に豊かにするものと考える傾向があります。イギリスをとくに重んずるのは、イギリスがこんなにも自国の慣習をしっかり維持してきたからです。そのためには、ある程度の国民的プライドとともに、かなりなユーモアの感覚が必要だと思います。

全体的に、ブリテン諸島の原住民たちは、たぶん、自分自身で承知しているよりも、他国人の眼から見れば、もっと個性が目立つものです。イギリス人たちほど共感できる国民は、めったにありません。——ただし、一つ、特別な条件があります。すなわち、その人たち、つまり、イギリス人たちの住むイギリスへ行って、イギリスを見なさい、ということです。そこでは、イギリス人の慣習、その控えめな善意、その形式ばった様子と単純さ、その他イギリス的生活の中にある百もの異なる面が気に入るでしょう。ただ島国の民族だけが、このように多くの特徴的で永続的な性格を発展させることができたのです。

イギリス人の最大の長所は、その島国性にあります。しかし、その島国性は、また、その最大の短所でもあります。イギリス人がイギリスにいるかぎりは、それは、その人たちの問題です。ともかく、より悪いのは、世界のどこに落ちつこうとも、島国的になってしまうことです。

わたしは、大小さまざまのブリテン諸島を、フランスでも、スペインでも、イタリアでも、そしてわが国でも見ました。この、船乗りたち、旅人たち、そして植民者たちの民族は、イギリスからとび出すことができないのです。赤道直下へ行こうが、北極へ行こうが、その人たちは、イギリスを引きずっています。他の諸民族やその生活に近づくことが決してないのです。

その人たちが国際人であるのは、この宇宙に、英語を話すウェイターたちがいて、イギリス式ゴルフ場、イギリス式朝食があり、イギリス的な社交のできる場合にかぎられます。他の民族のまん中で生活していても、ほとんど小心翼々《しょうしんよくよく》として自分の立場を守ります。他民族の絵画や建築を熱心に見たり、その最高の山々に登ったりはしますが、その生活には加わらず、その喜びは受け入れず、相手の土俵の上で相手と会おうとはしません。

この心理的な島国性が、侵すべからざる慣習で、一種のはにかみであることは、イギリスの国内にいれば、外国人にもわかります。でも、国外にあっては、この典型的なイギリス人の性質は、明らかに高慢、よそよそしさ、そして自分勝手な閉鎖性に近づきはじめるのです。

さて、たとえそんなであろうとも、それは孤独なイギリス人たちの純粋に私的な問題でしょう。しかし、他の諸国民に対するイギリスの国際的な政治も、それと似たような姿になるとすれば、これは私的な性格のものではなくなります。

この惑星上の諸国民には、イギリスの政治が、忠実で尊敬すべき、さらに善意にみちたものとして、しばしば高く評価されます。ただ、それに何かが欠けているという印象を持たずにいるのは、まれなことです。この〝何か〟とは、〝親しみ〟とでも名づけられるものでしょう。

イギリスの政治は、世界的なものです。それは、大英帝国が世界じゅうに広がっているからであって、イギリス人の心情が世界的だからではありません。

イギリスの政治は、いくつかの理想を認めますが、それはイギリスの道徳的法則がそこへみちびくからであって、なにか全人類的な道徳的法則にみちびかれるからではありません。

イギリスは、われわれに、イギリス紳士として、いわば他人としての援助の手を、時には与えます。それでも、親しい仲間としてそのような行動を取るようにはなりません。

イギリス人たちが友情を求めようとする、うるわしい意図を持っていることには、よく気がつきました。でも、それは自分たちだけの友人づき合いのように思えます。イギリスで生活したり、イギリスの本を読んだりしているかぎり、つまり物理的または精神的にイギリスの土地の上にいるかぎり、イギリス人を好きになるのは、きわめて明らかです。

ですが、この惑星上で他の民族の立場にたっているかぎり、イギリス人たちと友人づき合いすることは、なんとなく、むずかしくなるのです。それは、イギリス人自身がそれを重んじる気がないように見えるからです。

これが、あなたがた自身の欠点かどうか、ご自身で判断してください。もっとも、これは――少なくともイギリス的な見方からすれば――あなたがたの国民的長所なのかもしれませんけれども。

（一九三〇年）

イギリスでのラジオ放送用演説

親愛なる、イギリスの聴取者のみなさん

この放送は、実際わたしが自分自身でするわけではありませんが、この草稿を書きながら、みなさんに対して、ある種の当惑を感じています。みなさんの悪口を言うのは、なにか、正当でないような気がするのです。

みなさんは、それに防戦することができないのですから。わたしの話に割り込んだり、わたしがまちがっているとして抗議できないのですから。なるほど、わたしの放送の途中でスイッチを切ってしまうか、または場合によっては、ハンマーをつかんで受信機をぶちこわすことはできるでしょう。

それでも、ある種の波（または、なにかそんなようなもの）が宇宙を駆けまわり、大ブリテン島の島民たちにあやまった知識を伝えるでしょう。そのうえ、わたしは外国人で、イギリスには一度しか行ったことがありません。

ですから、どうか、わたしのことを、イギリスのことについて他の人よりよく知っている、学のある人間とは考えずに、みなさんにとっては珍しくもないものごとをイギリスで見て驚いた、ただの一外国人にすぎないと思ってください。

わたしは、イギリスへは一度しか行ったことがないと申しました。しかしそれは、必ずしも正しくはありません。

イギリスの文学を読む人は誰でも、もっとも現実的な、もっともイギリスらしいイギリスと接することになります。わたしの理解するかぎり、イギリス文学は、イギリスの教会、またはイギリスの政治よりも、もっとイギリス的です。

ここで申しあげたいのは、みなさんの本は、イギリスの田舎またはイギリスの家庭と同様、絶対にイギリス的だということです。みなさんの文学を讃えるのに、もうこれ以上、お話しする必要は、おそらくないでしょう。

大ブリテン島の島民たちは、長いこと、そして今でも、特別な欺瞞《ぎまん》の中で暮らしているように思えます。自分たちは全世界を旅してまわり、アフリカのニジェール川、または、南米のアマゾン川の流域は、たとえば小さなカム川の流域よりも、ロマンチックですばらしい光景だと考えています。

かつて、ロンドンで、たまたま、ある紳士に紹介されたことがありました。「あなたは中国へ行ったことがありますか」

「ハウ・ドゥ・ユウ・ドゥ」その人は愛想よく言いました。「あなたは中国へ行ったことがありますか」

そのときには、イギリスをちょうど発見しつつあるので中国のことは考えていないこと、わたしの考えではイギリスも中国と同じくらい異国的な光景であることを、その人に説明しようとしませんでした。その瞬間は、その紳士がわたしの言うことに耳を傾ける可能性がなかったのです。

今、その紳士に申しあげたいのは、あのとき以後、まだ中国へは行ったことがないけれども、他のいくつかのおもしろい国に行ったこと、そして、どの国も、あのときわたしが旅をしていた「国立アングロサクソン人およびカレドニア人大保護居留区」ほど不思議で驚くべき国ではなかったこと、です。

イギリスほど、その原初の自然と基本的慣習を守っている国はありませんでした。わたしは、たとえばスペインのセビーリャや、シシリー島のジルゲンチや、イタリアのペルージアで、旅行中のイギリス人に会ったことがあります。ちょうど、アラビアのベドウィン族がお祈りのカーペットを持ち歩くように、イギリス人はどこへ行っても慣習や考え方の中にイギリスの一部を身につけて持ちまわり、それからとび出せないのです。このやり方から大英帝国が生じたのだろうとさえ、疑いたくなります。

つまり、あるイギリス人が未知の岸辺に到着し、そこにゴルフ場、イギリス風日曜日、商店、給湯設備、そして煉瓦《れんが》づくりの暖炉のある家を設置したのです。イギリス人が腰をすえたところにはどこでも、ブリテン島が生じます。旅をしているイギリス人たちは、旅をしているブリテン島です。

これは、時にはイギリスの政治にもあてはまりますが、でもそれは、作家のキプリング氏が言ったように、別の物語です。

みなさんの国で、とくにイギリス的で、その結果あざやかに外国人の目をひくものをいくつかあげなければならないとしたら、まず、みなさんが乗っかって歩いている大地、その土が筆頭です。

わたしの記憶にあるのは、ドーヴァーの白い崖、デヴォン州の赤い岩、インヴァネスのばら色の御影石《みかげいし》、湖水地方の緑の石と北ウェールズの青い粘板岩《ねんばんがん》です。または、あなたがたの古い田舎の古い家々を建てるのに使われている、黒、褐色《かっしょく》、赤紫、そしてオレンジ色を含む赤い煉瓦です。

もし誰かが、イギリスはオリエントほど色彩にとんでいないと言ったら、イギリスの土をごらんなさいと忠告してやりましょう。こんなに豊かな色の土の上に生まれる国民が、幻想の不足のために老いさらばえることは決してありえないと思います。

イギリスを巡礼する者が出会う、二番目に強い印象を与えられるものは、イギリスの芝生です。なぜなら、世界のどこの芝生にも見られないくらい緑濃く密生しているばかりか、その上を自由に歩き回ってもよいからです。イギリスが自主独立の国となったのは、芝生を踏んで歩くのが許されたからだと愚考いたします。

また、イギリスの歴史にあんなに革命が少ないのは、イギリス人が牧草地をただ行進するだけで、その独立本能をいつでも満足させることができたからでしょう。

イギリス人が四海の波を制覇しだしたのも、例外とは考えられません。その波の中に、どこへでも望むところへ進んで行くことが許される、大きな芝生に似たものを見出したからです。ともかく、どんなにもせよ、大陸の人間にとって、イギリスの芝生というものは、大いなる経験でした。

三番目のとても大きな印象は、イギリスの樹木についてです。つまり、異常に古くて大きいのです。そして、巡礼者としてのわたしは、古いものがほんとうに生き生きとしていられることを見ました。どこへ行っても古い樹木はありますが、イギリスにあるのは、ほとんど古い木ばかりです。

ある植物学者が、それらの樹木の特別な繁茂状態は、イギリスの風土となにか関係があると説明してくれました。しかし、わたしの考えでは、伝統とか、貴族からなる上院とか、オクスフォード大学の学寮その他のような、古い尊敬すべきものに対するイギリス人の好みと、もっと大きな関係があります。

イギリスでは、このような木は、いつかはこのうえなく年を経て茂り、大聖堂のように堂々たる木になることを最初から目的にして育つのだと思います。イギリスという国は、そこに住む人びともいかに美しく堂々と老いるべきか、その秘密を発見した国だというような気がします。

大陸の人間が、誰かまたは何かにとくに愛情をこめて呼びかけるときには、縮小詞を使います。つまり、愛らしいものを〝ちっちゃな〟というふうに呼びます。しかしイギリスでは、そういうものを〝ディア・オールド〟(dear old) つまり〝いとしく古い〟と呼ぶのです。

イギリスには、役に立つからではなく、古いからという理由で大いに尊重されているものがたくさんあります。イギリス人たちは、より保守的でない諸国民にくらべて、もっと深く、もっと広がりを持つ時間の中で生活しているとわたしは申しあげたい。イギリス人の現在の中には、過去の時代が存在しています。

かつらをかぶったイギリスの法律家を初めて見たとき（それはエディンバラでした）、わたしは、イギリスの伝統主義の秘密の一つを理解しました。つまり、ユーモアの感覚です。十八世紀のかつらをかぶるほうが、歴史的でない、ふつうのはげ頭をのっけているより、ずっとおもしろみがあります。多くの場合、古い伝統を保持する能力は、おもしろみを傷つけまいとする、あなたがたの善意から生ずるように思われます。

さて、それからと――地質学的な構成と植物からはじめて――イギリスの特殊性の中をさらにさぐりつづけて進化の道をたどっていけるでしょう。つまり、進化論的な段階にしたがって、だんだん高等な生物へ生物へと、牝牛と羊へと、馬と犬へと、そしてイギリスで期待される特別な位置へと、最高の領域に、つまり子供、クラブ、学寮、紳士、執事、そしてロンドンの警官に達するまで、つぎつぎと登って行くことができます。

あえて述べれば、外国の民族誌の中で、標準的なイギリス人の生活ほど、注意すべき現象にとんでいるものはありません。

中央ボルネオの戦争ダンスは、イギリスのスポーツほどおもしろいものではありません。

インドの魔術師ファキールは、ハイド・パーク・コーナーの演説家ほど、途方もなくはありません。旧約聖書のアブラハムの家庭生活は、イギリスの週末、すなわちウィークエンドほど家父長的ではありえませんでした。アフリカの原住民たちの秘密の集会は、イギリスのクラブほど儀式的ではありません。

お聞きのように、わたしのお話ししているのは、ただ多少なりとも公的な現象ばかりです。これ以外にも、もっと私的な性格をもつイギリス的な習慣がたくさんあると想像できます。これらについては、学識高き大学教授の先生がたも、どなたもこれまでに取りあげて検討なさってはいません。

ブリテン島の住民たちの特殊性についていろいろ述べているのは、イギリス人の性格の、まさに島国性を強調するためです。

イギリスはヨーロッパの一部だと見なす旅行者たちもいれば、島だと考える人たちもいます。わたしとしては、イギリスはそれ自体、独立した世界だと申しあげたい。明らかに資源節約というそれだけの理由で（なぜなら、宇宙はアインシュタインと物理学者エディントンも教えているように、有限なのですから）、イギリスは独立した遊星としてはつくられませんでした。しかし、十分独立した遊星に匹敵するといえるでしょう。

それは、未知の海に浮かぶ秘密の島でありうるのです。そこへは、嵐に追われた船乗りが、難破船で偶然に漂着するだけです。それから、例のガリヴァーのように、その旅から帰った船乗りは、大陸の聞き手たちに、こんなふうに説明するでしょう。

「九日九晩、海で嵐に追いまわされていたとき、百フィートもある、高くて白くてなめらかで、まるで家の壁か塀《へい》のような、岩の岸が見えました。その岩の上にのぼると、上には大きな公園がありました。そこには、野原も森もぶどう畑もなく、わが国のように麦もかぶも栽培されず、ただふつうの公園の中のように芝生と木があるだけなのです。

この、イギリスと呼ばれる公園の中には、われわれヨーロッパ人とまったくよく似た人びとが住んでいます。そこには、高い煙突がついた家々がありますが、これらの家のまわりには、わが国のように外部の人間の接近を防ぐ柵や塀がなく、標札があるだけで、そこには強力な魔法の言葉が書かれています」

「どんな言葉ですか」聞き手たちはたずねるでしょう。

〝プライヴェイト〟(private) という言葉です」と冒険家は話をつづけるでしょう。「この言葉は、この国では強い魔力を持っているので、柵や塀のかわりになるのです。

それからわたしは、列車の席に腰をおろして、首府まで乗って行きました。車室内には、わたしともう一人の男が座っていましたが、その男はわたしのほうを見ず、なにも話しかけようとせず、どこへ行くのか、そこで何をしたいのか、尋ねようともしませんでした」

「そんなことはありっこないよ」と大陸の聞き手たちは叫ぶでしょう。「なんだね、その男は、口がきけなかったんでしょうね」

「そうじゃありません」冒険家は言います。「ただ、この国では、人びとは沈黙を守り、たがいに知り合いになることを好まないのです。でも、わたしが列車から降りようとしたとき、この男は立ち上がって、わたしが荷物をおろすのを手伝ってくれました。ひとことも話しかけず、まともにわたしの顔を見もしなかったのに」

「それは変わった国民だね」と聞き手たちは意見を述べます。

「変わっています」と船乗りは言います。「でも、そんなふうにしょっちゅう口を入れられたら、いっこうに話が終わりません。その首府は、世界最大規模の都市です。町のまん中に大きな芝生があって、ハイド・パークと呼ばれていますが、そこでは田舎のように羊が草を食《は》んでいます。そこではまた、そうしたければ、その場に立って、どんな信仰が望ましいか、説教することができます。誰もそれを禁止しませんし、誰も邪魔しません。その町には、何百万人もの人びとが住んでいますが、誰も他人のことに干渉しません。路上で二人の酔っ払いが喧嘩しているのを見たことがあります。二人にのしかかるように警官が立っていましたが、その争いに手を出さず、追い払いもしません。ただ、この戦いが正々堂々と行なわれるかどうか、見守っているだけでした。この島の人たちの言葉をある程度おぼえたとき、こんなことがわかりました。この島の人たちは、ふつう、『雨が降っている』とか『二足す二は四である』とか言いません。そのかわり『雨が降っている、と判断する』とか『二足す二は四である、と考えたい』とか、そんなことを言うのです。これは、つねに、そして意識的に、他の人が別の意見を持つ自由をそのままにしておこうとするかのように思えます。わたしの観察では、この国では、各人が自由に芝生の上を駆けまわってもよいのです」

事ここに至ると、大陸の聞き手たちは、もはや我慢ならず、この冒険家に向かって怒鳴《どな》るでしょう。

「チャペックさん、あんたは大嘘つきだ!」

わたしは嘘つきではありません。イギリスの生活と大陸の生活の、自他の道徳、慣習、風習、礼儀作法間の千と一にもなる相違を、つづけてさらに数えあげることができるでしょう。それでも、このやり方では、イギリスでいちばん特徴的なことを理解できないだろうと思います。

イギリスは、アンチノミー、つまり二律背反《にりつはいはん》の国なのです。この国は、わたしが見たことのあるすべての国の中でいちばん美しいと同時に、いちばん醜悪な国です。もっとも恐ろしい近代工業社会を発展させたと同時に、もっとも原始的な牧歌的生活を保存しました。すべての国民の中でもっとも民主主義的であると同時に、もっとも古い貴族主義の残存物に敬意を払っています。清教徒的に厳粛であると同時に、子供のように陽気でもあります。このうえなく寛大な心と同時に、このうえない偏見を身内にもっています。あらゆる国家の中でもっとも世界的であるにもかかわらず、地域的、地方的な感覚と関心を失うという点では、最小限にとどまっています。その住民たちは、非常なはにかみやであると同時に、非常に強い自我意識をもっています。最大の個人的自由と最大の忠誠心が、一体となって結合しています。イギリス人の生活は、目覚めたコモンセンス、つまり常識と、アリスの不思議な国のもつ非合理性で織りなされています、等々。

イギリスは、パラドクスの国です。それゆえ、秘密の国のままでいるのです。

しかし、今や、事の核心に到達すべき時です。このイギリス、この古い、矛盾にみちた、特殊な、島国的な、イギリス的なイギリス、簡単に言えば、あなたがたのこの大ブリテン島は、イギリスのすべてではありません。

世界じゅう、どこへ行っても、議会のあるところにはイギリスの一部が見られます。なぜなら、イギリスが議会主義の生みの親ですから。

政治的民主主義に出会うところにはどこでも、精神的なイギリスの領土の一部が発見されます。なぜなら、イギリスがわれわれの世界ではいちばん早く民主主義の理念を設定したのですから。

そして、この遊星の上で、人間の独立と尊厳、寛容、個性の尊重と人権の不可侵についての理念が通用するところにはどこでも、イギリスの文化的遺産があるのです。

さらに、他の国ぐにを見ても、この、より大きなイギリス、大イギリスほど、文化的な人間の大部分の故国となっているところは見当たりません。

さて、民主主義の維持についてのすべての闘いは、同時にこの大イギリスについての、ブリテン島の境界をはるかに越えたこの精神的帝国についての闘いになります。

この闘い、または、もっと平和的に言えば、この世界の発展は、イギリスの精神が具現した一定の原理と価値と理想の運命を決するものです。

今日《こんにち》、実際に、それらが維持されるか、消滅するかが問われています。イギリスの岸辺は、自由の価値が通用するすべての場所からはじまる、と申しあげたい。この世界には、そのような国境の地、たくさんのドーヴァーの崖が現にあります。ただし、それらは、世界の道徳的地図の上で探し求められなければなりません。

このような考察が、わたしに与えられたテーマの範囲を越えていないことを望みます。外国の巡礼者がどのようにイギリスを見ているか、をお聞きになるだけの忍耐心をお持ちでしたら、その人物が、同様にイギリスによって形成されたより広い領域、イギリスなしでは生じえなかったであろう西欧的精神についてどのように考えているか、言わせていただきたいと思います。

わたしは、イギリスがその普遍性と同様に個別性を持っているために、やはりイギリスが好きです。あるとき、誰かがわたしに、どの国がいちばん気に入っているかという質問をしました。わたしは、その人にこう言いました。

「わたしが見たいちばんよい景色は、イタリアにありました。わたしが気がついたいちばんよい生活はフランスにあり、そして、わたしが会ったいちばんよい人びとはイギリスにいます。しかし、わたしが生活できるのは、ただ自分の国の中だけなのです」

さて、わたしは現在、みなさんのことを自分の国で考えていますが、この国、チェコのことをご存じの方は、多くはありません。三百年前に、みなさんのシェイクスピアは、愛らしいパーディタを、ボヘミア、つまりチェコの岸辺に難破漂着させました〔＊1〕。わが国には、実際は、海岸はありません。しかし、この現在においてはじめて、ある種の正当性をもって、次のように言うことができるのです。「われわれチェコ国民もまた、ドーヴァーの崖である。そしてわが国境は、西欧の国境の断崖なのである」〔＊2〕。

（一九三四年）

＊1　シェイクスピアの戯曲『冬物語』を参照のこと。
＊2　当時の、ナチス・ドイツのファシズムに対する、西欧的民主主義の抵抗線の象徴として語られている。

訳者あとがき

一九二〇年末、プラハの『ナーロドニー・リスティ』(国民新聞)を兄ヨゼフとともに退職したチャペックは、翌年一月初演の戯曲『ロボット』によって、一躍、国際的名声を得た。

その結果、一九二四年にロンドンで開かれた国際ペンクラブ大会に招待されることになり、たまたまロンドン郊外のウェンブリーで開催中だった大英博覧会 (British Empire Exhibition) の取材も兼ねるという名目で、同年五月二十七日から七月二十七日までの二カ月間、最初にして最後のイギリス旅行を行なった。

この旅行中の、イギリスおよびイギリス人観察記 (原題は *Anglické listy*) は、原稿としてプラハに送られ、新聞連載のかたちで発表され、好評を博した。

記録によると、イギリスでは数多くの公的・私的な会合があり、当時の著名なイギリスの作家たちとの交流を深めた。

ロンドンを中心にした公式行事などが一段落したあと、七月一日からブリテン島全域にわたる約三週間の大周遊旅行へ出発し、七月二十二日にロンドンに戻った。ロンドンから最終的に帰国の途についたのは、七月二十六日である。

この旅行全体のお膳立てをし、イギリスにおけるチャペックの面倒をすっかりみてくれたのが、当時ロンドンで研究中だったチェコの英文学者O・ヴォチャドロである。

ヴォチャドロは、この旅行でのチャペックにとって感謝すべき人物の筆頭で、本書の「第一印象」の終わりに、〝守護の天使〟と呼ばれている。

大都会ロンドンの貧民街、リヴァプールの港の混乱、当時の大英帝国の植民地支配下にあった四億もの有色人の宿命、文明の発達と人間の悲惨さとの対比など、多くのマイナス面の指摘はあるものの、チャペックがいわゆる「イギリスびいき」であったことは有名で、この作品全体にわたって、その感触がある。

とりわけ、本書の最後に収載されている、イギリス国民へのラジオ放送用原稿は、ナチス・ドイツの台頭による民主主義の危機と、祖国チェコスロヴァキアへのファシズムの侵略を憂えたチャペックが、西欧的民主主義の発祥地であるイギリスの国民に連帯を呼びかけたものとして、注目すべきものである。


チャペックが、チェコにおける国民文学の代表者と目されるのは言うまでもないが、訳者が個人的にそれを体験したのは、一九八二年二月、たまたまプラハ滞在中に、プラハの「チャペック兄弟協会」主催による『イギリスだより』朗読会に、出席する機会を得たときであった。

その会は、ある会館の講堂で行なわれたが、たて笛とギターの伴奏に合わせて一節を朗読し、同時に画家が演壇上の画布に、チャペックが描いた絵、またはチャペックの肖像画を再現するという、いわば立体的な構成だった。満員の入場者は、年輩の男女が大半ではあったが、いずれも応分の会費の納入者で、この私的な同志的組織を協力して支えている人たちである。

朗読が進むにつれて、笑い声が湧き拍手が起こったが、最後の小船による航海の部分で、会場内の興奮は最高潮に達した。言うまでもなく、小国の運命と重ねたこの一節が、強い感動を生むのであろう。

この感動は、一種の祖国愛の発現であるが、ただそれだけではなく、これが人類全体への愛と結びつき、いわば宗教性にまで高まっていく過程も十分に考えられる。そのような過程を誘発する何かが、国境を越えたチャペックの魅力の一つとなっている。

ともあれ、本書に描かれたイギリスおよびイギリス人は、半世紀以上も昔の姿ではあるが、現代と本質的に変わらぬ点が多いように思われる。世界各国の「イギリスびいき」の目には、どのように映ずることだろうか。

縁あって、訳者が本書の翻訳にとりかかったのは、今から十数年前、チェコが社会主義共和国に属していた頃のことである。それから現在までのあいだ、世界にはじつにさまざまな出来事が起こった。しかし、いちばん大きな事件は、一九八九年のベルリンの壁の崩壊である。この結果、最終的にチェコは民主主義の共和国として、チャペックが望んでいたような政治体制に復帰した。

「ドーヴァーの崖」は、健在であることを示した。もちろん、手放しで喜ぶことはできないが、泉下のチャペックにとっても、満足すべきニュースだったろう。

本書の翻訳については、内外の多くの方がたのご援助、ご協力をあおいだ。お名前は省略させていただくが、心から、お礼申しあげたい。

一九九六年九月

飯島　周

文庫版あとがき

十年ほど前に恒文社から出版された『カレル・チャペック　エッセイ選集』全6巻のうち、旅行記（1、2、5巻）が、今回装いと構成を改めて、文庫版として発刊されることになった。

本書はその第一号で、旧選集の第2巻に相当する。ただし、旧選集第1巻の最後に置かれた著者の絶筆「あいさつ」を巻頭に配し、著者の思想全体の根底となる部分を示した。旧選集の付録の部分は省略したが、本文はすべて収録し、語句を再点検の上、必要と思われる部分は表現をあらため、さらに解説を付した。

十年一昔、と言われるように、旧選集と本書の間の時間的距離は、世界の情勢を大きく変えてしまった。チャペックの祖国であるチェコも、イギリスも日本も、そして各国の関係も、すでに昔日のものではない。しかし、発表以来七十年以上も経たこれらの作品は、内容的に見て、ほとんどその価値を減じていないように思われる。

そのような評価と共に、この作家の持味であるユーモアや警句、奇抜な表現を少しでも楽しんでいただければ、訳者としてまことに幸せである。

二〇〇六年十月

飯島　周

解説　カレル・チャペックの旅行記について

飯島　周

二十世紀前半のチェコ文学の代表者のひとりであるカレル・チャペック（Karel Čapek 一八九〇～一九三八）は、作家・ジャーナリストとして、文芸の各ジャンルで多彩な活動を展開し、膨大な数の作品を残した。一九九〇年にその生誕百周年を記念して発行された『カレル・チャペック作品目録』（*Bibliografie Karla Čapka*）によれば、一九三八年の没年に至るまでに発表された作品数は、延べ三六四六に達する。その後も新たに発見されたり再編集されたりしたものが、毎年何点か出版されており、それらを加えれば、おそらく五千近くであろう。

さらにその作品は、約五十に及ぶ他言語に翻訳され、各国に愛読者が生まれている。日本でも同様で、チャペックの名をご存じの方も多いと思われる。特に近年、日本ではチェコ研究者が急増し、チャペックの作品を原語から直接翻訳し出版する試みがあちこちで行われるようになった。そのジャンルも、ドラマ、長・短篇小説、エッセイ、童話など、さまざまである。それぞれの分野で名作と呼ぶべきものを含むが、未開拓の部分もかなり残っており、この作家の全体像を明らかにするには、まだまだ時間が必要である。

そのようなチャペックの作品群のなかで、旅行記としてまとめて分類できるのは、次の六点のようだ。出版年次に従って記すと——

1 『イタリアだより』(*Italské listy*, 1923)
2 『イギリスだより』(*Anglické listy*, 1924)
3 『スペイン旅行記』(*Výlet do Španěl*, 1930)
4 『オランダ絵図』(*Obrázky z Holandska*, 1931)
5 『北への旅』(*Cesta na sever*, 1936)
6 『チェコスロヴァキアめぐり』(*Obrázky z domova*, 1953)

右のうち、1から5までは著者が生前に自分で編集したもので、いずれも旅行地から『人民新聞』(*Lidové noviny*)に送られた連載用小品(fejeton)が基礎になっており、1を除いて著者自身のイラスト入りである。5はいわゆる北欧三国(デンマーク、ノルウェイ、スウェーデン)への、妻オルガとの新婚旅行めいた旅の記録で、オルガの詩が何篇か含まれている。6は、著者の没後にM・ハリーク氏によって編集されたエッセイ集で、当時のチェコスロヴァキア国内の風物を描いており、どの作品にも作家の眼力が感じられる。

旅行の動機もまちまちで、イタリア旅行は気分転換が目的であり、イギリス旅行はイギリスのペンクラブによる招待、スペイン旅行は青年時代に挫折した同国周遊の夢の実現、オランダ旅行は国際ペンクラブ大会出席のため、とされている。それぞれの国内で辿ったコースは、現在でも多くの観光客を呼ぶもので、日本人のツーリストにも評判の名所旧蹟が多い。日本人と言えば、チャペックは、イタリアのオルヴィエトで「本当に魅惑的な」若い日本娘を見たことを記している。

（もちろん、チャペックの関心は、ヨーロッパだけではなく全世界に及んでいる。架空旅行記『未来からの手紙』（一九三〇年、拙訳『未来からの手紙』平凡社ライブラリー、一九九六年）には、当時の世界各地の政治情勢を背景にした近未来の空想が述べられている。その中には、イギリスにおけるマスコミ支配やスペインとイベロアメリカの軍事政権の不安定さ、アメリカの闇黒世界、近代日本の天皇制と関連する不思議な国家思想も描かれ、興味をそそる。）

これらの作品のなかで、特に好評を得たのが本書『イギリスだより』かと思われるので、チャペックの旅行記の代表というほどの意味で、この書についてさらに数言述べておきたい。

本書の「訳者あとがき」にあるように、若き流行作家として迎えられたチャペックは、当時のイギリス文学の大家たちと親交を結ぶことができた。特にH・G・ウェルズとG・B・ショーの二人とは、後にもやりとりの記録がある。ただ、著者が傾倒していたG・K・チェスタートンには素っ気なくされて、残念な思いをしたらしい。日本に多い英文学愛好家には、これらの作家とチャペックの作品との共通点がいくつか認められるかも知れない。

ただし、「イギリスびいき」でありながら、著者はイギリスおよびイギリス人の長所だけでなく、短所も的確に観察し描写している。他国や他民族との交流に必要な資質である。『イギリスだより』には、ある種の憂愁が漂っている。その理由は、殺人的な多忙に加えて、後に妻となったオルガへの恋のせいだ、とする説がある。事実、友人のヴォチャドロ(「訳者あとがき」参照)は、オルガとの通信が絶えた時のチャペックへの対応に苦心したらしい(オルガとの関係は他の資料にも記録されている)。最後に「帰心矢の如し」を連想させる記事があるのは、オルガとの恋とも関係がありそうだ(これらについて、より詳細な点は、旧選集第2巻付録1「カレル・チャペックと『イギリスだより』」を参照していただきたい)。

イギリスへの旅行がチャペックに与えた大きな影響は、国際ペンクラブの重要性の認識であった。それは、一九二四年六月三日のイギリスペンクラブでの記念講演の結びに示されている。すなわち「創作家は、宗教的または社会的に世界を救う力はもっていないだろうが、諸国民のあいだの相互理解を促進する権利と使命をもっており、それが、世界におけるその最大の任務である」。

このような確信に支えられて、この「小さな国の大きな作家」は、一九三八年十二月、ナチスドイツによる祖国への侵攻の前夜に死を迎えるまで、国際ペンクラブを背景とする文筆活動を続けた。残された一連の旅行記はいわばその魂の記録の一部と言える。

本書は、一九九六年十月、恒文社より刊行された。

ちくま文庫

イギリスだより
カレル・チャペック旅行記《りょこうき》コレクション

二〇〇七年一月十日　第一刷発行
二〇〇八年四月五日　第二刷発行

著　者　カレル・チャペック
編訳者　飯島周（いいじま・いたる）
発行者　菊池明郎
発行所　株式会社　筑摩書房
東京都台東区蔵前二—五—三　〒一一一—八七五五
振替〇〇一六〇—八—四一二三
装幀者　安野光雅
印刷所　三松堂印刷株式会社
製本所　株式会社鈴木製本所

乱丁・落丁本の場合は、左記宛に御送付下さい。
送料小社負担でお取り替えいたします。
ご注文・お問い合わせも左記へお願いします。
筑摩書房サービスセンター
埼玉県さいたま市北区櫛引町二—六〇四　〒三三一—八五〇七
電話番号　〇四八—六五一—〇〇五三

ISBN978-4-480-42291-0 C0198